高保真功率放大器制作教程

（第2版）

李柏雄　主　编

蒋冯辉　张国良　李金亮　副主编

電子工業出版社

Publishing House of Electronics Industry

北京 • BEIJING

内 容 简 介

本书以项目引领、任务驱动的写作模式，一步步引领读者理解与掌握高保真功率放大器的基本知识和设计与制作流程。

全书共五个项目：制作电子管功率放大器、制作晶体管功率放大器、制作场效应管功率放大器、制作集成电路功率放大器、数字功率放大器简介。每个项目以认识与检测元器件、选择制作电路、安装与调试电路为任务主线，以经典高保真功率放大器电路为实例，引导读者通过动手操作，掌握制作高保真功率放大器过程中的基础理论知识与基本技能。各项目最后均有小结及复习思考题，对读者在较短时间内理解并掌握本书内容有较大帮助。

本书可作为高职高专、技工学校、职业培训学校的音响技术课程教材，也可作为电子爱好者、音响发烧友的参考用书。

图书在版编目（CIP）数据

高保真功率放大器制作教程 / 李柏雄主编. —2 版. —北京：电子工业出版社，2016.1

ISBN 978-7-121-27996-6

Ⅰ. ①高… Ⅱ. ①李… Ⅲ. ①功率放大器－制作－教材 Ⅳ. ①TN722.705

中国版本图书馆 CIP 数据核字（2015）第 319446 号

策划编辑：陈韦凯　　责任编辑：陈韦凯

印　　刷：北京虎彩文化传播有限公司

装　　订：北京虎彩文化传播有限公司

出版发行：电子工业出版社

北京市海淀区万寿路 173 信箱　邮编　100036

开　　本：787×980　1/16　印张：14　字数：314 千字

版　　次：2010 年 7 月第 1 版

2016 年 1 月第 2 版

印　　次：2025 年 3 月第 15 次印刷

定　　价：35.00 元

凡所购买电子工业出版社图书有缺损问题，请向购买书店调换。若书店售缺，请与本社发行部联系，联系及邮购电话：（010）88254888。

质量投诉请发邮件至 zlts@phei.com.cn，盗版侵权举报请发邮件至 dbqq@phei.com.cn。

服务热线：（010）88258888。

前　　言

高保真功率放大器以其声音保真度高、电路简捷及用料讲究的特点越来越受到广大音响爱好者、音响发烧友及音响设计人员的青睐，但也以其动辄上万乃至数十万元的高昂价格而让众多的爱好者望而却步。为此，我们编写了这本《高保真功率放大器制作教程》，以期让读者能以较少的造价动手打造属于自己的高保真功率放大器。

本书紧紧围绕职业教育的特点，采用项目引领、任务驱动、实践导向的现代职业教育课程构建模式。全书共5个制作项目：制作电子管功率放大器、制作晶体管功率放大器、制作场效应管功率放大器、制作集成电路功率放大器、数字功率放大器简介。每个制作项目以认识与检测元器件、选择制作电路、安装与调试电路为任务主线，以经典高保真功率放大器电路为实例，引导读者通过制作活动，掌握制作高保真功率放大器过程中的基础理论知识与基本技能，进而早日迈进音响发烧友的行列。

本书可作为高职高专、技工学校、职业培训学校中应用电子类专业的音响技术课程教材，也可作为初级音响爱好者及音响发烧友的参考用书。

教学建议：

（1）采用项目教学，以工作任务为出发点，激发学生学习兴趣。

（2）采用理论实践一体化教学模式，在“做”中“学”，在“学”中“做”。

（3）以小组制作为主，培养学生团队合作精神。

（4）教学评价采取项目模块评价，理论与实践相结合，作品与知识相结合。

参考课时分配如下：

序　　号	项　目　名　称	参　考　课　时
1	制作电子管功率放大器	12
2	制作晶体管功率放大器	18
3	制作场效应管功率放大器	12
4	制作集成电路功率放大器	12
5	数字功率放大器简介	6
合　　计		60

本书在编写过程中得到了 www.hifidiy.net 网站众多发烧友的大力帮助，书中引用了许多原版电路图及制作资料，谨向上述诸位及被引用了资料的作者表示衷心的感谢！

由于编者的水平有限，教材中的错误在所难免，恳请广大读者批评指正。

编者

目　　录

项目一　制作电子管功率放大器

★ **本项目内容提要：**

本项目首先从电子管的外形、电子管工作原理和电子管的检测三个方面详细介绍了电子管的基本知识；然后介绍如何选择电子管功率放大器的制作电路；最后详细讲解安装与调试电子管功率放大电路的步骤和技能。

★ **本项目学习目标：**

- 了解电子管的基本知识
- 掌握电子管功率放大器的工作原理
- 学会动手制作电子管功放

任务一　认识电子管

☆ **本任务内容提要：**

本任务主要介绍了制作功率放大器的专业基础知识：认识电子管的外形，了解电子管的工作原理，检测常用电子管。

☆ **本任务学习目的：**

了解电子管基本理论知识，掌握电子管电路的识图能力，学会电子管检测技巧。

步骤一　认识电子管的外形

人们常说的胆管实际上就是电子管，又称“真空管”，胆机则是电子管功放机。晶体管放大器是一种“电流”放大器，而电子管放大器是一种“电压”放大器，它们的工作原理不同。电子管的信号失真特性大于晶体管，在电子管放大电路中，信号的偶次谐波失真大，奇次谐波失真小，而晶体管正好相反。声音信号的偶次谐波比较符合人耳的听觉特性，表现出的听觉感受是“温暖、柔和”，这就是人们常说的“听感好”。声音信号的奇次谐波听觉感受上表现出“生硬、刺耳”等感觉，即人们常说的“金属声”。

1．电子管介绍

电子管（electron tube）是一种在气密性封闭容器（一般为玻璃管）中产生电流传导，利用电场对真空中的电子流的作用以获得信号放大或振荡的电子器件。

二极管是最简单的电子管，它有两个电极——阴极和屏极（又称阳极），如图 1-1 所示是电子管外形，其中阴极具有发射电子的作用，屏极具有接收电子的作用，并有单向导电的特性，也可用做整流和检波。增加一个栅极就成了三极管，栅极能控制电流，栅极上很小的电流变化，能引起屏极很大的电流变化，所以，三极管有放大作用。当然还有多极管，它在三极管内增加了一个或几个网栅（称为控制栅），主要是增加控制作用。晶体二极管有负极和正极，相当于电子二极管的阴极和屏极；晶体三极管的三个极：集电极、基极、发射极，分别对应于电子管的屏极、栅极和阴极，主要用于放大电路和开关电路。图 1-2 所示是电子管实物。

电子管在电路中常用字母“V”或“VE”表示，旧标准用字母“G”表示。

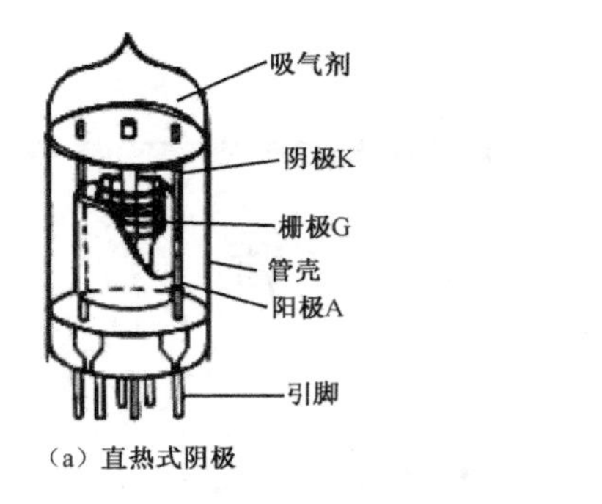

（a）直热式阴极

（b）间热式阴极

图 1-1　电子管外形

12AU7

5U4G

5881

6N8PA

图 1-2　电子管实物

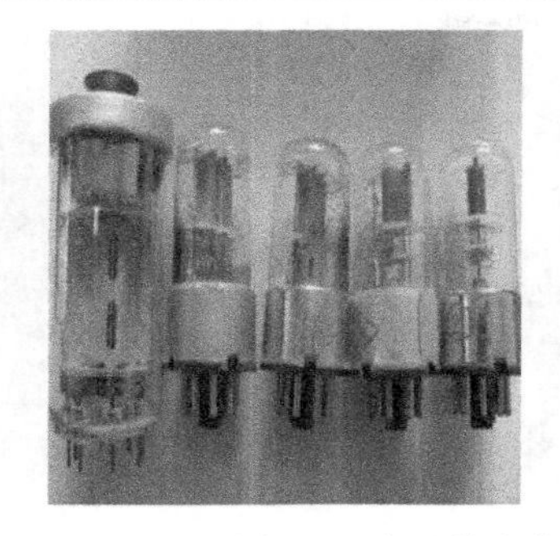

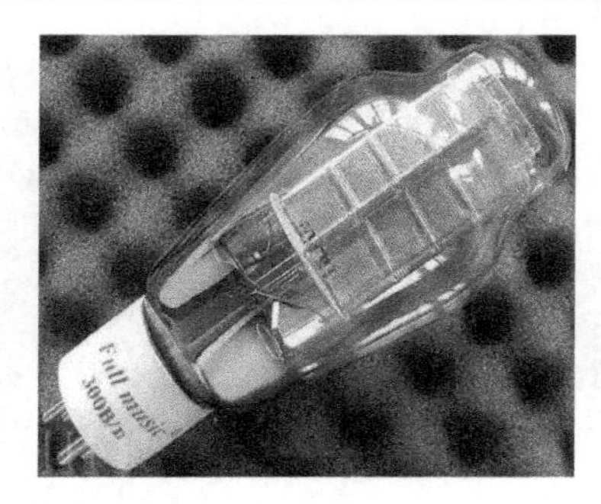

图 1-2　电子管实物（续）

为了更清楚地了解电子管的内部结构，下面以图 1-3 所示电子管 6N1 和图 1-4 所示电子管 6N1（玻壳破裂）进行对比，读者可以仔细观察。

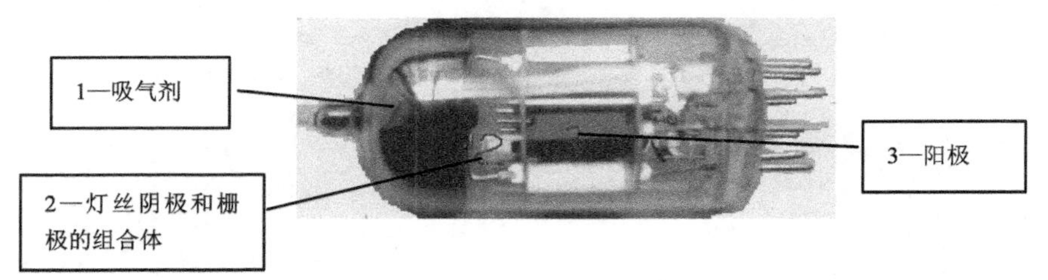

图 1-3　电子管 6N1

（a）第一步：电子管实物

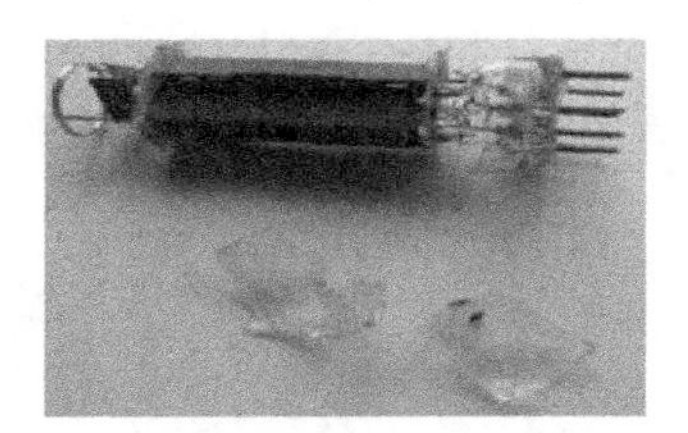

（b）第二步：破壳后的电子管实物

（c）第三步：破壳后近距离拍摄的电子管实物

（d）第四步：破壳后近距离（拍摄角度不同）的电子管实物

图 1-4　电子管实物解剖图解

（e）第五步：将固定电极的支架拆开后的电子管实物

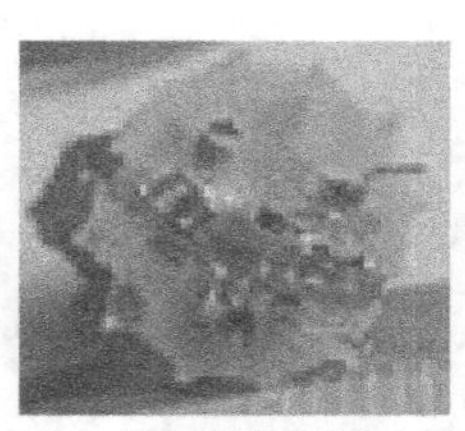

（f）第六步：从电子管引脚方向拍摄

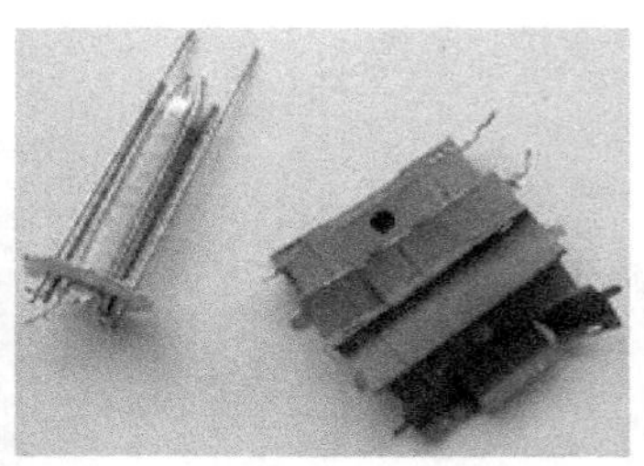

（g）第七步：黑色的屏极与支架分离

（h）第八步：露出了电极（中间的引线）

（i）第九步：电极与支架分离

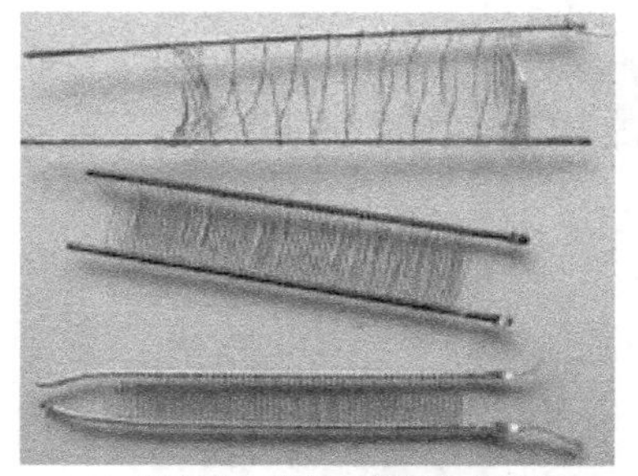

（j）第十步：阴极、栅极和帘栅极

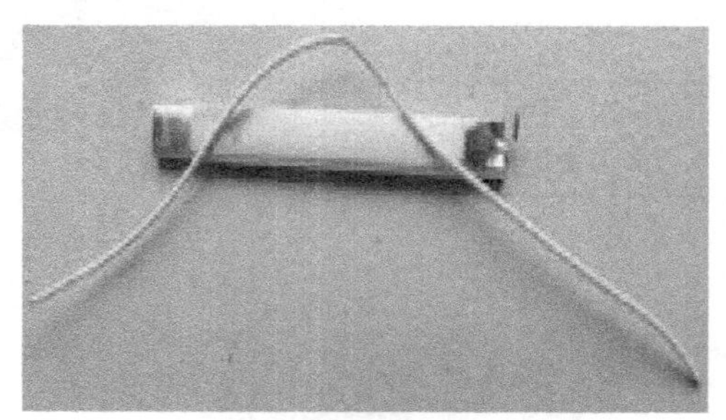

（k）第十一步：灯丝

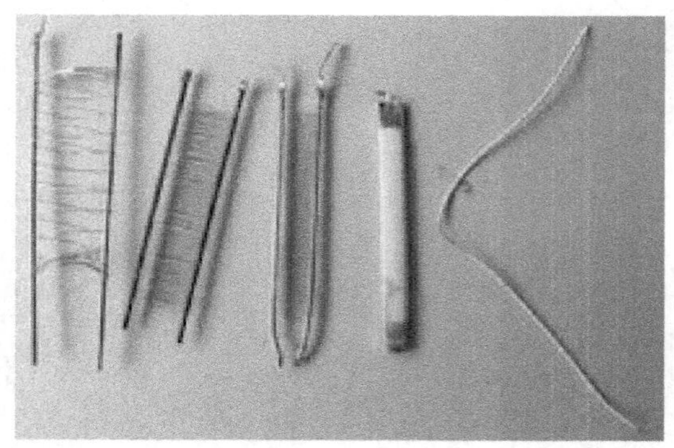

（l）第十二步：电子管电极

图 1-4　电子管实物解剖图解（续）

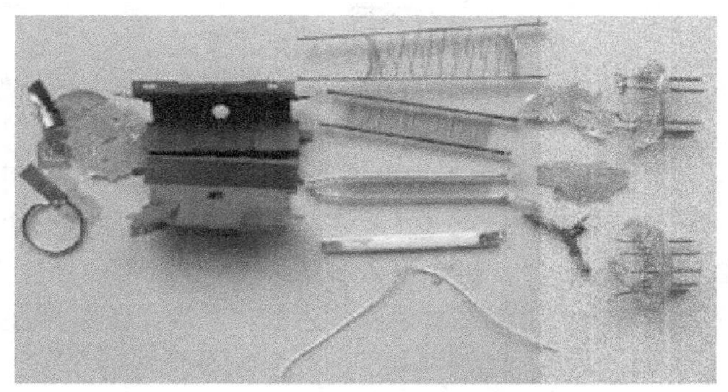

（m）第十三步：拆散后的电子管照片

图 1-4　电子管实物解剖图解（续）

2．电子管的参数

1）电子管基本参数

（1）灯丝电压 U_f：单位是 V。

（2）灯丝电流 I_f：单位是 mA。

（3）屏极电压 U_a：单位是 V。

（4）屏极电流 I_a：单位是 mA。

（5）栅极电压 U_g：单位是 V。

（6）栅极电流 I_g：单位是 mA。

（7）阴极接入电阻 R_k：单位是 Ω。

（8）输出功率 P_o：单位是 W。

2）电子管重要参数

（1）放大系数μ：无单位。

（2）跨导 S：单位是 mA/V。

（3）内阻 R_i：单位是 kΩ。

下面对影响电子管动态特性的重要参数进行说明。

电子管的动态特性（Dynamic Characteristic）是指电子管对细微变化所引起的反应。决定电子管动态特性的参数有三个，即跨导、放大系数与内阻。下面我们来了解这三个参数的意义与相互的关系。

跨导的概念是：在屏压保持不变时，栅压 U_g 在某一工作点上变化一微小增量ΔU_g 会引起屏流 I_a 相应地变化一个增量ΔI_a，比值$\Delta I_a / \Delta U_g$ 称为跨导，用符号 S 表示，即

$$S=\Delta I_a / \Delta U_g$$（U_a固定不变）

从概念可以看出，跨导具有电导的性质，跨导的单位是 mA/V。一般三极管的跨导值为0.5～10mA/V。

跨导的物理意义是：在屏压固定不变的条件下，栅压变化 1V 时，屏流变化了多少mA。它表明栅压控制屏流的能力，跨导愈大，栅压控制屏流的能力就愈强。

放大系数的概念是：屏压变化一微小增量ΔU_a，为了保持屏流不变，栅压 U_g 必须相应地变化一个ΔU_g，取ΔU_a与ΔU_g比值的绝对值，称为放大系数，常用符号μ表示，即

$$\mu=|\Delta U_a / \Delta U_g|$$（I_a固定不变）

放大系数是一个无量纲，没有单位。在上面的公式中为了保持屏流不变，ΔU_a 和ΔU_g 的符号必定相反，它们的比值是一个负数，然而放大系数应该是一个正数，所以要取绝对值。

放大系数表示栅压对屏流的影响比屏压对屏流的影响大多少倍。一般三极管的放大系数为 2.5～100。

内阻的概念是：在栅压保持不变时，屏压 U_a 在某一工作点上变化一微小增量ΔU_a 时引起屏流 I_a 相应地变化一个增量ΔI_a，比值$\Delta U_a / \Delta I_a$ 称为内阻，用符号 R_i 表示，即

$$R_i=\Delta U_a / \Delta I_a$$（U_g 固定不变）

它的单位是 kΩ。

内阻的物理意义是：在栅压固定不变的条件下，要屏流变化 1mA，屏压需要变化多少V。它表明屏压对屏流的控制能力，内阻愈小，屏压控制屏流的能力就愈强。

电子管的三个参数 S、μ和 R_i 之间具有如下关系：

$$\mu=S\times R_i$$

这个公式被称为电子管的内部方程式。

3. 电子管的优缺点

1）优点

电子管带负载能力强，线性性能优于晶体管，在高频大功率领域的工作特性要比晶体管更好，所以仍然在一些地方继续发挥着不可替代的作用。

2）缺点

电子管体积大，功耗大，发热量大，电源利用效率低，结构脆弱而且需要高压电源。

步骤二　了解电子管的工作原理

电子管一般均为玻璃外壳的真空管（俗称“胆管”），体积较大，现在以下面几种常见

的电子管为例介绍其工作原理。

1. 二极电子管

二极电子管分为整流二极管、阻尼二极管和充气二极管等，其内部由阴极 K、屏极 A 和灯丝 F 等组成。

二极电子管有直热式和间热式之分。直热式二极电子管的灯丝 F 与阴极 K 为一体，称为丝极。间热式二极电子管的灯丝 F 与阴极 K 之间是隔离的。图 1-5 所示是二极电子管的电路图形符号。

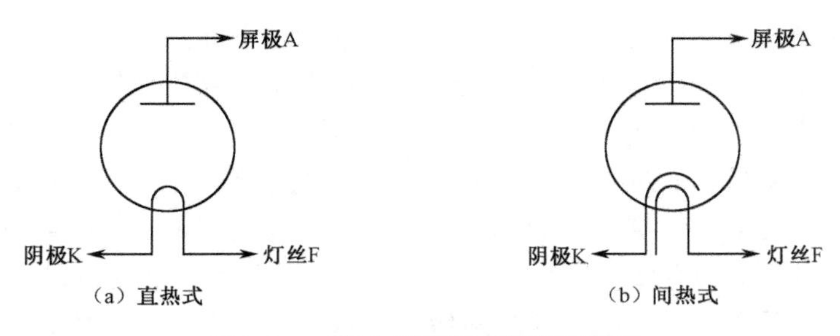

图 1-5　二极电子管的电路图形符号

当灯丝（阴极）被加热，温度达到 800℃以上时，就会形成电子的加速运动，到灯丝（阴极）表面以外的空间。若在这一空间加上一个十几至几万伏的正向电压（屏极电压），这些电子就会被吸引飞向正向电压极，流经电源而形成回路电流。把阴极、灯丝、屏极封装在一个适当的壳里，即上面说的玻璃（或金属、陶瓷）封装壳，再抽成真空，就是电子二极管。需要说明的是，由于制造工艺、杂质附着以及材料本身等原因，管内会残留微量余气，成品管都在管内涂敷了一层吸气剂。吸气剂一般使用掺氮的蒸散型锆铝或锆钒材料。目前除特殊用途外（如超高频和高压整流等），为便于使用和增加一致性，均为两只二极管，或二极、三极，或三极、三极以及二极、五极等合装在一个管壳内，这就是复合管。

2. 三极电子管

二极管的结构决定了它的单向导电的性质，当在阴极与屏极之间再加上一个带适当电压的电极时，这个电压就会改变阴极的表面电位，而影响阴极热电子飞向屏极的数量，这就是调制极。它一般用金属丝做成螺旋状的栅网，所以又把它称为栅极。由此可知，当作为被放大的信号电压加在栅极–阴极之间时，由于它的变化必然会使屏极电流发生相应的变化，又由于屏极电压远高于阴极，因此栅–阴极间微小的电压变化同样能使屏极产生相应的几十至上百倍的电压变化，这就是三极管放大电压信号的原理。

从电场的角度来分析，也可以这样来理解：电子管（三极管）是由阴极K、屏极A、栅极G组成的。阴极是电子管电子流的源泉，当阴极被灯丝加热到一定程度时，就会不断地向空间发射电子。在屏极与阴极间加上直流电压，使屏极电位高于阴极电位时，在屏极电场的作用下，从阴极发射的电子就会源源不断地奔向屏极，即所谓的真空管正向导通。根据电流方向与电子流方向相反的定理，电流便从屏极流向阴极，这就是所谓的屏流——I_a。栅极是决定电子管放大作用的电极，位于阴极和屏极之间靠近阴极的位置。栅极的作用是抑制由阴极向屏极发射电子。当栅极加上相对于阴极为负的电压即栅负压时，便在管内屏、阴之间形成两个电场：

一是屏极的正电压产生的正电场，对空间电荷区的电子起到吸引的作用；

二是栅极的负压产生的负电场，对空间电荷区的电子起到排斥作用。

栅极电压越负，排斥作用越强，屏极电流就越小。改变栅极负压即可改变屏极电流。而栅极比屏极更靠近阴极，对屏极电流的抑制作用远比屏极电压更大，约大4～100倍。栅极电压的微小变化，便能引起屏极电流的较大变化，从而实现电子管的电流放大作用。

三极电子管由外壳、灯丝F、屏极（也称板极或阳极）A、栅极G、阴极K及引脚等组成，如图1-6所示。其中，灯丝用来加热阴极。阴极K（类似于半导体三极管的发射极和场效应管的源极）在温度升高到一定值时开始发射电子。栅极G（也称控制栅极，类似于半导体三极管的基极和场效应管的栅极）用来控制阴极发射电子的数量，即控制阴极电流的大小。屏极A（类似于半导体三极管的集电极和场效应晶体管的漏极）用来收集阴极所发射的电子。阴极发射电子的基本条件是：阴极本身必须具有相当的热量。阴极又分两种，一种是直热式，它由电流直接通过阴极使阴极发热而发射电子；另一种称间热式阴极，其结构一般是一个空心金属管，管内装有绕成螺线形的灯丝，加上灯丝电压使灯丝发热从而使阴极发热而发射电子，现在日常用的多半是这种电子管。由阴极发射出来的电子穿过栅极金属丝间的空隙而达到屏极，由于栅极比屏极离阴极近得多，因而改变栅极电位对屏极电流的影响比改变屏极电压时大得多，这就是三极管的放大作用。换句话说，就是栅极电压对屏极电流的控制作用。我们用一个参数跨导（S）来表示。另外还用一个参数μ来描述电子管的放大系数，它的意义是：说明栅极电压控制屏极电流的能力比屏极电压对屏极电流的作用大了多少倍。

三极电子管一般用于放大电路中，它按阴极的加热方式可分为直热式阴极三极电子管和间热式阴极三极电子管。图1-6所示是三极电子管的电路图形符号。

常用的中、小功率三极电子管有6N1～6N4、6N6、6N8P、6N9P、6N11、6DJ8、12AX7、12AU7、12AT7、6C3～6C5等型号。常用的大功率三极电子管有211、845、WE300B、6N5P、6N13P等型号。

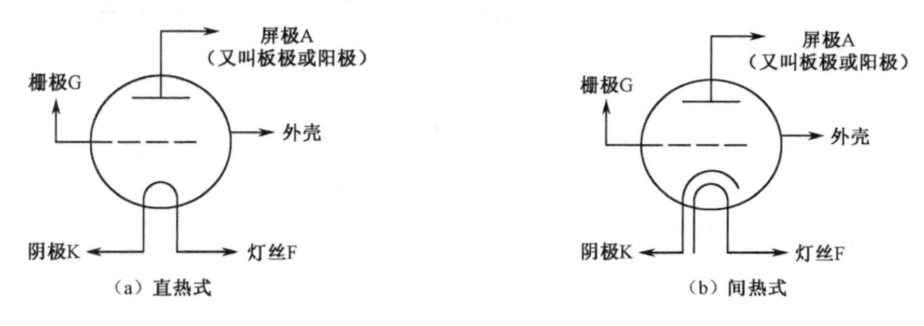

图 1-6　三极电子管的电路图形符号

3. 四极电子管

三极管因极间电容较大不能工作于高频，栅极对屏极的屏蔽不完善也无法进一步提高放大系数。后来人们发现在栅极和屏极间加入一网状电极（帘栅极）可克服此缺点，这就是一般的四极管。如图 1-7 所示为四极电子管的电路图形符号。由于帘栅极具有比阴极高很多的正电压，因此也是一个能力很强的加速电极，它使得电子以更高的速度迅速到达屏极，这样控制栅极的控制作用变得更为显著，因此比三极管具有更大的放大系数。但是由于帘栅极对电子的加速作用，高速运动的电子打到屏极，这些高速电子的动能很大，将从屏极上打出所谓二次电子，这些二次电子有些将被帘栅吸收形成帘栅电流，使帘栅电流上升导致帘栅电压下降，从而导致屏极电流下降，为此四极管的放大系数受到一定限制，一般用于高频放大等电路。代表型号有 6J3、6J5 等。

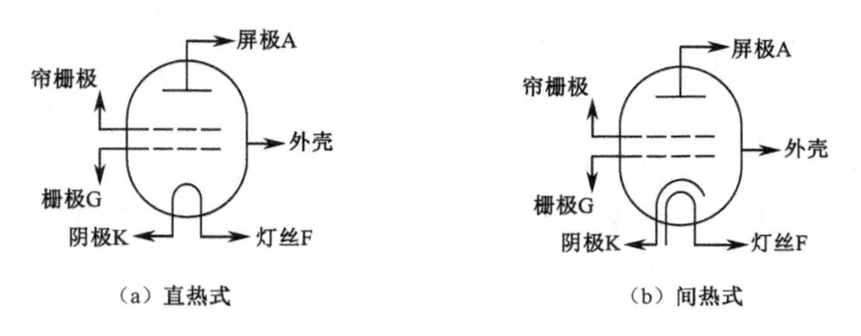

图 1-7　四极电子管的电路图形符号

4. 五极电子管与束射四极管

四极管会产生“二次电子发射”使屏极特性曲线起始段起伏不定，严重影响其正常工作。因此，人们又在帘栅极和屏极之间再加一网状电极（抑制栅极）来抑制“二次电子发

射”，使屏极特性曲线起始段变得平滑。这种胆管称为五极管。如图 1-8、图 1-9 所示是五极电子管的电路图形符号。

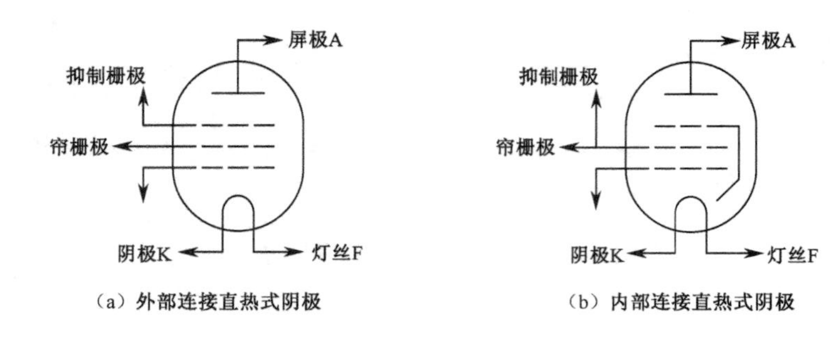

图 1-8　五极电子管的电路图形符号（1）

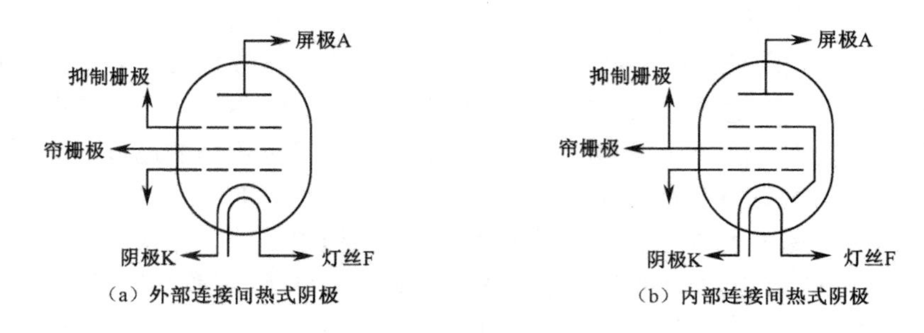

图 1-9　五极电子管的电路图形符号（2）

另外还有一种管，它没有抑制栅极而是在管内加上两片与阴极相连的集射板，同样也能有效地抑制“二次电子发射”。它在四极管帘栅极外的两侧再加入一对与阴极相连的集射极，由于集射极的电位与阴极相同，所以对电子有排斥作用，使得电子在通过帘栅极之后在集射极的作用下按一定方向前进并形成扁形射束，这扁形电子射束的电子密度很大，从而形成了一个低压区，从屏极上打出来的二次电子受到这个低压区的排斥作用而被推回到屏极，从而使帘栅电流大大减小，电子管的放大能力得到加强，这种电子管称为束射四极管。束射四极管不但放大系数较三极管高，而且其屏极面积也较大，允许通过较大的电流，这种管比五极管有更好的综合性能，很适合作功率放大。因此现在的功放机常用它作为功率放大。

束射四极管全部是功率管，对功率管的要求是产生尽可能大的屏极电流。束射四极管在电极的结构上做了一些特殊的安排，使其在保持和其他功率管体积差别不多的前提下，能够形成比其他功率管更大的屏极电流。

束射四极管有以下几个结构特点。

（1）阴极为椭圆形，这就增加了阴极的有效发射面积，从而增加了热电子的发射量。

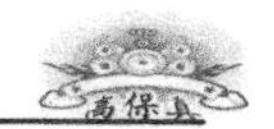

（2）和五极管一样，在抑制栅极和屏极之间加有帘栅极，帘栅极具有比阴极高很多的正电压，是一个能力很强的加速电极，它使电子以更高的速度迅速到达屏极，这样控制栅极的控制作用变得更为显著，因此比三极管具有更大的放大系数。

（3）在帘栅极和屏极之间加了一对弓形金属板（集束屏）。集束屏在管内和阴极相连，即与阴极等电位，它迫使已经越过帘栅极的电子流只能沿弓形金属板的开口方向成束状射向屏极。

图 1-10 所示是束射四极管的电路图形符号。

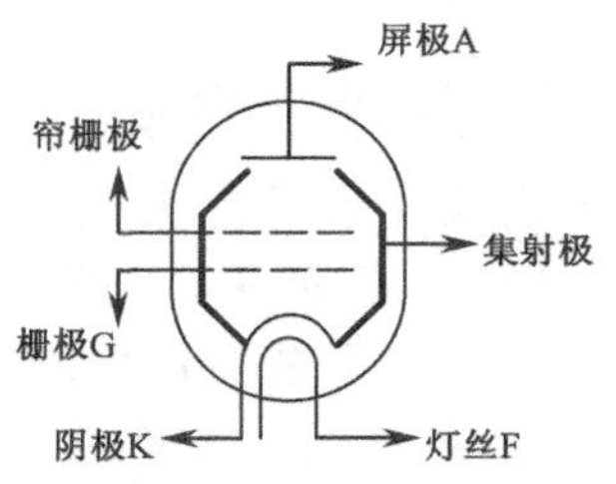

图 1-10　束射四极管的电路图形符号

步骤三　检测常用电子管

电子管为高压工作的器件，除灯丝是否断路可以直接用万用表检测以外，其他参数不能直接用万用表检测出来。不过，电子管的测试也并不困难，只要利用一组高低压供电电源，在万用表的辅助下也可以对其基本参数进行检测，从而判断电子管的老化程度和得到配对时的参考数据。

其实，电子管生产工艺成熟，产品参数误差远小于晶体管（以其主要参数跨导为例），即使一般普通民用级（M 级），其误差也在 25%以内，在一般应用中既不需要调整外围元器件参数，也不需要配对。但并联或串联应用，或在对称的推挽电路中时，对某些参数配对还是必需的。具体到胆机电路中，所有的对称放大电路，包括倒相级、对称驱动级和工作于 AB 类的输出级都需要配对。另外，有时为了增大输出功率或提高驱动级的驱动能力，将电子管并联使用时也需要配对。其中推挽输出电路匹配对音响的效果影响是比较明显的。不严格对称的推挽放大器其两臂输出信号波形也不对称，此波形在输出变压器中叠加以后，会产生新的失真。其影响程度以 A 类放大器失真最小，B 类放大器失真最大，AB 类放大器失真介于 A 类放大器与 B 类放大器之间。

不对称的推挽输出级，在 A 类、AB 类中，两只末级电子管静态屏极电流不相等，加入信号以后，屏极电流的变化幅度也不对称，直接影响放大器的频率特性。而在并联应用中，如果两只电子管参数不同，将使并联效果大减。同时，随信号幅度变化其失真度也产生相应的变化。长期使用中，其跨导较大、内阻较小（相对性能比较好）的一只电子管衰老速度加快。如果输出级中并联应用，当放大器输出功率越大时，其中一只性能好的电子管屏耗将超过规定值而使屏极中心部位被烧红，甚至损坏。

配对的要求，并不是说两只电子管所有参数完全相同，不同功能电路对配对参数要求的侧重点有所区别。下面对业余条件下电子管参数测试原理、方法及不同电路中配对的要求进行介绍。

1．电子管的外观检查

（1）观察电子管内顶部的颜色，正常电子管内顶部的颜色是银色或黑色。若已变成乳白色或浅黑色，则说明该电子管已漏气或老化。

（2）观察管内是否有杂物，轻轻摇动或用手指轻弹电子管玻壳，再上下颠倒几下仔细观察管内是否有碎片、白色氧化物、碎云母片等杂物。若电子管内有杂物，则说明该管经过剧烈振动，其内部极间短路的可能性较大。

上述外观检查基本正常后，可以进一步检测其性能和参数。

2．用万用表检测

（1）测量灯丝电压：用万用表 R×1 挡，测量电子管的两个灯丝引脚的电阻值，正常时电阻值只有几欧姆。若测得电阻值为无穷大，则说明该电子管的灯丝已断。

（2）检测电子管是否衰老：通过用万用表测量电子管阴极的发射能力，即可判断出电子管是否衰老。检测时，可单独为电子管的灯丝提供工作电压（其余各电极电压均不加），预热 2min 左右，用万用表 R×100 挡，红表笔接电子管阴极，黑表笔接栅极（表内 1.5V 电池相当于给电子管阴、栅极之间加上正偏栅压），测量栅、阴极之间的电阻值。正常时电子管栅、阴极之间的电阻值应小于 3kΩ。若测得电子管栅、阴极之间的电阻值大于此值，则说明该电子管已衰老。该电阻值越大，电子管的衰老程度越严重。

3．电子管的业余测试法

所谓业余测试，是指测试数据的仪器不具备高性能、高精度，测试的参数项目不完全。只对与音响放大器相关的参数进行测试。

1）静态检测法

静态检测法也称为一点检测配对法。这种方法实际上只要求配对电子管功放在工作点上两管静态屏流相等。

静态配对不需要任何附加设备，只利用功放本身末级输出电路即可进行。在检测之前，应首先检测推挽输出变压器初级两端对中心抽头间的直流电阻值，相差不能超出 5%。另外，要求检测过程中市电电压不能有明显的瞬间跳动和不稳定现象。否则，应在功放供电电源中加入交流稳压器。

静态检测的配对，只是使 A 类推挽放大器在工作点附近两管屏流相等。但是，当输入

信号加到栅极与阴极之间时，栅极瞬时电位随信号变动，两只静态屏流相等的电子管其跨导（S）不一定相等，因而使信号幅度变化时两管屏流的变化量不相等，其结果使两管动态屏流不对称，产生新的失真。所以，静态检测过程的配对实际效果不大，虽然通过栅负压调整电路完全可以使两只同型号电子管的μ相等，但其动态不平衡造成的失真并未消除。真正的配对应该是动态配对。

2）动态检测法

动态检测法又称为多点检测配对法。围绕其工作点使电子管模拟输入信号的变化，对多点工作状态下 I_a、S、R_i 进行检测，取参数相近者配对，一般称为动态检测配对。

3）配对管内阻的检测

电子管的负载电阻为零。但实际应用中，无论电压放大还是功率放大，屏极电路都必须接入负载电阻 R_L。电子管本身屏极对阴极之间有一定的内阻 R_i，在输出等效电路中，R_L 和 R_i 是串联的。由 R_L 和 R_i 组成的分压电路中，实际上取得有用的电压或功率输出是 R_L 上的压降。因此，电子管内阻的大小直接影响输出电压（或输出功率）。配对管 R_i 差值越小越好。

一般静态屏流不应小于额定值的 20%，S 不应小于额定值的 1/8～1/6。

任务二　选择电子管功率放大器的制作电路

☆ **本任务内容提要：**

本任务主要介绍选择电子管功率放大电路，认识电子管功率放大器整机电路图，电子管功率放大器电路工作原理三个方面的知识。

☆ **本任务学习目的：**

了解电子管功放电路的选择原则，掌握电子管功率放大电路的电路特点，会动手制作电子管功放，培养读者的动手能力。

步骤一　了解电子管功放电路的选择原则

1. 电子管功放电路的选择原则

（1）根据自己的技术能力和经济条件选择符合个人需要的电路；

（2）选择电路时，尽量挑选元器件易购电路作为首选；

（3）对于初学者可以选择简单易做的经典电路，功率可选小一点的；

（4）对于焊接技术高，综合布线能力强者可采用搭棚式焊接，也可用线路板焊接。

2．电子管专用配件的选择

1）电子管管座类

电子管管座及附件如图1-11所示。

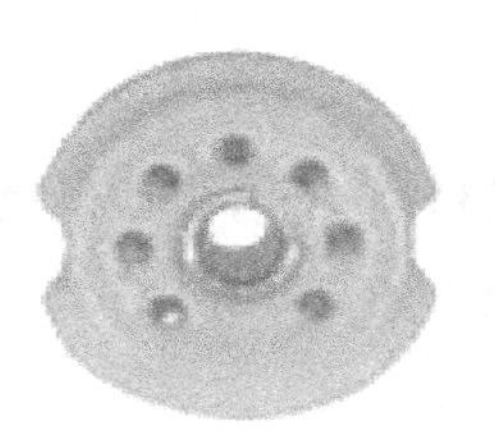
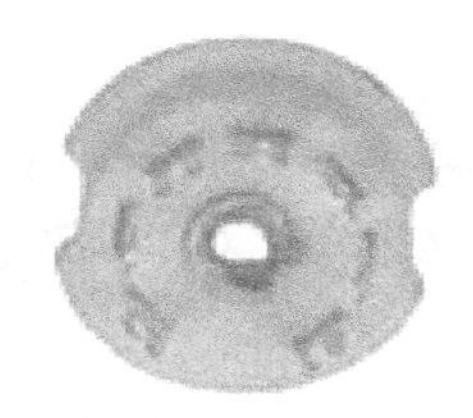

（a）七脚镀银陶瓷管座

（b）平板大五脚镀银陶瓷管座

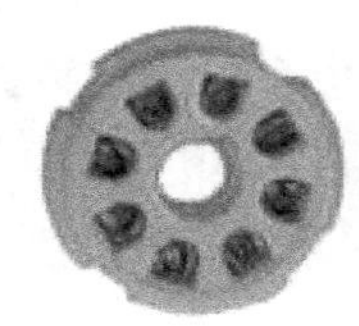
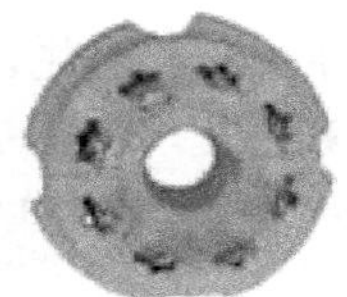

（c）八脚镀金陶瓷管座

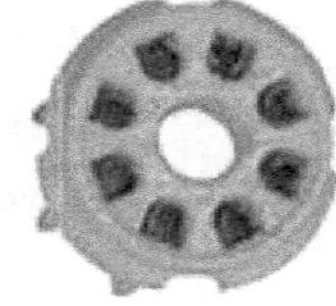

（d）线路板用八脚镀银管座

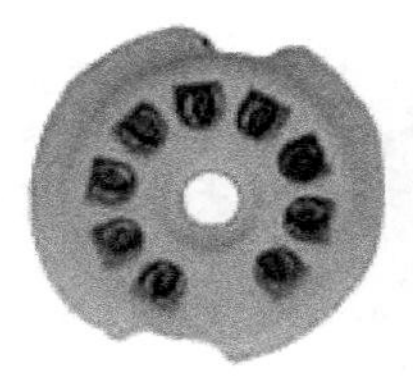
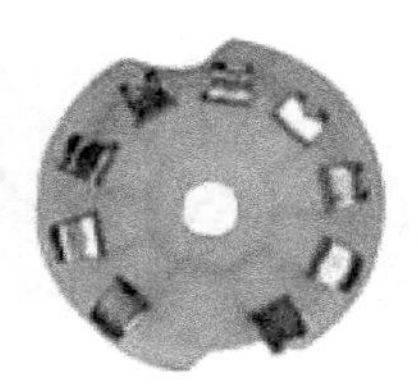

（e）线路板用九脚镀银管座

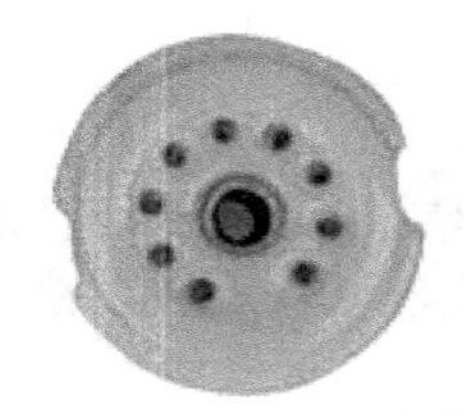
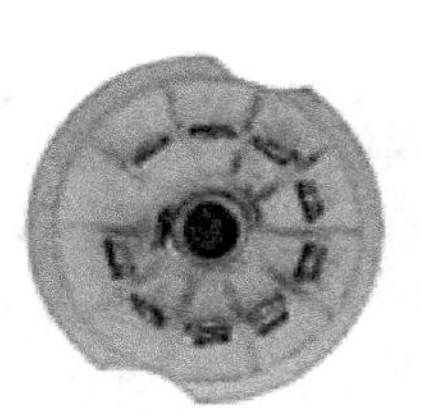

（f）九脚镀银陶瓷管座

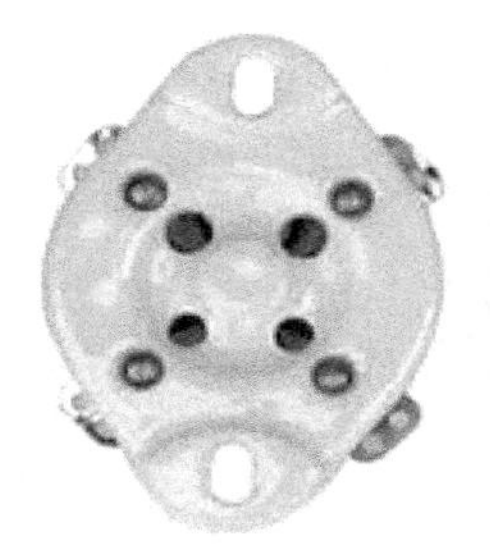
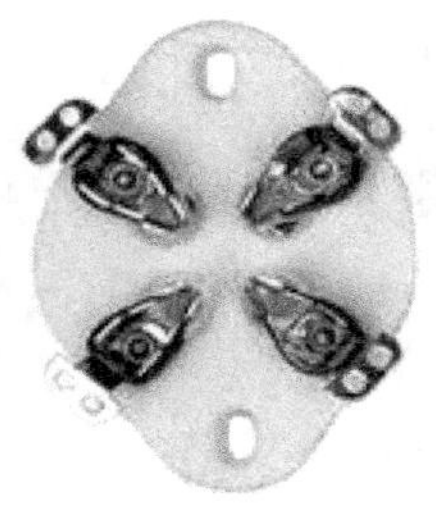

（g）平板大四脚镀金陶瓷管座

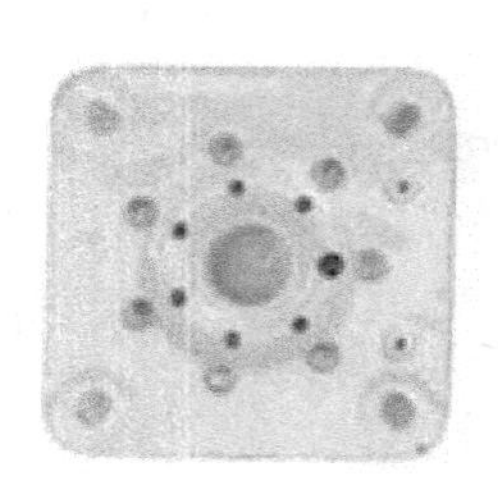
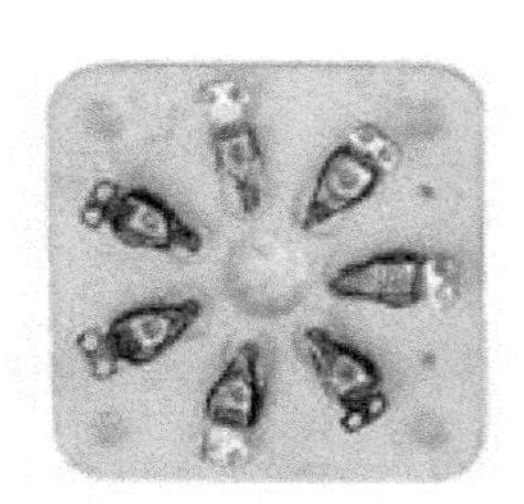

（h）平板大四脚管座

图1-11　电子管管座及附件

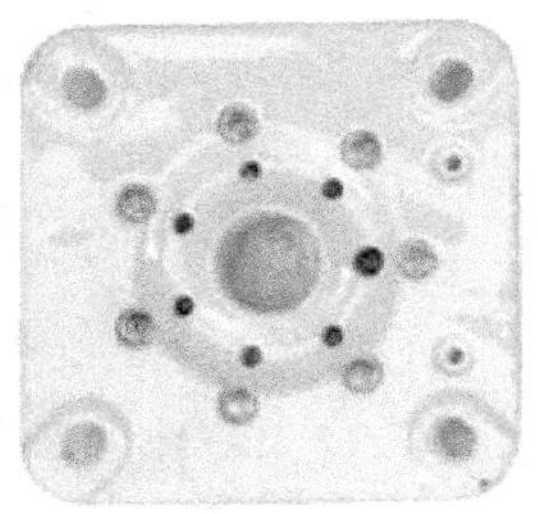

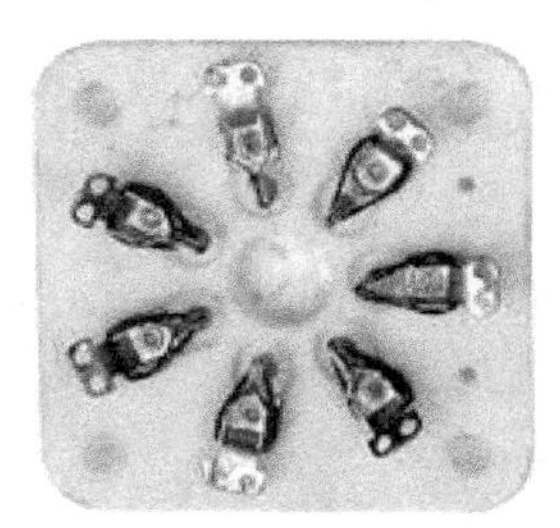

（i）FU－50 军用屏蔽式陶瓷管座　（j）211、845 陶瓷管座　（k）6C33C 管座

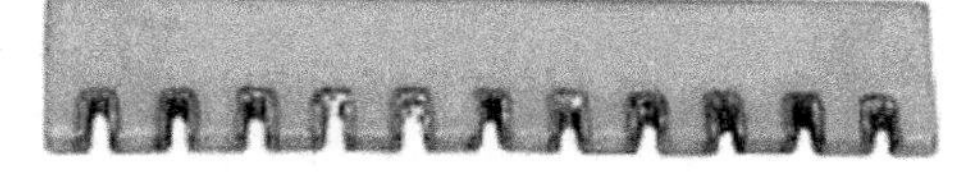

（l）搭棚条　（m）电子管保护罩

图 1-11　电子管管座及附件（续）

2）信号连接线类

常用的信号线有如下几种。

（1）美国特富龙镀银信号线（如图 1-12 所示）：可用于平衡或屏蔽层单芯接地非平衡接法中。

（2）特富龙镀银小信号线（如图 1-13 所示）：单芯带屏蔽，可用于音/视频信号。

（3）美国特富龙镀银数码同轴线（如图 1-14 所示）：多重避震和极少见的多层屏蔽结构，极厚的镀银层，配合损耗极微的铁弗龙介质，其工艺令人叹服，声音气势宏大，又具银线的细腻灵巧。

图 1-12　美国特富龙镀银信号线

图 1-13　特富龙镀银小信号线

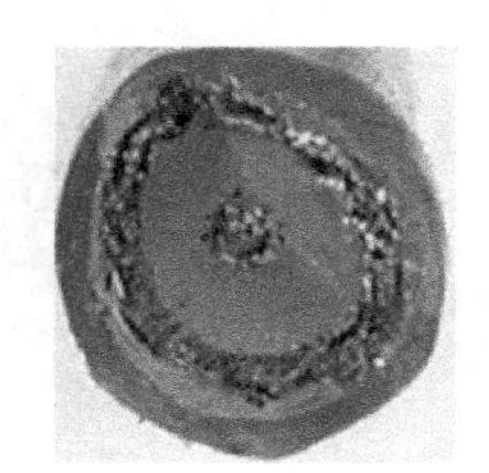

图 1-14　美国特富龙镀银数码同轴线

（4）怪兽极品双线分音腰带型喇叭线，如图 1-15 所示。

图 1-15　怪兽极品双线分音腰带型喇叭线

（5）日产 10A 计算机电源线，如图 1-16 所示。

图 1-16　日产 10A 计算机电源线

3）插座接线柱及电位器类

插座接线柱及电位器如图 1-17 所示。

（a）高级镀金音箱、功放接线柱

（b）RCA 镀金插座

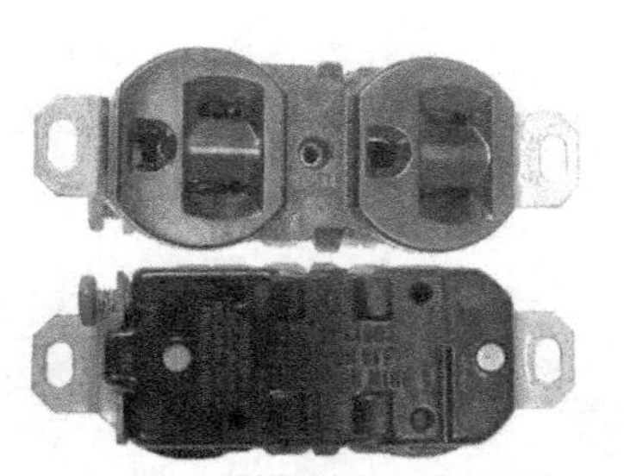

（c）美国产发烧级电源插板

（d）军用拆机厚金转换开关

图 1-17　插座接线柱及电位器

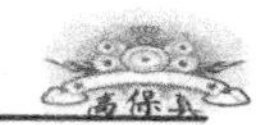

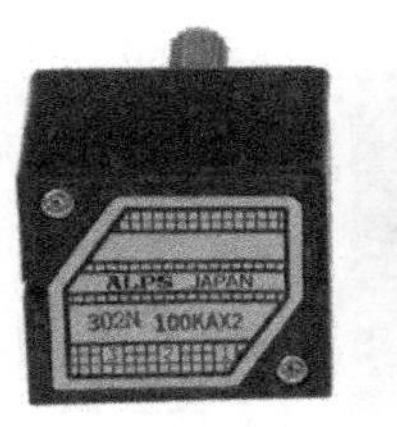

（e）日本 ALPS 高级音量控制电位器

图 1-17　插座接线柱及电位器（续）

4）补品元器件类

补品元器件如图 1-18 所示。

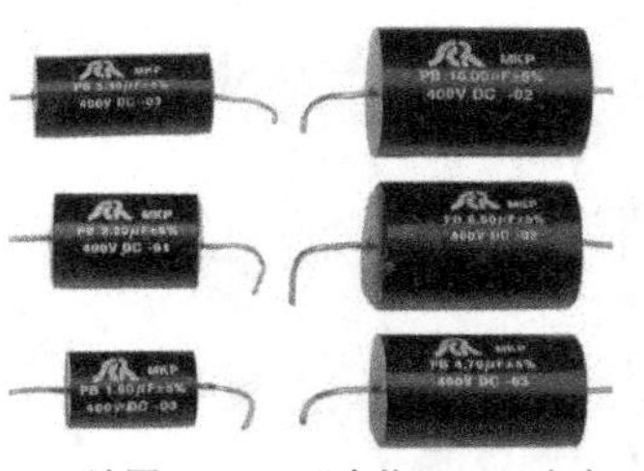

（a）法国 SOLEN“索伦”SCR 电容

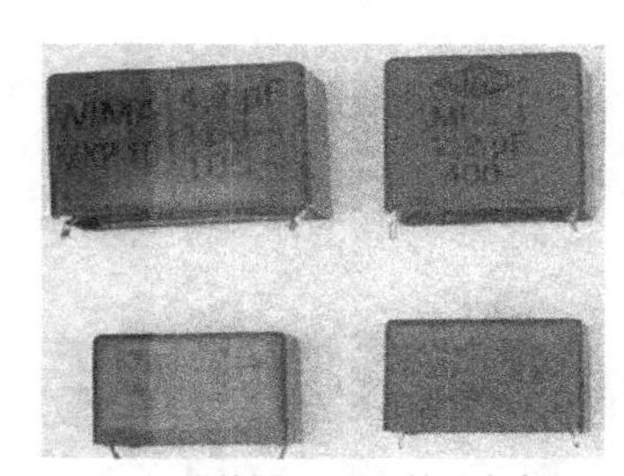

（b）德国 WIMA 补品电容

（c）西德 ERO 补品 MKT 电容

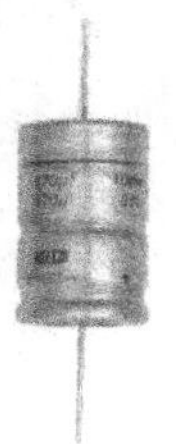

（d）菲利浦补品电解电容

图 1-18　补品元器件

（e）日本ELNA等音响高速补品电解电容

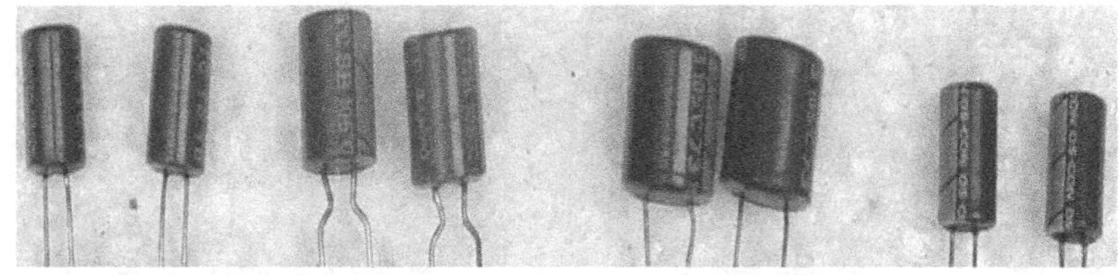

（f）日本三洋OS固体介质电解电容（镀银引脚）

（g）瑞典RIFA系列电容

（h）美国SPRAGUE维他命Q油浸银膜纸介系列

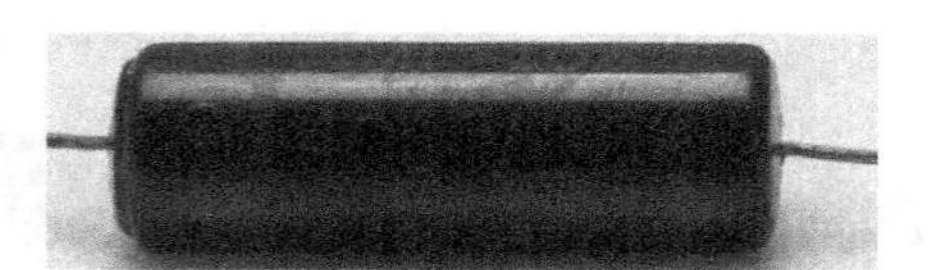

（i）美国SPRAGUE黑寡妇系列

（j）英国TCC油浸纸介电容

图1-18　补品元器件（续）

除图 1-18 中所示外，另外还有日产黑金刚、红宝石等电源滤波大电解电容；国产 CA30-1 油浸纸介；美国 DALE 电阻，“RXJX”无感线绕电阻；上海无线电十二厂“RXJX”系列无感线绕电阻。

步骤二　认识电子管功率放大器整机电路图

在掌握了基本知识之后，我们要熟悉的是电子管功率放大电路的整机电路组成，它是我们制作电子管功率放大电路的前提。

电子管功率放大电路主要由电源供给电路和信号放大电路两大部分组成。下面我们分别说明。

1. 电源供给电路

图 1-19 所示是电源供给电路原理框图。

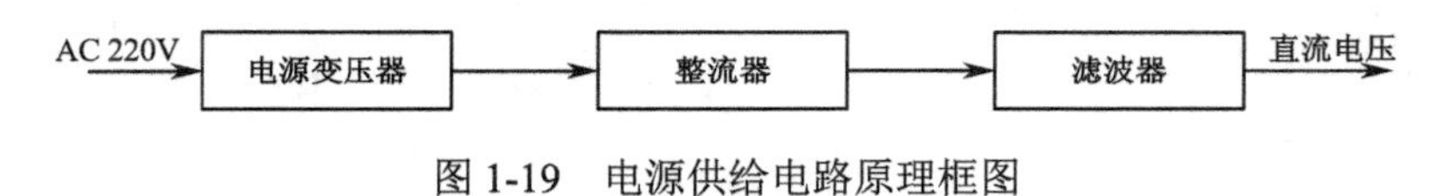

图 1-19　电源供给电路原理框图

各组成部分说明如下。

（1）电源变压器是一种通过电磁的作用把交流电压升高或降低的器件，负责整机电源能量的供给。

要求：所供给每级负载的电压值要准确、稳定，允许偏差不得超过所需值的 5%，带负载的能力要强，电源变压器内阻要小。在工作时，不应出现过热、振动或其他异常现象。电源变压器品质优劣直接影响到放大器的安全性、稳定度、信噪比以及动态范围的指标。在电子管功率放大电路中使用的电源变压器，大多为环型、EI 型、C 型等种类，它们对功率的转换效率有所不同，在设计和运用时应加以注意。

（2）整流器利用二极管的单向导电特性，把交流电压转换为脉动的直流电压。它可分为电子管整流和晶体管整流。

电子管整流分为半波整流（如图 1-20 所示）和全波整流（如图 1-21 所示）。电子管全波整流需要两个高压绕组，还要一组电流较大的整流管灯丝电压，这样增加了变压器的功耗；半波整流器效率低，在胆机电路里只适用于电流波动较小的栅极电路中。

晶体管整流则分为半波整流（如图 1-22 所示）、全波整流（如图 1-23 所示）、桥式整流（如图 1-24 所示）及倍压整流（如图 1-25 所示）。桥式整流和全波整流具有效率高（输出的电压是交流电压有效值的 0.9 倍），内阻小（压降 0.7V），反应速度快，桥式整流只需一个高压绕组等优点，目前使用较为广泛。

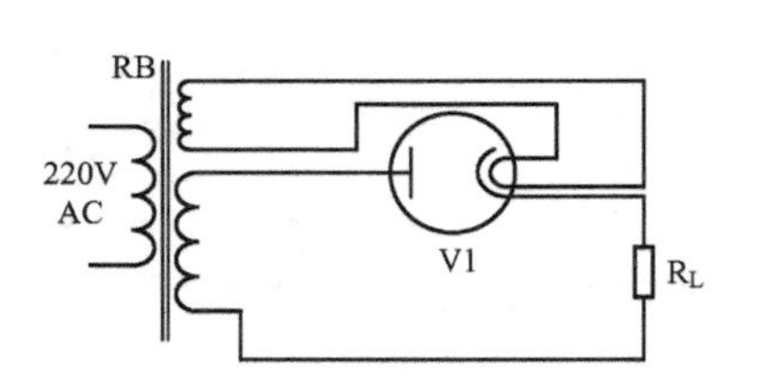

图 1-20　电子管半波整流

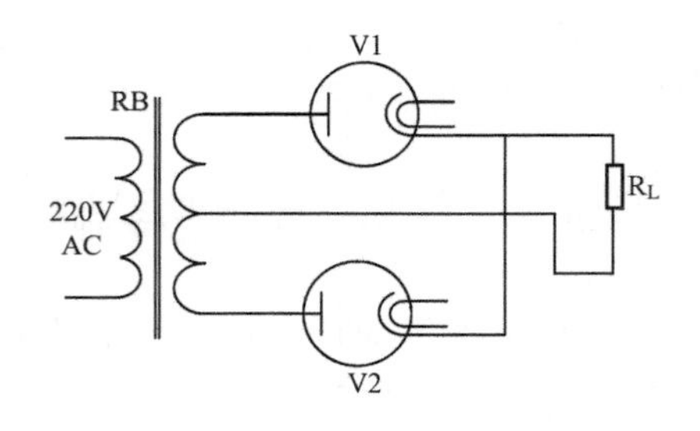

图 1-21　电子管全波整流

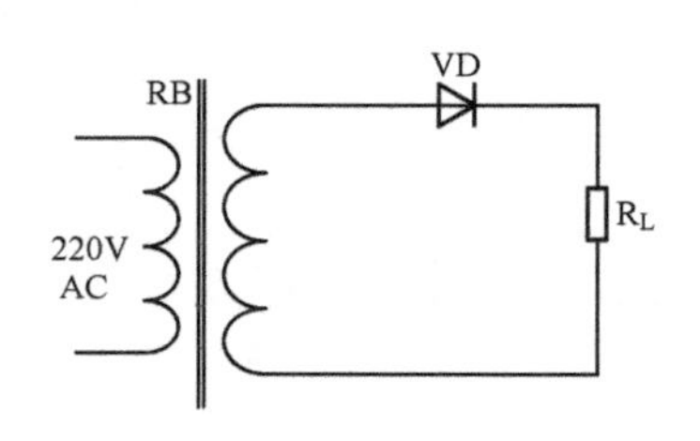

图 1-22　晶体管半波整流

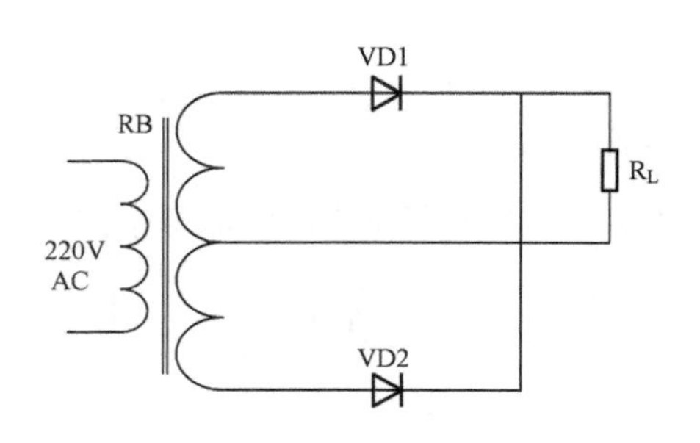

图 1-23　晶体管全波整流

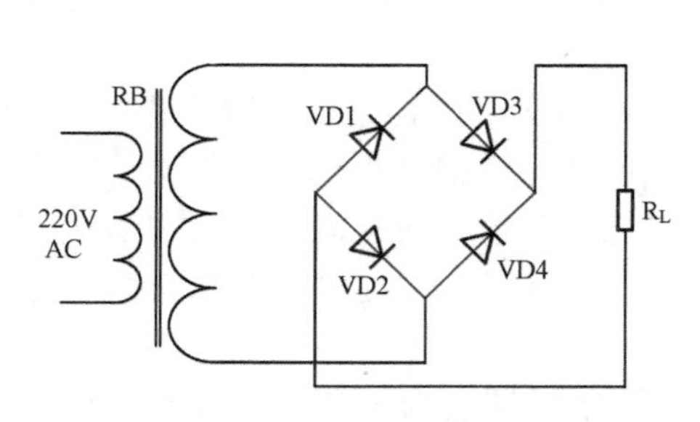

图 1-24　晶体管桥式整流

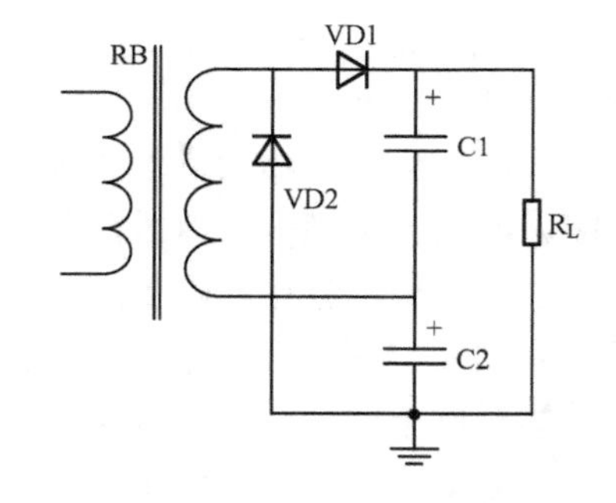

图 1-25　晶体管倍压整流

（3）滤波器把经过整流后的脉动直流电压转换为较平稳的直流电压。它的电路组成有以下几种。

单只电容式又称 C 型滤波器（如图 1-26 所示），即在负载两端并联一只容量较大的电容器，这种滤波器的滤波效果与电容器的容量、负载电流大小有关，容量越大它所储存的电荷能量就越大，释放给负载的能量越大；相反，电容量越小，加在负载两端的脉动成分越大。它还和负载电阻的大小有关，负载电阻越大滤波效果越好。由于电容容抗的原因，纹波

频率高（电容器充放电的次数增加）滤波效果就好。但电容器的容量并不能无限增大，过大的容量会造成在开机的瞬间因电容器充电电流过大而损坏整流管或变压器绕组，况且电容器储存的电荷到达一定程度时，再增加容量已无任何实际意义了。

扼流圈输入式滤波器又称 L-C 型滤波器（如图 1-27 所示），这种滤波器是由扼流圈与负载串联，电容与负载并联组成的。由于电容积累电流的波动，电感阻滞电流波动。加入了扼流圈后电感对交流所呈现的感抗甚大，使整流后的脉动成分大部分被扼流圈吸取（阻止进入下一级），同时在电容的作用下，输出给负载两端的电压较为稳定。

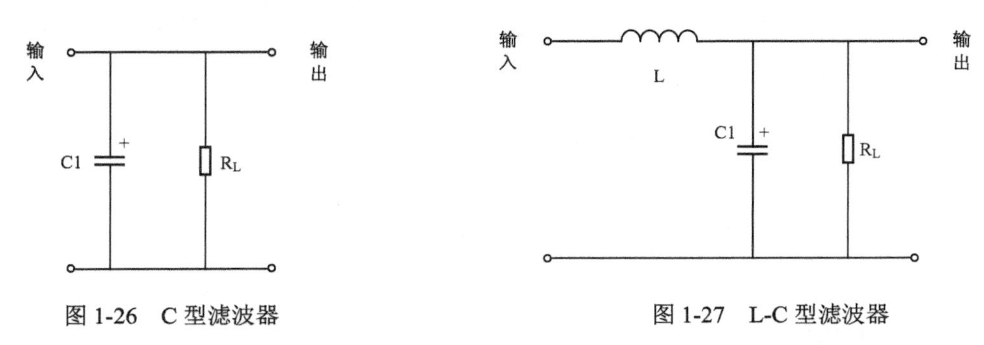

图 1-26　C 型滤波器　　　　图 1-27　L-C 型滤波器

电容输入式滤波器又称Π型滤波器，也称 CLC 型滤波器（如图 1-28 所示）。它是前两个滤波器的合成，这种滤波器吸收了 C 型、L-C 型的优点，滤波效果好，输出直流电压大约是输入交流电压有效值的 1.2 倍。在电感抗及电感线圈内阻的作用下，输出的电压比较稳定，所以，它是目前在电子管放大器中使用最多的一种滤波器。电感的感抗越大，滤波效果越好，同时扼流圈的体积、重量也同样增加，内阻也会随着增加，取值应在 8～10H 较好。

阻容式滤波器（如图 1-29 所示），由于电阻对交流电和直流电的阻力一样，电阻在此很难起到阻交流成分的作用。否则，就要加大电阻值，这样，电阻两端的电压降就大，同时增加负载内阻。这种电路适合于使用电流较小的前级放大器电路。

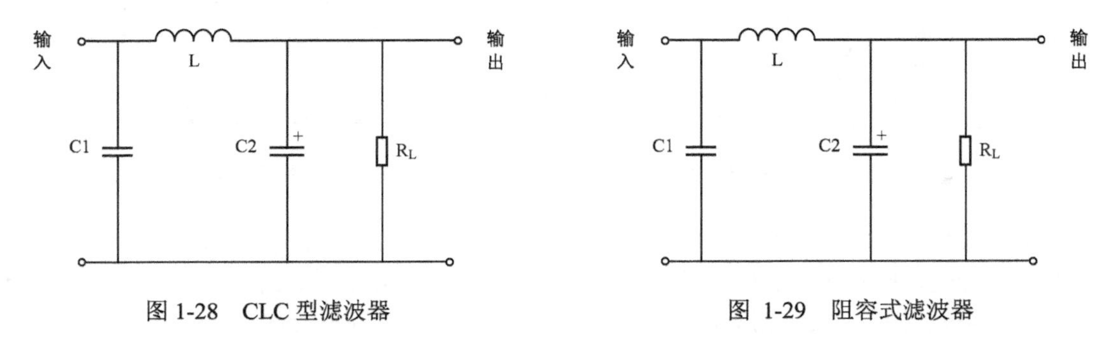

图 1-28　CLC 型滤波器　　　　图 1-29　阻容式滤波器

（4）稳压器能够使电源输出电压保持的数值不随负载电流的变化而变化。可以通过调整它的基准电压为负载提供所需的电压值。稳压器可分为电子管稳压器、晶体管稳压器。

电子管稳压器使用的是冷阴极充气式稳压管。所谓冷阴极，就是不需要灯丝为阴极加热，无热损功耗。工作时，稳压管内会产生有颜色的辉光并随着输出电流的大小而闪烁。它的使用也较为灵活，既可以单只或多只串联（如图 1-30、图 1-32 所示）以达到负载所需要的电压值，也可以并联（如图 1-31 所示）向负载提供两稳压管之和的电流。电子稳压管有品种型号较少，体积大，稳定电流小等缺点。

图 1-33 所示是简单晶体管串联型稳压器。它在单管稳压的基础上增加了一只电压调整扩流管。它具有输出纹波系数小，内阻小，输出电流较大，体积小，电路简单，使用方便等优点。在电子管电路里，稳压器主要为电压放大、推动倒相及功率级电子管屏极提供电压。

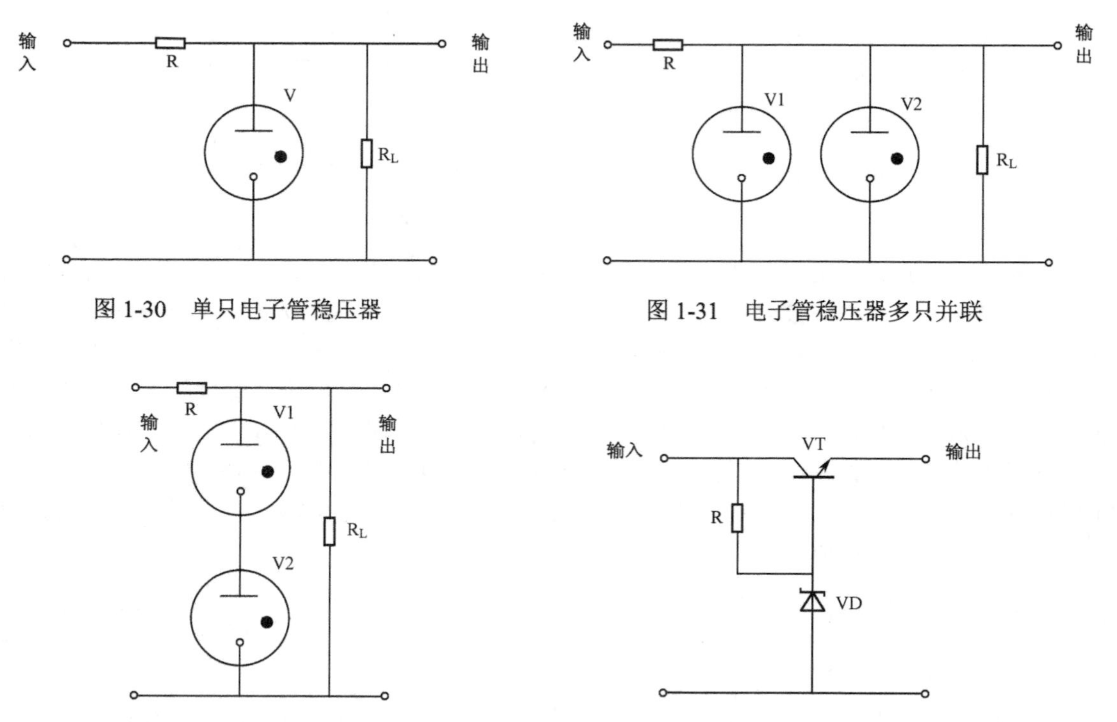

图 1-30　单只电子管稳压器

图 1-31　电子管稳压器多只并联

图 1-32　电子管稳压器串联

图 1-33　简单晶体管串联型稳压器

（5）灯丝电路同样非常重要，使用不当会引起 50Hz 的交流声，图 1-34（a）～（c）所示是处理交流灯丝噪声的几种通用接法。图 1-34 所示是直流灯丝电路，主要用在前置放大管电路中。虽然它能有效地克服由于灯丝产生的交流声，但由于使用了一套直流电源电路，容易出现直流转换速率慢，使用不当还容易出现 100Hz 的交流声或由于增加了电源电路的

元器件引起噪声。

（6）高压延时保护器是为了让放大管在得到充分预热的状态下，才接通高压。在刚开机时，阴极没有得到充分的预热而屏极就开始吸收电子，这样会加速电子管的老化。

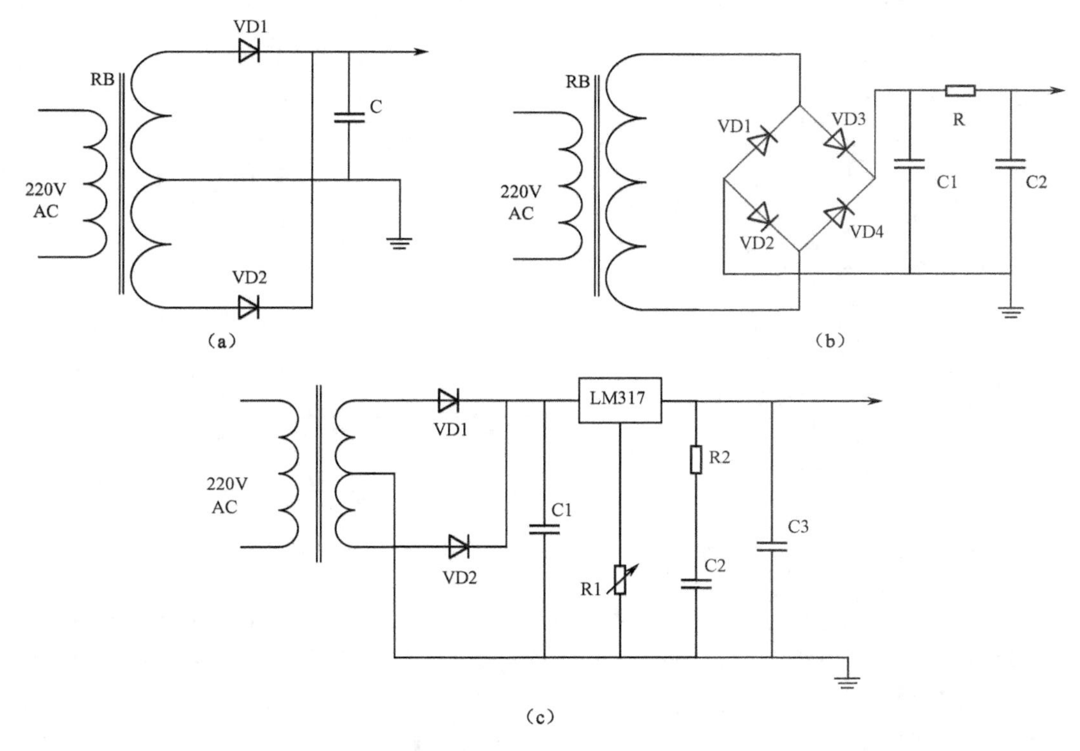

图 1-34　直流灯丝电路

2. 信号放大电路

图 1-35 所示是电子管信号放大电路原理框图。

图 1-35　电子管信号放大电路原理框图

（1）电压放大器：将微弱信号电压按一定倍数放大到下一级所需要的信号电压。电压放大器直接影响整机的性能指标。常用电路有：单管共阴极电压放大器（如图 1-36 所示）和并联推挽的 SRPP 电压放大器（如图 1-37 所示）。这两种电路都具有：输入阻抗高，输出阻抗低，线路简单，动态范围大，控制力强，失真小，解析力强等特点，目前被广泛应用。电压放大器应该选用低噪声、宽频带、高频电压放大三极管。常用的国产双三极管有 6N11、6N3 等，单三极管有 6C3、6C4、6C12、6C16 等。

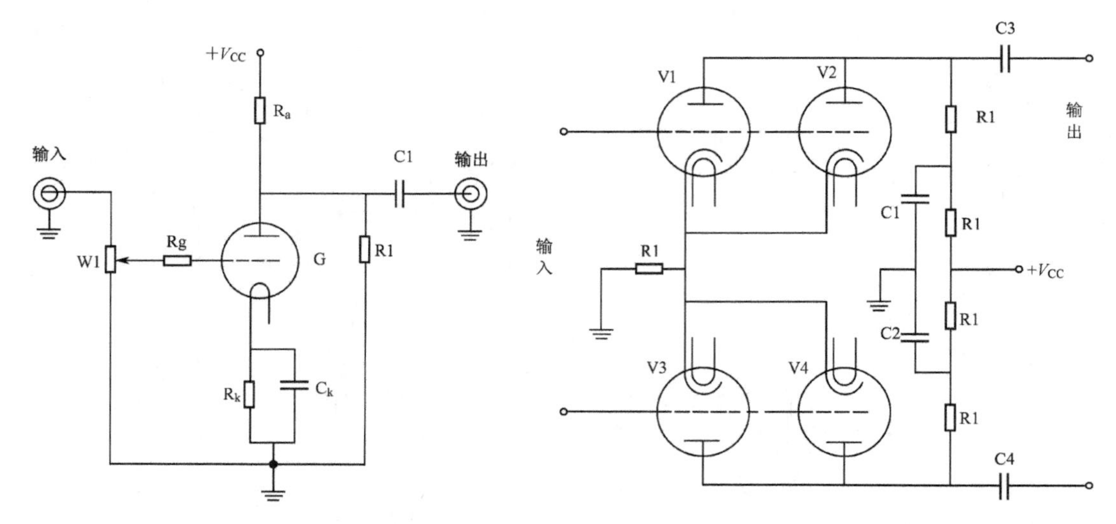

图 1-36　单管共阴极电压放大器

图 1-37　并联推挽的 SRPP 电压放大器

（2）推动器（倒相器）：将一个全波电信号分成幅值相等而相位相反的两个半波信号，分别推动两只推挽管交替工作。倒相电路的形式有：电容长尾式倒相电路、分负载倒相电路、减生式（衰减式）倒相电路、变压器输入式倒相电路、分压式倒相电路。在推挽电路中大多使用分压式倒相电路（如图 1-38 所示）和分负载倒相电路（如图 1-39 所示）。这两种电路有失真小，稳定性好，推动电压较高等特点。为了保证末级能够得到足够大的激励电压及信号在大动态时波形不被削顶失真，在选用电子管时要求：屏极电压高，屏极电流大，内阻低，跨导适中，中放大系数的双三极管。常用的国产双三极管有 6N1、6N8、6N10 等。

（3）阴极输出器（如图 1-40 所示）：将输入较高的信号电压通过放大管的作用转换为输出较大的信号功率，也就是将较高输入阻抗（电压）通过放大管的作用在阴极输出较低的输出阻抗（功率）。它主要用于末级功率管多只并联推挽电路和阴极直热式三极管栅极电路的激励，尤其是在阴极直热式三极管栅极需要功率驱动的电路里。阴极输出器基本上无增益或增益很小，对管子的使用则要求：屏极电流要大，屏极电压要高，内阻要小。常使用的电子管有 6N6、6N8（也可以双管并联）、6P14、6P3P、EL34 等。

（4）功率（末级）放大器：将输入的信号电压通过功率管的作用把电源供给的直流电功率的一部分转换为随信号电压变化的音频电功率。与其他放大电路不同的是，它既要输出

较高的音频电压还要输出较大的音频电流，它们的大小是由功率管自身特性及功率管的工作条件所决定的。

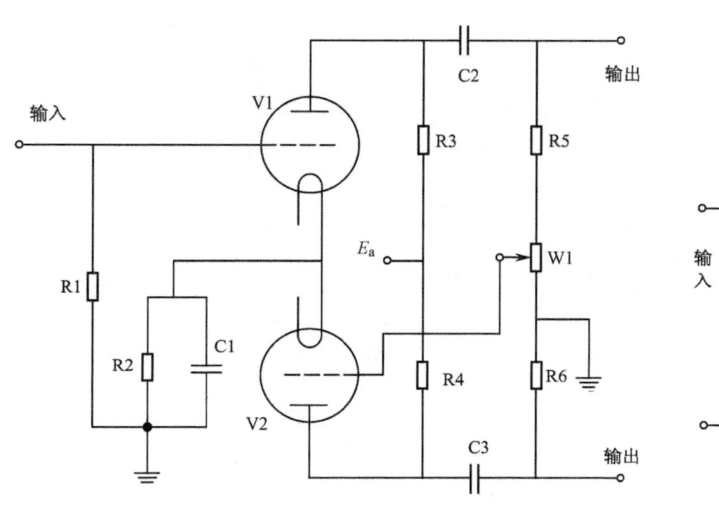

图 1-38　分压式倒相电路

图 1-39　分负载倒相电路

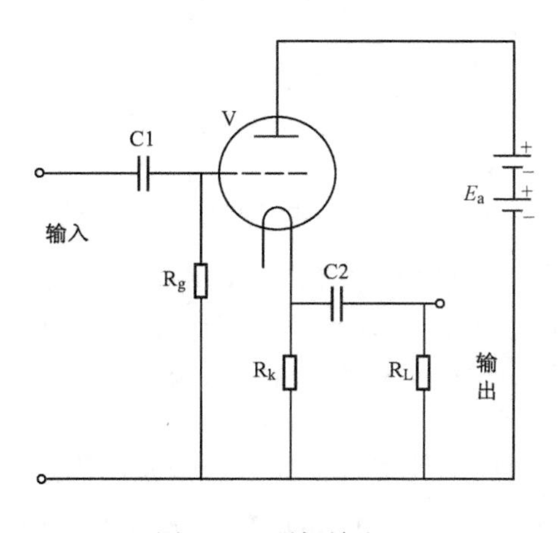

图 1-40　阴极输出器

3．整机电路分析

下面我们以经典的威廉逊电子管功率放大电路为例进行简要介绍，如图 1-41 所示。

V1 是输入放大器（又称前置级），V2 是 P-K 分割式倒相器，V3、V4 构成推动级，V5、V6 是推挽输出放大器（又称后级或末级）。V1～V4 使用 6SN7 双三极管作为倒相管，主要是为了减少电子管的数量和简化电路。

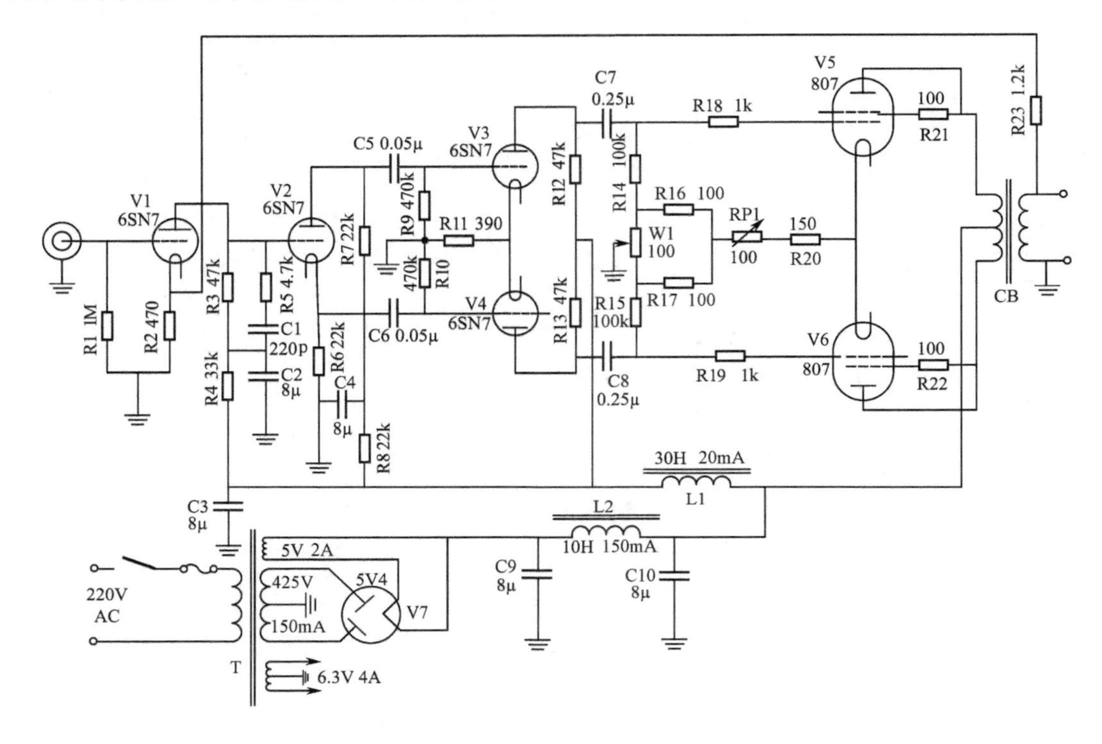

图 1-41 威廉逊电子管功率放大电路

从图 1-41 可以看出，威廉逊电子管功率放大电路的特点有：

整机从前到后全部使用三极管（末级采用价廉的束射四极管作准三极管驳接处理，也是“三极管”，使三极电子管的优势充分地展现了出来。

为了满足三极管高激励的要求，中间加置了 V3、V4 做末级及功放的推动级。

整个电路的每一级偏置均采用性能优良的自给偏压；而且各电子管阴极的自给偏压电阻上均未并接交流旁路电容，使之形成有效的交流、直流双反馈。这对提高电路的稳定性，展宽频带，改善线性等有利。

由于放大级数较多，电路容易产生自激，为了保持电路的稳定性，除上述偏置采用交流、直流负反馈技术之外，末级 V5、V6 的栅极还分别加入了 R18、R19、R21、R22 等特设稳定电阻；在 CB 的次级加接了一路大环负反馈 R23，它是整机反馈电阻，使整机的输出稳定。

为了提高输入级的输入阻抗，扩展输入动态范围，展宽频带和抑制相移，输入级 V1 和屏阴分割式倒相器 V2 之间采用了直接耦合；同时还引入了高频补偿网络 R5、C1，其补偿频率约为 60～70kHz；其中屏极与阴极的负载电阻 R6、R7 阻值均为 22kΩ，两管负载阻值相等，其信号输出幅度亦相等。

为了能保证各级预热的一致性，电路采用了电子管整流电源 V7。电路的高压级采用 CLC 组成的Π型滤波网络，供给前级的次高压滤波采用 LC 滤波网络，电源滤波全部使用高压无极性电容，并且采用了两节 LC 纹波抑制器，故而放大器输出的交流声极微。

4．辅助电路介绍

1）负反馈电路

所谓反馈，就是把输出信号的电流或电压的一部分回送到输入端去调节输入信号的一种方法。反送回输入端的信号削弱了输入信号，使放大器放大倍数降低，称之为负反馈。对于放大器来说，则有电压反馈和电流反馈之分。

负反馈主要有如下作用：提高放大器的稳定性；改善放大器的频率特性；减小放大器的非线性失真；还可改变放大器的输入、输出阻抗。下面是电子管放大器中常用的负反馈电路。

（1）单级电压负反馈电路。图 1-42 所示电路中的 RC 负反馈网络加在放大管的屏极，将输出信号反馈一部分至该管的栅极。因为在共阴极电路中，电子管屏极的电位与栅极电位正好相反，故形成负反馈。栅极因负反馈加入而使输入电压降低，放大管的放大倍数也随之降低；放大器因负载变化所引起的相位失真和频率失真均得到改善，其电压反馈量是由电阻 *R* 与电容 *C* 来决定的。一般电路中 *R* 的阻值为几百千欧姆，它与放大器的频率无关。*C* 的容量为 0.01～0.1μF，*C* 与放大器的频率特性相关，可以对某一频段的信号实施负反馈。

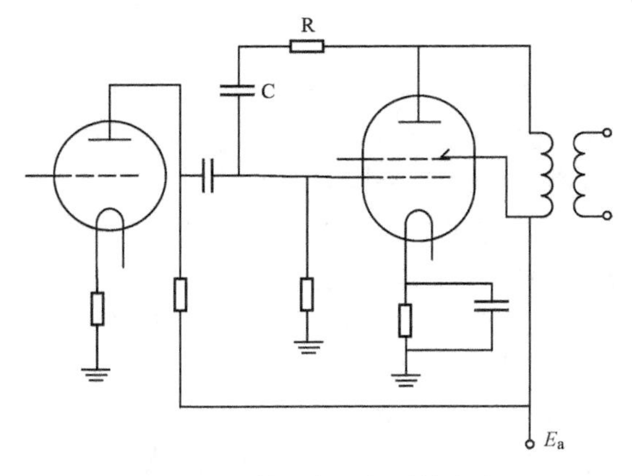

图 1-42　单级电压负反馈电路

（2）级间负反馈电路。将后一级放大管屏极的信号，通过电阻 R 反馈到前一级电子管的屏极，如图 1-43 所示。因前级信号经栅极倒相后，前级与后级两管的屏极相位也相反，这样组成屏至屏极的负反馈网络。反馈电阻 R 的阻值一般取 1～1.5MΩ。若 R 的阻值过小，则会降低输入阻抗，同时对放大器的低频响应造成影响。

利用级间负反馈也能有效地抑制噪声，图 1-44 所示电路中的电压负反馈电阻 R_f 设置在中间放大级与输出级之间。

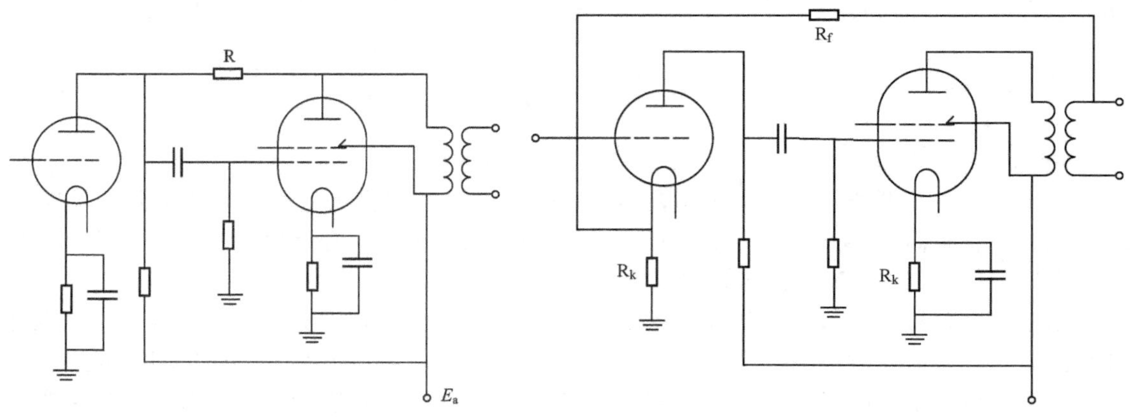

图 1-43　级间负反馈电路　　图 1-44　级间负反馈电路

级间负反馈电阻与阴极电阻相串联，凡被加负反馈的中间放大级，除了受反馈电阻 R_f 作用外，一定还要有本级的电流负反馈。

级间负反馈不限定二级，也可为三或四级，但必须注意其相位关系，因为负反馈电压的相位必须和原来输入信号相差 180°。如相位相同，会形成正反馈而产生自激，破坏放大器的正常工作。

（3）电流负反馈电路。图 1-45 所示电路中阴极电阻 R_k 不加旁路电容，音频信号的屏极电流通过 R_k 以后，使 R_k 两端由于降压作用产生了一个音频电压，这个电压和栅极上原来输入电压相位是相反的，所以产生了负反馈作用。

电流负反馈一般加在功放机中的中间放大级或推动放大级。一般功率管阴极施加电流负反馈功率放大会降低输出功率和增大屏极内阻。

（4）整机负反馈电路。图 1-46 所示为整机负反馈电路，RC 负反馈网络设置在输入级与输出级之间。这种整机的负反馈被称为大回环负反馈。

近年来由于采用这种深度的大回环负反馈，对功放的瞬态响应、转换速率等性能带来影响，故对整机负反馈量应加以合理控制。一般的反馈量控制在 6～12dB 之间。

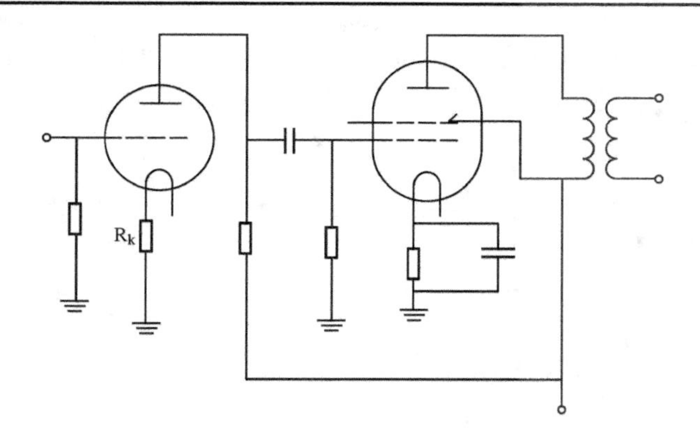

图 1-45　电流负反馈电路

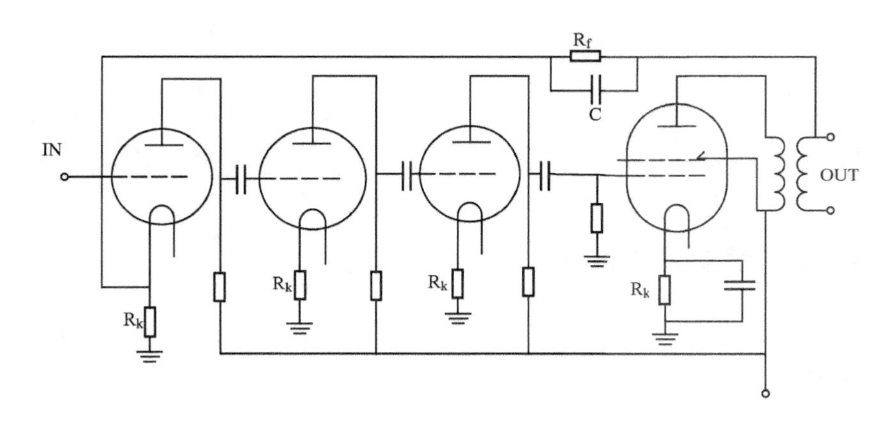

图 1-46　整机负反馈电路

2）电子管功放中的频率补偿电路

（1）低频补偿。如图 1-47 所示，低音频段的阶梯补偿网络的电参数，一般选择在低频段的频率响应是从 40Hz 处开始下降，则阶梯补偿的高度约为 12dB，在阻容耦合放大电路中的耦合电容器的容量尽可能大一些。

（2）高频补偿。如图 1-48 所示，在阻容耦合与变压器输出的多级功率放大器中，高频段的频率响应也随着电路中杂散电容的存在而衰减，故必须进行补偿，才能获得高频段较平坦的特性。

在多级放大器中，输出变压器的高频特性是由自身决定的，故高频衰减的基准频率是固定不变的。而阻容耦合放大器的基准频率则由耦合电容、屏极电阻与电路中的杂散电容所决定。在实际电路中，一般高频段的频率特性从 10kHz 以上即呈衰减趋势。

这样阻容耦合放大器的高频段在补偿时的基准频率可以选择在 10～50kHz 之间。高频补偿网络是由网络中的电阻与电容所决定的，提高基准频率的方法可减小补偿网络中电阻的阻值。

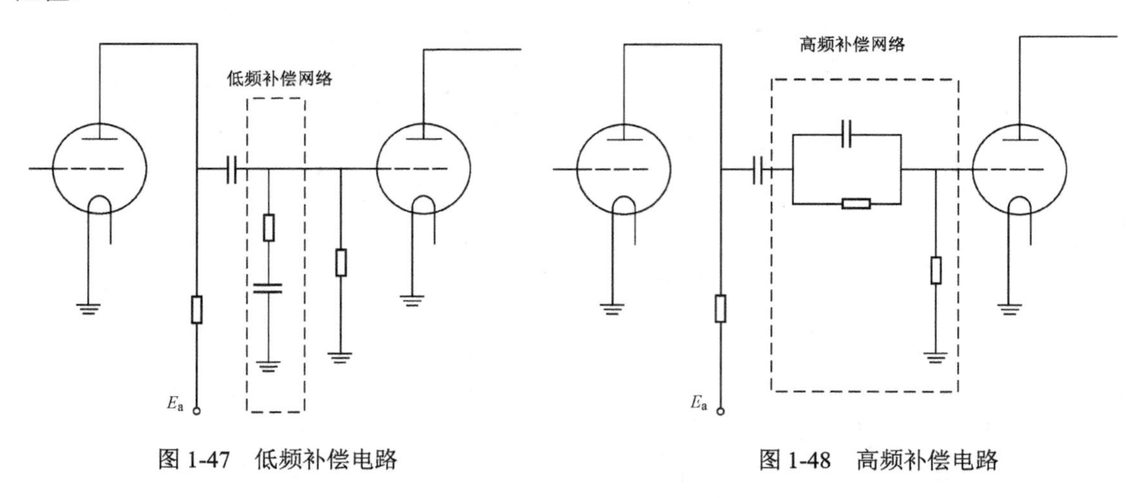

图 1-47　低频补偿电路　　　　图 1-48　高频补偿电路

步骤三　电子管功率放大器电路工作原理分析

1．前级放大电路

如图 1-49 所示是一种典型的分流调整式推挽放大电路（SRPP）。两个电子三极管（6922）V1 和 V2 起调整式电压放大作用，R5、R6 为自给偏压电阻，C3 是输出耦合电容，R7 为交流负载电阻，W1 是音量控制电位器。SRPP 是一个非常精简的电路设计。

从图 1-49 中可以看出，V2 栅阴电压取自 R6 上的压降，随信号变化而变化的屏流流过 R6 而产生相应变化的压降，V2 等效内阻随之改变，其变化的幅度与 V1 输出的幅度相反，V1 构成共阴极放大电路，V2 作为 V1 的负载。

当输入信号为正半周时，V1 屏流增加，R6 上压降增加，V2 栅极电压向负方向移动，V2 等效阻抗增高，V1 屏压降低；当输入信号为负半周时，V1 屏流减小，R6 上压降也减小，V2 栅极电压向正方向移动，V2 等效阻抗降低，V1 屏压升高。

即当正信号（正半周）自 V1 栅极电压输入后，信号越强，栅极电压越正，屏流越大，V2 栅极电压越负，等效内阻越高，管压降越大，从 V2 阴极取出信号的对地电压越低；当负信号（负半周）从 V1 输入后，信号越强，栅极电压越负，屏流越小，V2 栅极电压越正，等效内阻越低，管压降越小，从 V2 阴极取出信号的对地电压越高。因此，输出信号相

对于输入信号是幅度增大而相位相差 180°。这种共阴极放大电路的电压放大特性和晶体管共发射极放大电路的电压放大特性在原理上是一致的。SRPP 电路具有可变性负载，从而扩展了输出电压的动态范围。

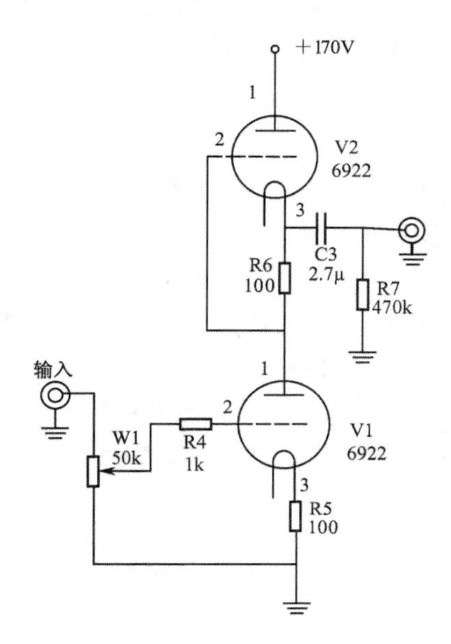

图 1-49　分流调整式推挽放大电路（SRPP）

与固定负载共阴极放大电路相比，SRPP 电路输出电压失真度小，输入阻抗高，输出阻抗低，其最大特点是失真随频率升高而降低，具有良好的高频特性。因此，SRPP 电路也是近年来较常用的流行电路。在这个基本电路的应用上，设计师们对其进行了许多改进和补偿。本电路的设计特点是阴极自给偏压电阻 R5 的阻值较小，仅 100Ω，同时取消了旁路电容。R5 的阻值较小时，栅极偏压也小，在同样大小的屏压下，静态工作电流相对较高，Q 点高，线性区更为均衡（当然不能高过线性区中间位置），以减小由于静态工作点过低而在大动态时出现截止失真，从而扩展了放大器的动态范围。由于 R5 的阻值小，交流信号反馈可忽略不计，而省去旁路电容则会减少电容产生的频率失真，高低频响应更好。即使取消旁路电容，会对信号增益产生一定影响，但因 6922 跨导较高，仍然可保证较高的信号增益。6922 的音色属中性，通透又爽朗。所以，该设计正好使整体音色更为丰润醇和。

本电路未采用阴极跟随电路、扼流圈滤波电路，完全在于合理设计电路，精心筛选元器件，最佳布局和精心调整结构、线路，是一个简洁而经典的设计。

2. 基本电压放大电路

在功率放大器中，由于不同音源输出信号电压的大小不同，往往需要将微弱的信号电压加以放大之后，再去推动功率放大电路，以满足负载对信号功率的需要。电压放大电路的输入量和输出量都是电压。

1）基本电压放大电路组成

晶体三极管基本放大电路有两个回路：一是输入回路（输入信号电压→基极→发射结→发射极→地）；另一个是输出回路（集电极→耦合电容→负载→发射极→ce 结）。电子管也是放大电路，同样有两个信号回路。一是栅极回路（输入回路）：输入信号电压→电子管栅极→电子管栅极至阴极的空间→电子管阴极→接地，其中在栅极、阴极之间还要加上直流电源 E_g，使栅阴有一定的栅偏压，以保证电子管有合适的工作状态；二是屏极回路（输出回路）：直流电源 E_a→屏极负载电阻→电子管屏极至阴极的空间→接地，其中输出信号电压取自屏极负载电阻的下端。屏极负载电阻的作用是把变化的屏极电流转变为输出电压。具体电路如图 1-50 所示。

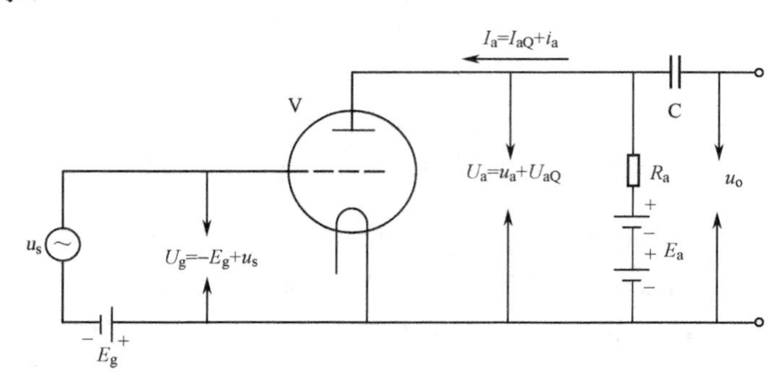

图 1-50　基本电压放大电路

2）基本电压放大电路工作原理

（1）静态工作分析。当电子管栅极没有信号电压输入时，电路中的电子管处于截止工作状态，栅极回路和屏极回路中的电压、电流都是直流，即为静态工作点的电压和电流。此时的栅偏压是 E_g，屏极回路的电流是 I_{aQ}，加在屏极与阴极之间的电压就是：$U_{aQ}=E_a-I_{aQ}\times R_a$。

（2）动态工作分析。当栅极有音频信号电压输入时，由于电子管栅极与阴极有静态工作点 $-E_g$，再加上输入的电信号 u_s，在栅压增加的同时屏流也增加，栅压减小的同时屏流也减小，而屏流的增加，R_a 上的电压降同样增加，以至使输出信号电压减小，$U_o\downarrow=E_a-(I_{aQ}+I_a\uparrow)\times R_a$。即屏流和栅压的变化方向相反，通过电子管屏极上的耦合电容 C 就能将变

化的交流分量取出输出，这就是放大后的输出电压。

3．功率放大电路

功率放大电路对输入的音频信号电压进行功率放大，放大到足够的输出功率以推动扬声器发出最大不失真声音。

功率放大电路分单边功率放大电路——输出功率小和推挽功率放大电路——输出功率大两种。

1）单边功率放大电路

（1）单边功率放大电路组成。基本的单边功率放大电路由电子管（一般是五极管或束射管，用符号 V 表示）、输出变压器（用符号 CB 表示）、栅阴极电压（用符号 U_{gk} 或 U_g 表示）、屏极阴极电压（用符号 U_{ak} 或 U_a 表示）组成，其电路如图 1-51 所示。

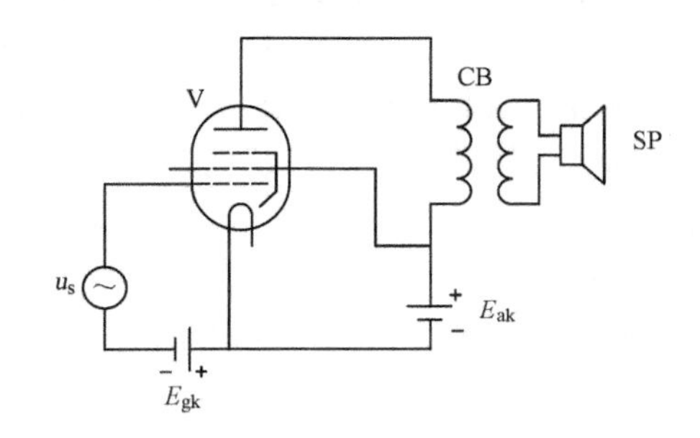

图 1-51　单边功率放大电路

u_s——前级放大电路送来的电压信号，作为单边功率放大电路的输入信号；

V——功率放大电子管，它是放大电路中的核心器件；

CB——输出变压器，将实际负载电阻（扬声器 SP 的电阻）变换为电子管所需要的负载电阻，通常有多个输出抽头，以供不同的负载使用；

E_{ak}——屏极与阴极之间的电压，所加电压是正向电压，即屏极接正向高电压；

E_{gk}——栅极与阴极之间的电压，所加电压是负向电压，即栅极接负向电压。

（2）单边功率放大电路工作原理。

① 静态工作分析。静态是指未加信号时的工作状态，此时电子管各部分的电压、电流都是直流，由电子管的内部结构可知，这时只有变压器初级中有直流电流通过。由于变压器对直流没有感应作用，而且输出变压器的初级线圈的直流电阻一般都很小，所以在初级线圈上所产生的直流压降就很小，这样初级线圈对于直流来说相当于短路。而直流电流的大小就取决于 U_g 的大小，也就是静态工作点 Q，如图 1-52 所示。

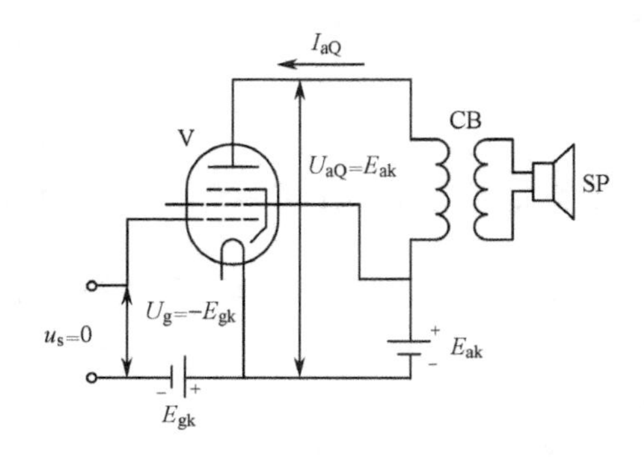

图1-52　静态时的电流和电压关系

② 动态工作分析。动态是指加信号时的工作状态，此时电子管各部分的电压、电流不但有直流，而且还有交流。当有信号输入时，屏极电流 $I_a=I_{aQ}+i_a$，屏极电压 $U_a=u_a+U_{aQ}$；输入电压 $U_s=U_g+u_s$；输出变压器初级线圈的阻抗较大，次级所产生的感应电压也较高，这样在负载扬声器中流过的信号电流就较大，从而使扬声器发出声音。

电子管单边功率放大电路输出功率主要由电子管的屏极电流和电压决定，即电子管屏极输出功率决定。单边功率放大电路的屏极效率比较低，一般只有30%～40%，说明电子管的损耗功率大，电子管的使用期限短。要想延长电子管的使用寿命，只有提高电子管的屏极效率。

2）基本推挽功率放大电路

（1）基本推挽功率放大电路组成。单边功率放大电路输出功率小，效率低，即使采用多个电子管并联运用可提高输出功率，但总的效率不高，同时还会带来许多缺点，比如性能变坏等。因此，为了提高输出功率，一般采用推挽功率放大电路。图1-53所示是基本推挽功率放大电路。

基本推挽功率放大电路主要由次级带中心抽头的输入变压器RB、初级带中心抽头的输出变压器CB、两个型号相同的电子管V1和V2、栅偏压电源 E_g 和屏极电源 E_a 组成。

（2）基本推挽功率放大电路工作原理。

① 静态工作分析。分析电路见图1-53，请读者自己试一试，你一定能行！

② 动态工作分析。当基本推挽功率放大电路输入信号电压 u_s 时，由于输入变压器次级带中心抽头，使V1、V2两个电子管的栅极回路内加上两个大小相等而相位相反的信号电压。信号电压经过电子管放大后，两管输出的屏极交流电压也是大小相等而相位相反，而在输出变压器初级得到的总输出电压是V1和V2输出有效值的总和，即是单管输出电压有效值的两倍。基本推挽功率放大电路的输出功率是单管工作时的两倍。如果调整合适的静态工

作点，输出功率还可更进一步提高。甲类放大电路效率为 30%～40%，乙类为 50%～70%，甲乙类为 40%～50%。

基本推挽功率放大电路的主要特点是：非线性失真小。缺点是：电路复杂，输入、输出变压器都要带中心抽头，两管的特性要相同。

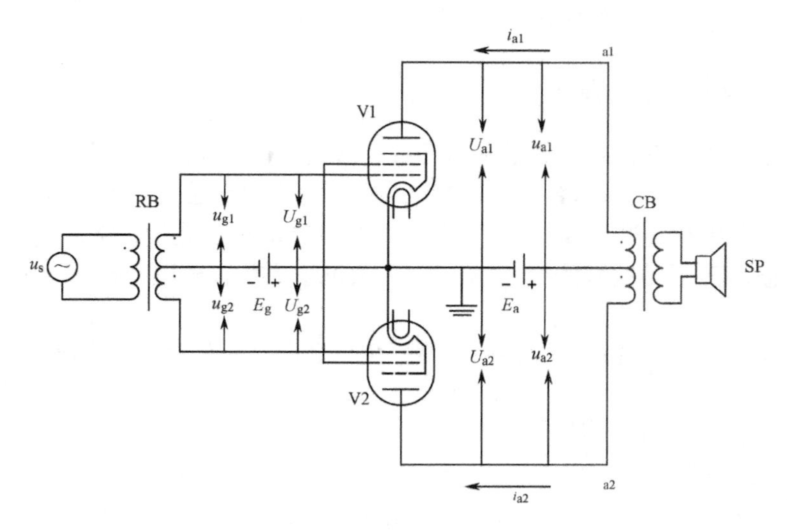

图 1-53　基本推挽功率放大电路

任务三　安装与调试电子管功率放大电路

☆ **本任务内容提要：**

本任务主要从电子管功率放大器的安装和调试两个方面进行分析，通过对电子产品的组装、焊接、调试，熟悉其中的基本原理以及安装工艺。

☆ **本任务学习目的：**

了解电路的基本测试方法，掌握整机调试步骤，学会动手进行操作。强化动手能力，最终让作品发挥它应有的功能。激发对电子学习的兴趣和爱好，早日成为国家栋梁之才。

步骤一　安装电路

电子管音频功率放大器以其卓越的重放音质，深受无线电爱好者的青睐。只要你有一定的电子知识和动手能力，自制一台物美价廉的电子管功放并非难事。只要元器件选配得当，电路调试有方，一台靓声的电子管功放就会在你的手上诞生。

1．电路图简单的装配顺序及其注意事项

（1）安装各个输入/输出插孔、插座、开关、音量电位器和电子管座。

（2）固定电源和输出变压器、阻流电感，连接各个电子管的灯丝供电，注意尽量把线绞合好，连接电源开关给变压器通电，测量次级各组交流电压是否正常。

（3）连接输出变压器次级到音箱输出插座，并连接左右声道音箱，接通电源，听本底噪声是否正常。

（4）焊接信号输入线到电位器的一个端子，输入座的信号负极接到主滤波电解的负极。

（5）焊接各阻容元器件，焊接时应尽量一点接地。

（6）参照图纸仔细查看，耐心检查，看是否有错焊、漏焊的地方。

（7）插上电子管，务必接好音箱，音量电位器关到最小的地方，听音箱是否有轻微的本底噪声，参照图纸标注的各电压点用万用表测试一遍。

（8）如果没有异常情况发生，那恭喜你，接上音源，慢慢欣赏美妙的音乐吧。

下面步骤将对制作电子管功放的元器件如何安装作具体的说明。

2．电子管功放元器件的安装与焊接工艺说明

电子管功放元器件的安装通常采用搭棚焊接方式和线路板焊接方式两种。下面就这两种方式进行具体的讲解。

1）搭棚焊接方式

搭棚焊接方式：就是利用搭棚条将各种电子元器件通过信号线连接起来的焊接方法。搭棚式接法的优点如下。

布线可走捷径，使布线最近，达到合理布线；减少了过多引线带来的弊病。

只要布局合理，就易收到较好的效果。图 1-54 所示为搭棚式接法示意图。

搭棚式接法一般将功放机内的各种电子元器件分为 3～4 层，安装元器件的步骤是由下而上。每层的要求如下。

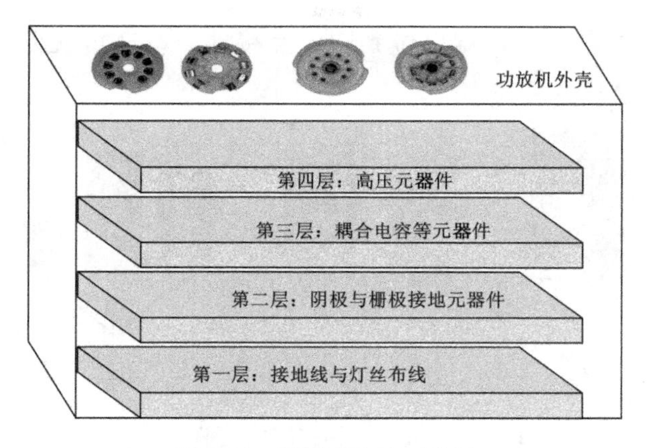

图 1-54　搭棚式接法示意图

第一层接地线与灯丝布线一般置于靠近底板的最下层，其地线贴紧底板，并保持最好的接触；

第二层多为各电子管阴极与栅极接地的元器件，注意同一管子阴极与栅极的相关元器件接地最好就近在同一点接地；

第三层是各放大级之间的耦合电容等元器件；

最上层则是以高压架空接法连接的阻容等元器件。

高压元器件置于最上层可以有效地防止高压电场对各级电路造成的干扰。线路板焊接可以实现自动化装配。

2）线路板焊接方式

线路板焊接是将要制作功放电路的元器件直接安装、焊接在线路板上的一种焊接方式。它不需要大量的跳线和高超的手工技术。

3）一点接地

一点接地在电子管功放电路的布线中是一项值得重视的措施。图 1-55 所示为一点接地示意图。

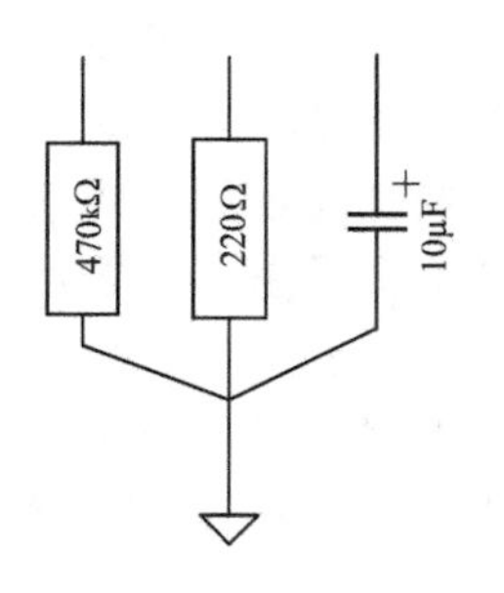

图 1-55　一点接地示意图

对于输入级与电压放大级的元器件接地问题尤为重要。需要实行一点接地的元器件，主要有栅极电阻、阴极电阻与旁路电容等。最好仅用元器件引线直接焊接，尽量不使用导线，否则极易产生交流杂声干扰。

栅极电阻敏感性最强，因此对前级功耗很小的栅极电阻，其体积越小越好，以采用 0.25～0.5W 的小体积电阻为宜。其电阻一端应直接焊接在管座上，另一端直接接地。

如果因元器件尺寸或位置关系，难以做到同一点接地，则亦可就近接在同一根粗的地线上。图 1-56 所示为近端接地示意图。

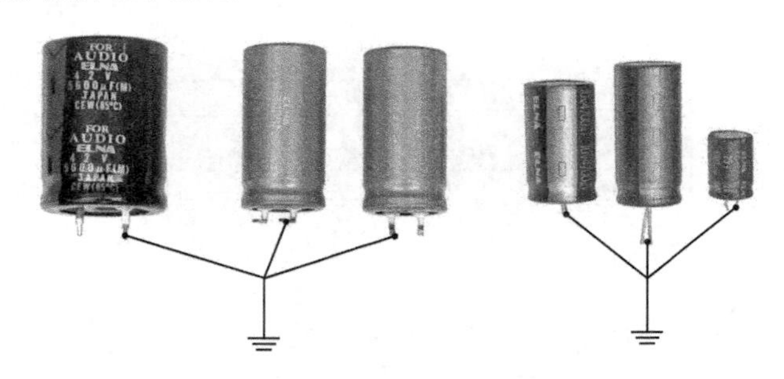

图 1-56　近端接地示意图

4）焊接要领

由于电子管功放的零部件尺寸较大，而且接地线又与金属底板直接相通，焊接时的散热性较强，所以在焊接时必须采用 50～75W 的内热式电烙铁才能保证焊锡的充分熔化。而一般用来焊接晶体管元器件的 30W 左右电烙铁热量不够，容易产生假焊或脱焊等现象。

焊接时所使用的助焊剂，应该采用松香，避免使用酸性助焊剂，比如焊锡膏。因为酸性焊剂不但有腐蚀作用，而且会引起电路漏电现象。

对一般元器件的焊接，电烙铁与元器件间最好保持 45° 左右的倾斜角，这样接触面较大，热量均匀，容易焊牢。焊接时间一般应保持 1～2s 为宜，时间过长容易损坏元器件；接地线的焊接时间可适当加长一些。

元器件焊上支架前应先将元器件引线在支架绕牢，或穿进孔内勾牢，然后再进行焊接。元器件在焊接前必须将引脚表面氧化层用砂皮擦清洁，并镀上焊锡后再焊接。图 1-57 所示是管座与支架焊接示意图。

元器件与地线进行焊接时，也必须将接地端与地线先绕牢，或者与焊片孔勾牢，然后再焊接。焊接时，烙铁接触焊点时间要稍长些，以确保焊牢。对需要进行调整的元器件，可暂时采用搭焊，待调试完毕后再绕住焊牢。图 1-58 所示是元器件与地线焊接示意图。

对架空元器件的焊接，可采用镊子或尖嘴钳夹住元器件以散热，避免损坏元器件。焊接时可先将焊锡丝对准要焊接部分，再用电烙铁焊接。图 1-59 所示是架空元器件的焊接示意图。

焊锡丝的品质对焊接质量也有很大影响，一般的锡块和焊锡条最好不用，而以采用含松香芯的高纯度或含银 2%的焊锡丝为宜。

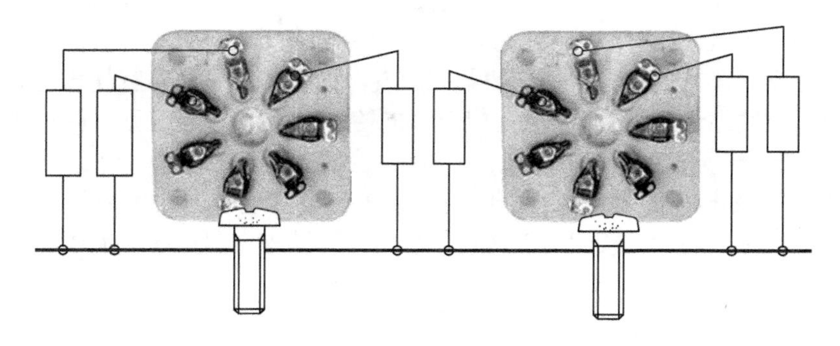

图 1-57　管座与支架焊接示意图

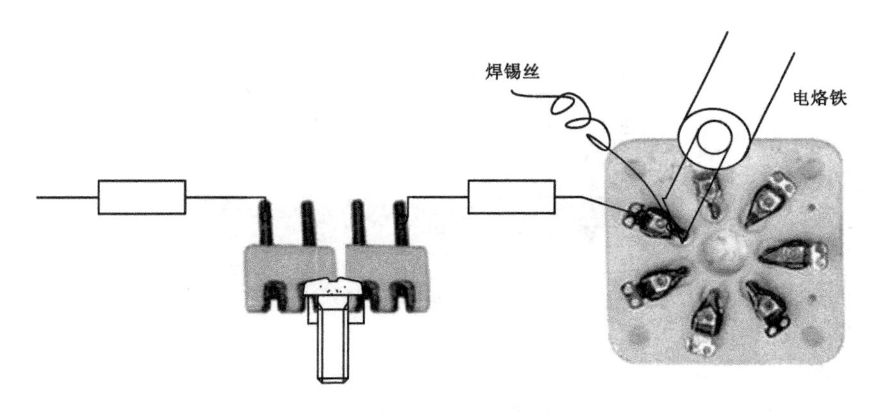

图 1-58　元器件与地线焊接示意图

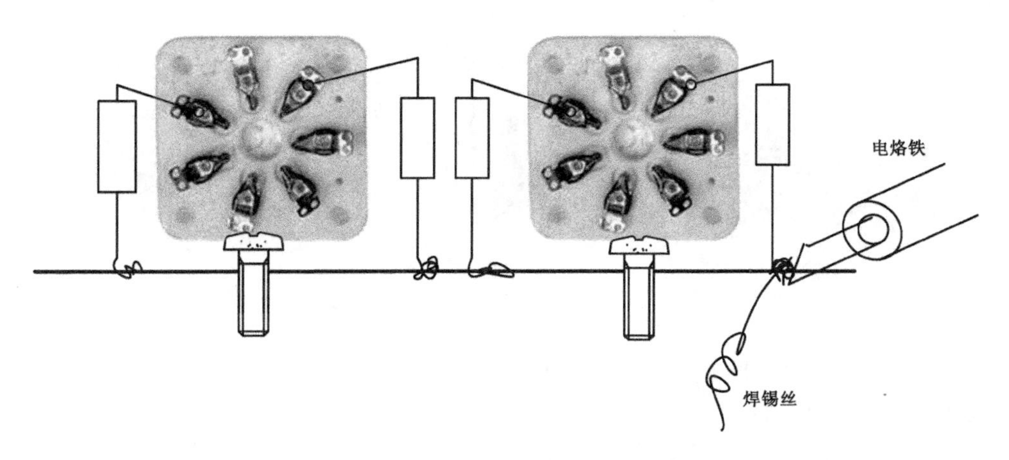

图 1-59　架空元器件的焊接示意图

直流高压部分的分压电阻、降压电阻等，使用时发热量较大，因此必须采用架空接法，并将元器件安置在最上层，以利于热量的散发。同时，还应注意有高压电流通过的导线不宜与其他栅极连线靠近或平行，最好使用不同颜色的接线，以示区别，而且导线的距离也不宜过长。

高压去耦电阻及电容必须靠近屏极电阻焊接，而电解电容的接地端与电源变压器高压接地端如相距较远时，还应加接优质接地线，以防止滤波电容器内的交流成分影响前级的电压放大管。图 1-60 所示是高压元器件架空接法示意图。

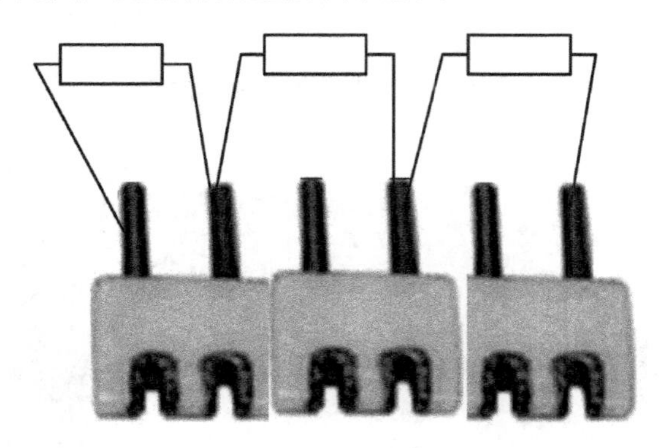

图 1-60　高压元器件架空接法示意图

支架与灯座间的过桥接法，主要解决跨度较长的屏极元器件的耦合。电位差较大的元器件，不要焊接在同一个支架上，以免产生不必要的干扰。图 1-61 所示是支架与管座间架空接法示意图。

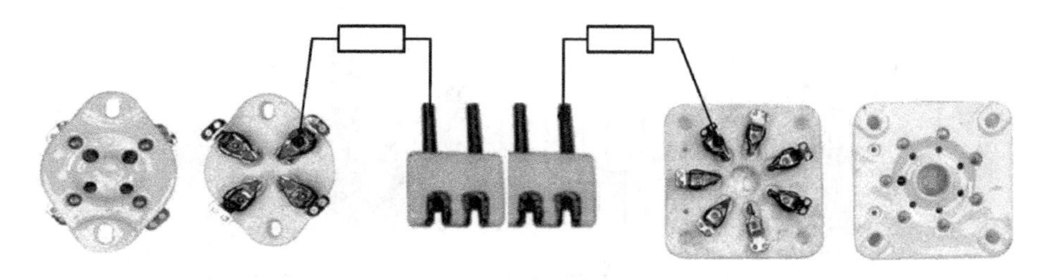

图 1-61　支架与管座间架空接法示意图

各级电子管的屏极与栅极元器件尽可能使之远离，后一级屏极回路的元器件，切不可与前一级栅极元器件相近或平行。

功放管屏极或栅极回路要串接的电阻，应直接焊接在电子管座的屏极或栅极接线片上，如电子管座上无空脚架空，可在最近距离内使用小支架，不宜再用较长导线相连接。

图 1-62 所示为管座自架空接法示意图。

功放管屏极与帘栅极回路的接线一般不用支架，直接从灯座上接出，并以最短的距离穿过底板与输出变压器初级相连接，切不可用支架绕道而行。这样不但损耗增大，而且会影响前级放大器。

图 1-62　管座自架空接法示意图

3. 电子管功放的安装步骤

现代电子管功放大都为合并式立体声功放。下面即以立体声功放为例，介绍其安装程序。

按照事先设计好的位置，先将各种小零部件装上。如将电子管管座、开关、电位器、输入与输出接线端子、插口、接线支架、接地焊片等逐一装好。

电子管管座在安装时必须认清图示的方向，这样可保持布线距离最近。引脚识别时，可将电子管引脚朝向自己。功放管用陶瓷八脚管座时，从中心对正缺口开始，按顺时针方向，分别为 1→8 号引脚；前级放大与推动管为九脚灯管座时，从开口较大处开始，按顺时针方向，分别为 1→9 号引脚。特殊管座的引脚识别大都在特定标志下按上述方法识别。

左、右声道输出变压器、电源变压器、扼流圈等因较为笨重，在安装焊接各种零件时，底板要四面翻动，容易损伤外表漆皮，应当在全部阻容元器件和接线焊接完毕后，最后再装上。安装电源变压器与输出变压器时，必须在螺钉上加装弹簧垫片，使之不易松动，以防止变压器通电后与底板之间产生振动，从而引起涡流损耗与交流声。

1）合理的接地方式

电子管功放的接地线，对功放机的信噪比与电性能指标有重要影响。尤其在增益较高的多级放大器中，接地线的布局方式更为重要。因为功放机中的接地线具有双重作用，既是直流电压与电流供给回路，又是音频信号的通路，其间通过的直流电压、电流大小及交流信号的强弱亦不相同。

虽然用万用电表测量功放机内的所有接地回路，其阻值均为 0Ω，但对交流信号而言，各接地通路之间仍存在着电位差。如果采用高频微伏表测量，则其间的电位差可达数微伏以上。在高增益的多级功放机中，若接地线布局不当，则在高增益的输入端会混入数微伏的交流杂波信号，经过多级放大器逐级放大后，将给功放机的信噪比带来极大的影响。

目前比较流行的接地方式有两种：母线接地方式与单点接地方式。

功放机的母线接地方式是：采用直径为 1～1.5mm 的粗裸铜丝或镀银铜丝作为接地母线，在功放机的底板上按照放大器的电子管位置就近顺序排列。一般由输入端子至第一级，再至倒相级、推动放大级、功率放大级，最后至电源变压器的接地端。接地线的次序切不可前级与后级颠倒。立体声功放的接地线必须左、右声道严格分开，并各自按照顺序排列。同时必须注意输出端的大电流接地线切不可与输入端的小电流接地线直接相通。图 1-63 所示为母线接地方式示意图。

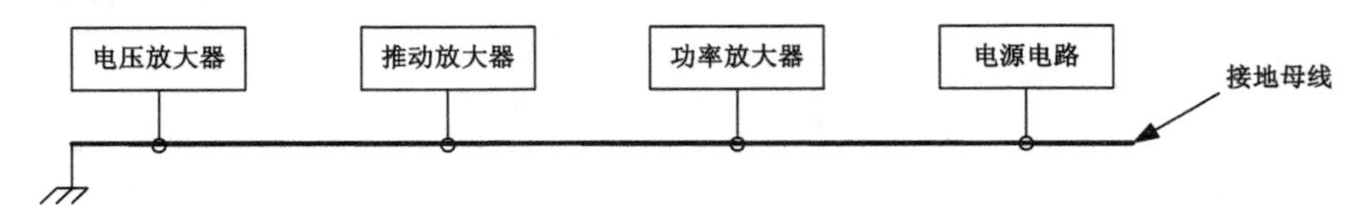

图 1-63　母线接地方式示意图

单点接地方式一般应用在高增益放大器的输入级，或者当功放机中部分采用电路板时，其接地线的原则也必须按照功放级的前后级顺序排列，切不可前级与后级颠倒。

单点接地方式所强调的是，每一级的接地必须接在同一接地点上（就是我们常说的“一点接地”），其中该级的栅极电阻、阴极栅负压电阻及旁路电容的接地尤为重要，两者之间不允许再有导线存在。因为导线难免存在电阻，它可能存在的电位差，对灵敏度高的放大器来说，等于在放大管阴极与栅极之间串接了一个交流电源，经过逐级放大后，即会产生严重的交流声。

输入端子的屏蔽隔离层接地，也必须在前级放大管的同一接地点接地。外层屏蔽罩壳或输入端子外壳应与功放机外壳相通。图 1-64 所示是单点接地方式示意图。

单点接地方式与母线接地方式不是绝对分开的，一般可混合使用。例如在高灵敏的前级采用单点接地方式，而在功放级、电源滤波级等处可采用母线接地方式。

对带前级放大器的功放来说，其放大级数可达 5～6 级。这样在 MIC 传声器或 AUX 拾音输入端的灵敏度极高，可高达 3～5mV。如果在输入端混入微弱的噪声电平，即使输入端噪声电平仅为 0.01mV，经多级放大后，如其有用信号输出电压从 3mV 增加到 30V，噪声电平亦会由 0.01mV 被放大至 0.1V。这样该功放的信噪比将近于 50dB，会给输出信号造成极大的干扰。

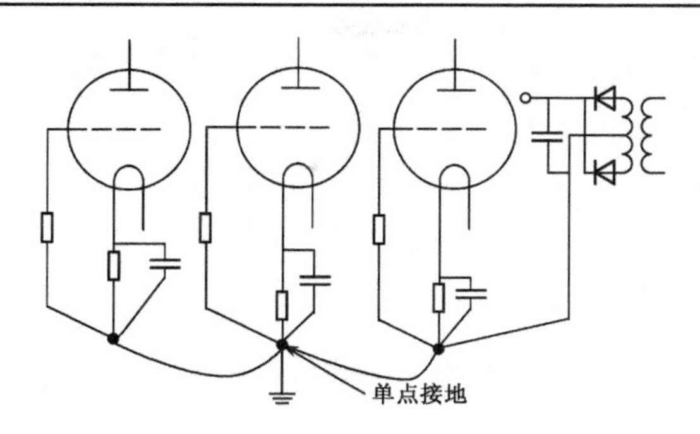

图 1-64　单点接地方式示意图

而对 3～4 级的功放来说，其输入灵敏度为 0.3～0.5V，如果输入级同样也混入了 0.01mV 的噪声电平，经过较少级数放大后，有用信号被放大了 100 倍，噪声电平即被放大至 1mV。则该机的信噪比即达到了 80dB，如此，尚可接受。

对高灵敏度的多级放大器来说，由于放大级数多，增益也高，对微弱的噪声信号决不能轻视，因此高品质的放大器多采取电路隔离措施。如在一台功放机内，将前级与后级分开，使前级放大与后级放大各成回路，再由多芯插头将前后级相连。

此外，对灵敏度较高的 MIC 传声输入端，为防止噪声电平干扰，多采用低阻抗、平衡式的输入方式，在输入端还常备有屏蔽式隔离装置，将前级放大予以独立，这样即可有效地减少噪声的干扰。

2）交流电源线的配线方法

功放机内的交流电源布线，特别是大电流的交流灯丝布线，如果布线不当，会造成电磁场向外辐射，给放大器带来交流声干扰。

50Hz 交流电的波形为正弦波，当接上负载后，交流布线回路上的电流即随着交流电的周期变化。交流布线中的电流越大，向外辐射的电磁场也越大。如采用单向布线时，其外辐射电磁场将感应到功放机内布线及元器件，产生严重的感应交流声。

当功放机中的交流电源线或交流灯丝线采用双股平行布线时，由于平行线之间存在一定的分布电容，虽然可将部分电磁场旁路，但不能完全消除干扰。

采用双股线绞合的方式进行功放机中的交流电源布线，因为绞合的两根交流线电流相位相反，能将交流电外的辐射电磁场相互抵消，因此能消除外电场的干扰。如图 1-65 所示是双股线绞合示意图。

3）高压电源的布局

以立体声功放为例，其布线原则是左、右声道应严格分开。接地布线置于底板最下层，采用母线接地方式，左、右声道的接地线分成两路，并按照放大器前后级顺序排列。交流灯丝布线与交流电源布线均采用双线绞合的方式，以减少外电磁场的辐射。

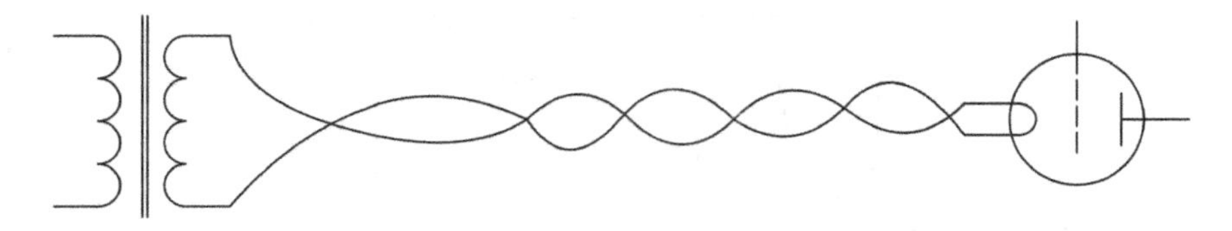

图 1-65　双股线绞合示意图

立体声功放的直流高压高达 400V 左右，为防止高压外电场的辐射，必须采用接线支架，将高压供电线置于各元器件的最上层，即采用所谓的架空接法。高压供电线还要注意尽量避开电子管栅极回路布线，以防止产生感应交流声与啸叫声。

立体声功放的直流高压电源总电流一般约为 0.4A 左右，其静态工作电流与满信号时的工作电流波动较小，故高压滤波电容器的容量也无须太大，一般采用几十微法至几百微法即能满足。而晶体管功放则工作于低压大电流状态之下，而且静态与满载时电流波动极大，故必须采用几千至几万微法的滤波电容才能满足要求。

前级滤波电容通常采用 100～470μF，可采用电容夹圈或粗铜丝与底板固定。经被釉电阻降压后为次高压电源，专门供前置放大与推动放大级使用，其去耦滤波电容可采用 CDZ 组合式，容量为 20～30μF 即可，因前级电流仅为 20～30mA。

4）元器件的组装

布线工作结束后，即可开始安装与焊接各级管座上的电阻、电容等元器件。自制功放多采用搭棚式焊接方式。搭棚方式可以就近布线，达到合理布线的要求。功放所使用的连接线，为了便于识别，一般习惯上直流高压线用红色，屏极连线用黄色或橙色，栅极连线用绿色或蓝色，阴极连线用棕色或黑色。

各放大级的栅极电阻、阴极电阻与旁路电容必须在就近处同一段母线上一点接地。栅极电阻由于功耗最小，为防止感应噪声，以采用体积较小的 0.5W 金属膜色环电阻为最佳。电子管栅极阻抗很高，灵敏度也较高，所以栅极回路的耦合电容、电阻等元器件，不能与高压回路及屏极回路的元器件贴近，以防止外辐射电磁场的干扰。同时对有极性的耦合电容，在焊接时必须识别清楚，正端接电子管屏极，负端接电子管栅极。接反时会因漏电流加大，耐压降低引起新的问题。此外，要注意耦合电容的耐压必须在 400V 以上。

级间精合电容与功放的靓声有很大关系，可选用介质损耗小，转换速率快的电容，如采用 CBB 聚丙烯电容、CB 聚苯乙烯电容、CZM 油浸电容、CZ30 纸介电容等。如选用 WIMA、SOLEN、MKP 等音响专用金属化无感电容则更好。

输入管栅极灵敏度很高，相关音量控制电位器的引线又较长，为防止杂波信号的干

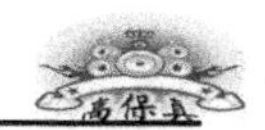

扰，必须采用金属屏蔽隔离线，其金属编织线的外层接地，必须安排在输入管阴极处入地，切勿将接地端接到大电流的输出端子上。

图 1-66 所示是立体声功放布局示意图。

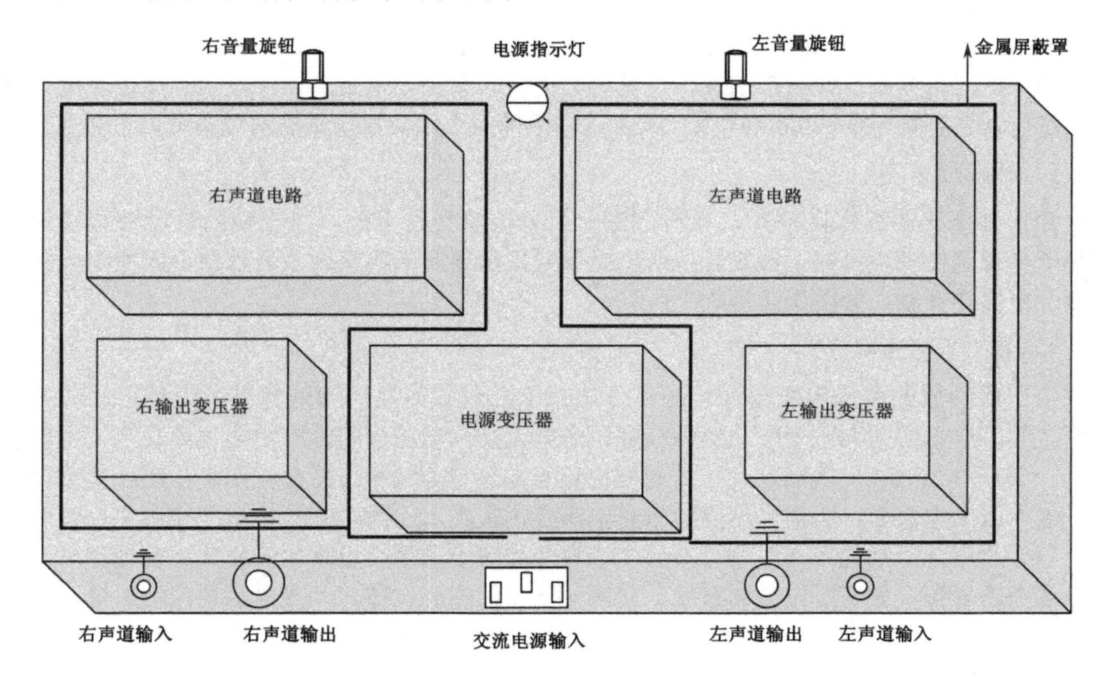

图 1-66　立体声功放布局示意图

4．合并式功放的装配

在通用底板上先将各种开关、电位器、接线支架、输入与输出接线端子、电子管灯座等小零件逐一装上，陶瓷灯座在安装时必须注意图示方位，这样可以保持接线距离最近。其中电源变压器，左、右声道输出变压器由于体积庞大而笨重，故应该在全部小零件焊接完毕后再安装，因为在安装过程中底板要四面翻动，容易损伤外表。

1）布接地线

接地线的布局以电源变压器为起始点，分为左、右两个声道，采用直径 1mm 左右的裸铜丝或镀银铜丝，分别焊接在预先安装好的铜质焊片上，由末级输出端子至功放级，然后至倒相级、前置输入级。并注意电源变压器和输出端的大电流接地线不可与输入级的小电流接地线直接形成回路，虽然用万用表测量机内所有接地线均为 0Ω，但对交流信号而言电位差较大，布线不当会引起杂声干扰。

2）布灯丝线

合并式功放的灯丝供给分为三组，左声道与右声道功放管各接一组，前级左、右声道合用一组，为防止交流感应，灯丝接线应全部采用绞接方式两根绞合起来，这样交流电磁场即可相互抵消。为减少交流声干扰，灯丝中心抽头必须接地，对未设灯丝中心抽头的电源组可在灯丝两端各接100～200Ω电阻一只，用电阻的中心抽头接地，亦可收到同样的效果。

3）屏蔽隔离线

输入管栅极的灵敏度很高，极易产生交流杂波信号的干扰，由于输入管栅极和输入接线端子与音量控制电位器引线较长，所以必须采用金属屏蔽隔离线，其外层金属编织线的接地端，应安排在输入管阴极接地处。

4）装高压电源部分

电子管功放的高压电源部分比晶体管功放电源线路简单，调试容易，无须稳压与大电容滤波等，这主要因为电子管功放为高电压小电流型，功放级的静态电流与满载电流变化较小，一般在0.2～0.5A之间波动，故滤波电容器的容量有几十μF已能满足；而晶体管功放属于低电压大电流型，无信号与强信号时电流变化很大，一般在0.5～5A之间变化，所以滤波电容必须用几千至几万μF才行。但电子管功放对于抑制交流声比较复杂，在设计与布线上必须考虑周到，如高压电源的布线，电源变压器的安装位置，外界电磁场的辐射等。

本功放的高压电源部分由桥式整流后，分为左、右声道两部分进行供给，采用CRC组成的Π型滤波网络，总电源由桥式整流后直接对地，前级高压电源的去耦电容分别在左、右声道附近就近接地，由于高压电源的内阻较小，效率高，故能获得较小的波纹系数。高压电源的布线应采用接线支架支撑起来，以防止与机内各级产生干扰。

5）安装各级元器件

为防止其他信号干扰，本机的电阻均应使用金属膜电阻，除注明功耗外，一律采用1W金属膜色环或大红袍电阻。

耦合电容器对整机的影响很大，可采用专用音响电容或CBB聚丙烯电容、CZM油浸电容等转换速率快的电容。对有极性的电容作级间耦合时，其极性不能接反，高电位接电容器正端，低电位接负端，这样有利于在电路中正常充放电。同时所用电容不可有轻微漏电，可用兆欧表检测后再装上，因为稍有漏电，则电容的电阻特性加大，损耗增加，并导致放大器输出信号产生相移与互调失真。

音量控制电位器在安装前也应检测一下，不可有跳越与死点存在，否则会引起接触噪声。应选用密封式WTH-1W-Z型或S型，但不可使用X型的线性电位器作音量控制，因为

音量控制器必须采用指数式，这样才能符合人耳的响度特性。

安装各级阻容等元器件必须做到一点接地或就近接地，以防止交叉干扰。特别是各级的栅极电阻、阴极电阻与旁路电容的接地尤为重要，两者之间不能再有导线存在，否则极易产生感应交流声。因为如果使用导线，难免有些电阻，就形成了电位差，即等于在阴极与栅极之间串接了一个交流源，经过逐级放大后，即会产生明显的交流声干扰。

各级电子管屏极与栅极的布线或元器件，应尽量地远离，不能贴紧。为了便于分辨，一般高压线用红色，电子管屏极用橙、黄色，栅极用蓝、绿色，阴极用棕、黑色。

电子管栅极的阻抗较高，灵敏度也很高，为了防止空间电磁场的干扰，不能与直流高压布线或元器件交叉及紧贴，为此，在安装时可将阴极电阻、栅极电阻尽量贴近底板，而屏极元器件采用搭棚架空法置于最上层。

步骤二　调试电路

1. 电子管功放的业余调试

安装焊接全部完毕后，应先将新装机与电路图仔细对照一遍，看是否存在漏焊或接错之处，屏极与栅极之间的元器件不可紧贴，导线不可平行，全部检查无误后，即可进行初调。

对初装电子管功放机的朋友来说，由于电子管功放的工作电压比晶体管功放高得多，而且其金属底板即为负极，为防止疏忽而被电击，调试与测量时最好单手操作，切勿用另一只手扶住底板。电源关断后，机内的高压滤波电容器内仍有储存的高压电荷，一旦触及电容引线会遭电击。每次关断电源后，应将电容器正极通过低阻值电阻（直接对地短路会产生火花）对底板放电后，再检测其他部分元器件。

调试前功放尚未进入正常工作状态，为保护音箱不致意外受损，必须在输出端子上先接上假负载代替音箱，其阻抗为 8～16Ω/20W。开机 3min 后，密切注视机内是否有跳火或冒烟等异常现象，所有元器件的温升是否正常。

1）测量各级电压

先测量电源变压器各挡交流电压数值，全部测量无误后再测量直流高压。

初学者可先将万用表负极用鳄鱼夹与接地线或底板夹牢，再用正极表棒测量各级电压。

直流高压在轻载时应为交流高压的 1.4 倍左右。测高压时先将万用表拨到直流 500V 挡。当交流高压为 320V 时，经桥式整流后在滤波电容器两端的直流高压应为 440V 左右。

（1）测量各电子管屏极电压。图 1-67 所示是测量各屏极电压示意图。

测量各屏极电压为简便起见，可按照图 1-67 所示进行。准确的屏极电压数值，应为该电子管屏极与阴极之间的电压。

如功放管的屏极对地电压为 400V 左右，而阴极电阻对地的压降仅为数伏，故可忽略不计。但对采用屏阴分割式倒相管来说，由于屏极与阴极的负载电阻均为 22kΩ，对地压降很大，故必须测量屏阴之间的电压才行。

（2）栅极负压的测量。图 1-68 所示是功放管栅极负压测量示意图。

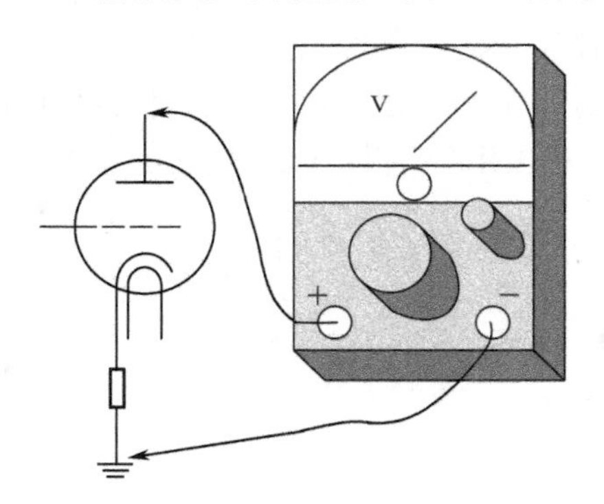

图 1-67　测量各屏极电压示意图

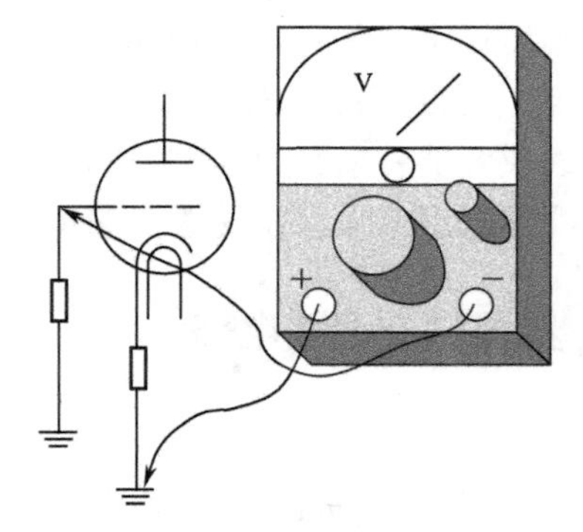

图 1-68　功放管栅极负压测量示意图

功放管的栅极负压是随着推动信号大小而变化的。测量功放管自给栅负偏压时，必须在注入音频信号后测量。准确的栅极负压值应为栅极与阴极之间的数值，由于功放管对地压降较小，往往可以忽略不计。

如果两只功放管栅负压相差较大，则先看前级推动电压是否平衡，再通过调整栅极电阻来校准。

如果阴极电压相差较大，应先了解功放管的配对情况，并可互相调换试一下，最后则可通过调节阴极电阻的阻值，使两管平衡。

2）功放管屏极电流的测量

图 1-69 所示是屏极电流测量示意图。

电子管推挽功放对功率管的配对工作没有晶体管那样严格，因为同一型号的晶体管放大系数也会有较大差异，参数一致性没有电子管好。而电子管只要采用同一品牌、同一时期的产品，其放大特性就基本相同。

对于电子管来说，如属保存较久的管型，则选配功放管的配对工作是必不可少的。比较简单的办法是测量功放管的静态电流与强信号电流，如两者基本平衡，即可以配成一对。测量时先将功放管屏极与输出变压器的连接点用电烙铁焊开，分别将万用电表拨到直流电流 250～500mA 挡串入屏极回路内，一般前级无推动信号时所测得的是该管的静态电流，推动

信号最强时所测值即为强信号电流。

如两管推挽功率管静态电流与强信号电流相差不大，则可以通过调整功放管的阴极电阻与栅偏压电阻来进行校准，使两管电流达到基本平衡即可。如两管电流数值相差很大，则只有调换新管。

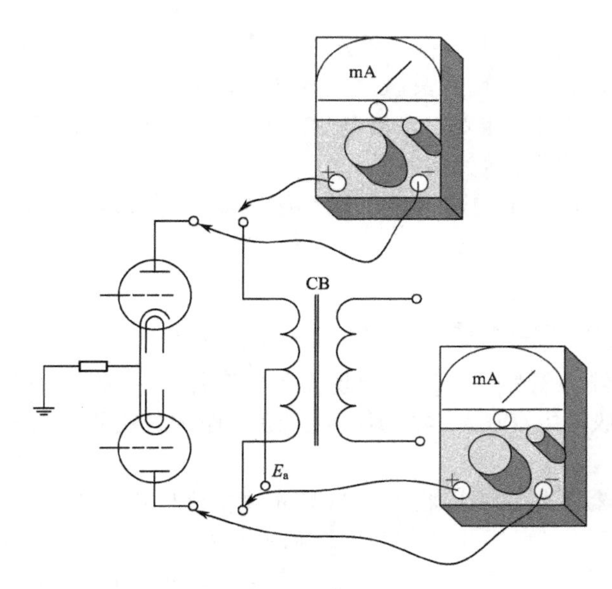

图 1-69　屏极电流测量示意图

表 1-1 所示为常用功率管作 AB 类推挽放大的特性参数表。

表 1-1　常用功率管作 AB 类推挽放大的特性参数表

电子管型号	6P3P.6L6	EL34.6CA7	KT88.6550	6P6P.6P14	807.811	211.845
屏极电压（V）	380	420	460	300	600	1 000
静态屏流（mA）	40×2	50×2	60×2	20×2	70×2	40×2
满载屏流（mA）	80×2	90×2	130×2	60×2	240×2	140×2
栅极负压（V）	–16	–20	–24	–12	–30	–100
栅至栅推动电压（V）	45	55	65	35	78	380
屏至屏负载阻抗（kΩ）	6	5.5	5	6.5	6.4	6.9
谐波失真系数（%）	1～2	1～2	1～2	1～2	2	2
额定输出（W）	30	40	60	20	80	150

3）负反馈电阻的调整

整机初调结束后，再接上输入级与输出级之间的负反馈电阻，阻值一般在 12～24kΩ 之

间，负反馈量控制在 10～20dB 之间。负反馈接入后，最明显的感觉是背景噪声大大减小。如接上负反馈电阻后，输出功率增大，或伴有啸叫声，则表明输出变压器线圈相位接反，应将变压器线圈相位调换。

4）输入音频信号

关断电源卸下假负载，接上音箱，然后将音量电位器调至音量最小位置，从输入端注入信号进行试听。功放机一般输入灵敏度为 0.3～0.7V。可将 CD、VCD、DVD、录音卡座、调谐器等的线路输出信号注入，音量电位器由小逐渐调至中等音量连续试听 1h 左右，如各部分均无异常现象，即可认为初装顺利。

但一般初装中不可避免地出现诸多问题，如交流声、杂声、失真等现象，故可进一步进行复调。

2．电子管功放的整机复调及故障检测

整机初调后，如输入音频信号时，出现无声、交流声、杂声、声小、失真等一系列不正常现象，则说明功放机中存在某些故障，必须进行仔细的复调，找出故障所在，才能获得满意的音响效果。

电子管功率放大器工作在高压状态，与晶体管相比检修方法有所不同。检修时应首先搞清楚机器的使用情况，故障发生的前后过程和故障表现特征等。因为有的故障并非在功放内部，有的故障时有时无，有的要通电一段时间后才出现，还有的是因使用不当造成的等等。在实践中，可通过对功放机的关键部位进行测量，迅速找出故障点，从而提高检修的速度。

1）通电前的测量

对于一部有故障的电子管功放机，应该先了解和观察，如不能确定故障部位是不可通电的，应进行如下测量。

（1）测直流高压电路与地线间的阻值，检查高压电路与地是否短路或泄放电阻有无开路。

（2）测输出电路，了解输出负载情况。

（3）测交流进电电路与地间电阻，了解进电电路与地间有无严重漏电或相碰，以防止通电后机壳带电。

2）通电后的测量

功率放大级是扩音机直流电源的主要负载，它的某些故障对电源供给部分危害很大。因此，扩音机在通电后应立即对功率放大级进行如下测量。

（1）测功率管屏极电压，看是否与该机器所要求的电压值相符，过高或过低都不正常，应加以注意。

（2）测功率管帘栅极电压，看是否与该机型机器所要求的电压值相符，过高或过低都不正常。测功率管栅偏压需要按如下步骤进行，即测阴极电压或固定负压；测偏压；测栅极有无漏电正电压。

3）功率放大器测量情况分析

（1）测得屏极、帘栅极和阴极电压都较低。此时故障出在电源供给部分，因为若电源部分正常，则只有当功率管的屏极和帘栅极电流都比较大时，才会造成电源供给的负载太重。

（2）测得两功率管屏极、帘栅极电压都低，而阴极电压为零或几乎为零，其原因是自给栅偏压的阴极与地间短路。

（3）测得两功率管屏极、帘栅极和阴极电压都很高。故障原因是阴极电路开路。

（4）测得屏极、帘栅极电压偏高，阴极电压偏低。这种情况可能是两功率管只有其中一只工作。

（5）测得屏极电压偏高，帘栅极电压和阴极电压偏低。原因可能是帘栅极降压电阻（通常为可调线绕电阻）大于所需要的阻值，或是自行更换的电阻大于原来的电阻值。

3．常见故障检查

1）无声故障检查

功放整机电压、电流检测无误，但从输入端注入音频信号后扬声器无声，则应进行逐级检查。

先关断功放机电源，并将扬声器音箱接线卸下，确定扬声器及喇叭线完好无损。用万用表测量功放机输出端子是否有接触不良现象，继而检查各输入端的插头、插座、电位器接点及音频信号线的屏蔽层与芯线等是否有短路、开路现象。如无误可开启功放电源，将音量电位器中心臂置于中间位置，用单手持万用表表笔直接接触输入管栅极，如果仍然毫无声响，则需进行逐级检查。一般故障寻迹多采用自输出终端，逐级向前检测的方法，这种方法能较快地找到故障点。

先检查功放级与输出变压器之间的回路，再检查功放引脚是否接错。也可接一个 0.1μF 隔直电容直接在功放级的输入端输入较强的音频信号，如输出信号正常，可将经隔直电容器的音频信号直接送至推动放大管的栅极，如果扬声器有正常声音发出，则表明故障出在输入级与倒相级之间，应仔细向前查找输入电路级中各元器件是否有接错或开路现象。

因单只功放管的放大倍数有限，而且常要较强的推动电压，故将音源信号注入功放管栅极时，扬声器中只有轻微的声响。

2）严重交流声故障分析

电子管功放的交流声比晶体管功放显著，一般晶体管功放成品机的信噪比可达 90～100dB；国产名牌斯巴克电子管功放信噪比为 85dB，而一般业余制作的电子管功放信噪比达到 70～80dB 已能令人满意。自制电子管功放，音量开大时，音箱中若有轻微的交流声属正常现象。如果交流声比较显著，也要作为一种故障来查找、排除。

先将音量电位器关小，如交流声随着减小，音量增大，交流声亦加大，则表明此故障发生在输入级。发生这种现象，最常见的原因是输入信号的金属屏蔽线接地不实，音量电位器外壳接地不良，输入管栅极与阴极接地回路布局不当，输入电子管本身灯丝与阴极间有轻微的漏电现象等。

倒相与推动级的栅极电阻接地不良，或阻值偏大容易产生交流声。级间耦合电容器装置位置不当，受到附近其他元器件杂散电磁场的感应干扰，亦会引起交流声，应仔细检查元器件布局和接地点是否合理。

前级故障排除后，可将前级放大管与推动级电子管全部拔去，只留下功放管。如仍存在较大交流声，可能是功放管灯丝电压不足，或是由电子管陈旧轻微漏电所引起的。应用电压表先测量灯丝电压，压降较大时应及时采取补救措施。如怀疑功放管本身质量有问题，可以调换其他功放管一试。

电源部分引起交流声的概率最大。滤波电容器的容量不足或存在漏电时均会导致交流声。当第一级滤波电容严重漏电时，不但交流声大，而且直流高压输出偏低；第二级滤波电容严重漏电时，不但交流声大，而且伴有啸叫声。

电源变压器一次侧与二次侧中间的静电屏蔽隔离层引出线焊接不良或接地不良时，也会引起交流声，如无法拆开重绕，则补救办法是在交流电源进线与地线之间跨接一只 0.01μF/400V 以上的电容器，可以起到一定的抑制作用；但缺点是触及功放机壳会有轻微的静电现象。

此外，电源变压器或阻流圈在装配时，如果铁芯直接与底板接触，则铁芯内所产生的涡流磁场会延伸到铁底板上，从而诱发交流声。所以在装配电源变压器时，必须在变压器与底板之间加装防振垫片，高档胆机采用全密封式的罩壳，这样即可较彻底地消除交流声。

3）噪声故障分析

功放机在正常放音时，伴随着不规则的喀喀声或吱吱声等异常声音，可分为内部噪声与外部噪声两种。图 1-70 所示是功放内部噪声干扰示意图。

（1）内部噪声干扰。当功放机内的电源变压器、输出变压器、高压阻流圈等内部层间绝缘不良，高压电通入后，由于电位差增大，而产生级间跳火，引起整机的噪声干扰。

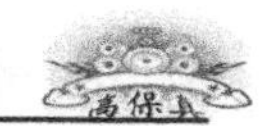

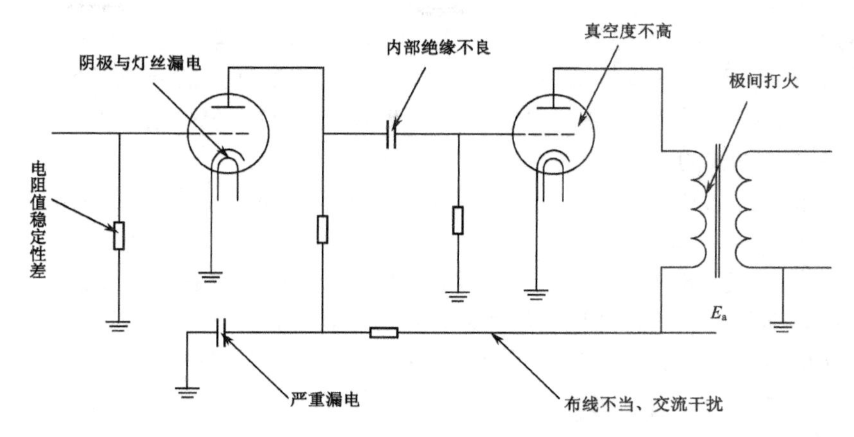

图 1-70　功放内部噪声干扰示意图

功放所选用的电子管，如属珍藏品、陈旧品，日久真空度不良，阴极与灯丝间出现漏电等均会引起噪声干扰。

当采用质量不佳的碳质电阻，该电阻由于内部阻值不均、接触不良而造成阻值不稳定时，通电工作后会产生断续的噪声。

当功放机内所选用的耦合电容、滤波电容等内部绝缘性能不良或严重漏电时，均会导致产生各种噪声干扰。

（2）外部噪声干扰。图 1-71 所示是功放外部噪声干扰示意图。

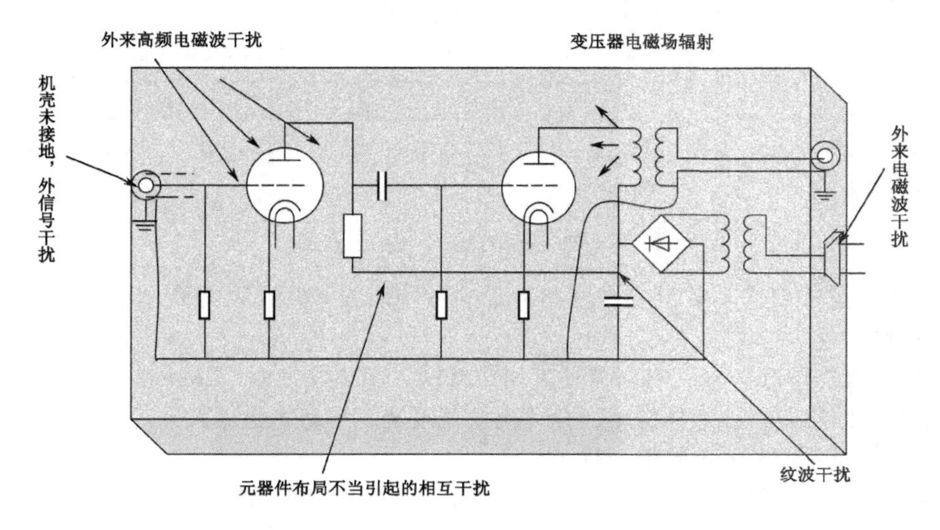

图 1-71　功放外部噪声干扰示意图

在灵敏度较高的电路中，如 MIC 传声与 AUX 拾音输入端，经常会受到外来高频电磁波干扰，干扰信号通过输入管栅极经逐级放大后，即会形成严重的杂波干扰。

现代各种大功率的电气设备、调光调速等设备，还可以通过交流电网串入功放机的电源内，造成各种电磁波的干扰。

功放机中的电源变压器、输出变压器等，在电源接通时会产生各种电磁场的辐射干扰。

此外，输入插座接地不良，布线与布局不当也会使外来的各种杂波信号通过信号线与机内高压线串入功放机各级，经逐级放大后，形成干扰噪声。

（3）噪声的抑制措施。图 1-72 所示为抵抗杂波干扰的示意图。

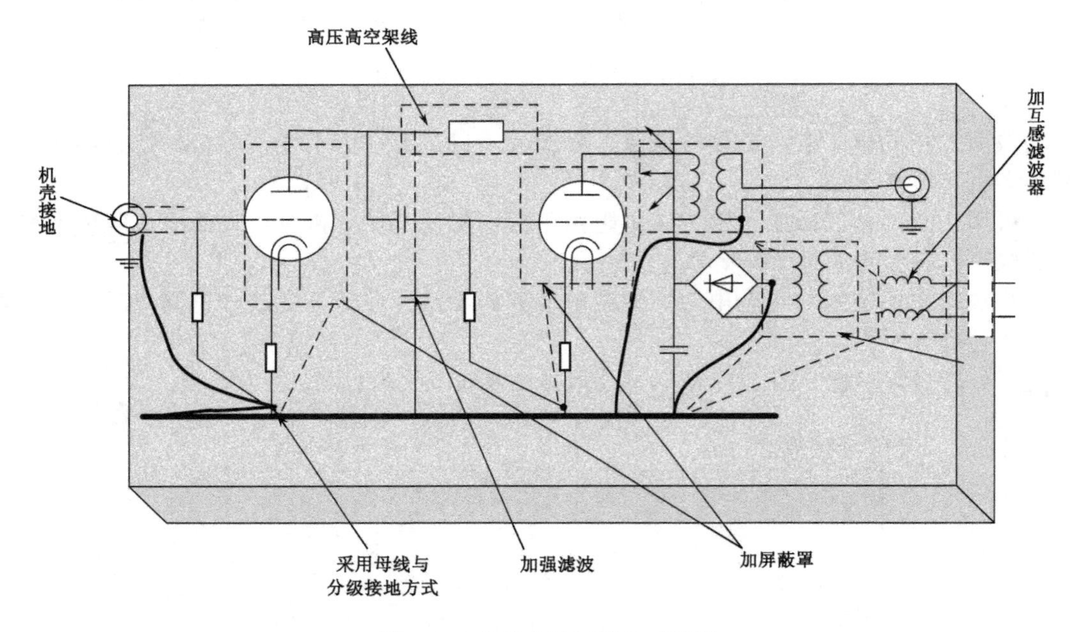

图 1-72　抵抗杂波干扰的示意图

为防止高灵敏度的功放机受内部与外部的各种杂波干扰，以提高功放机的信噪比，可采取如下措施：

① 输入级加屏蔽装置。对高灵敏度传声器输入的卡农插座，其外壳与机箱及机内母线接地，信号地线应在输入管外接地，并可采用低阻抗、平衡式的输入方式，这样即可有效地杜绝噪声电平及各种杂波信号的干扰。

② 为防止电磁场的辐射，电源变压器与输出变压器应加上隔离罩或封闭式外壳，并将屏蔽罩接地。

③ 接地线可采用母线接地方式。对高灵敏度的前级元器件应采用一点接地的方式，这样可减小电位差，防止噪声干扰。

④ 高压布线应尽量避开各电子管的栅极。采用高压元器件的架空接法，并加强高压直流电源的滤波与去耦。

⑤ 机内所用的电容、电阻器宜选用质量可靠的产品，并在上机以前进行仔细的检测。

为防止外来电磁波通过电源网络串入机内，有条件的可采用成品电源滤波器，也可在交流电源进线回路内串入自制的抗干扰网络线圈。线圈简单的制法是用高频磁芯两只，用直径 0.2～0.5mm 的漆包线各绕 30～50 匝，分别串接在交流进线的回路中，即可有一定的抑制外来干扰作用。

4. 电子管特性规格名词解释

制作电子管功率放大电路时，了解电子管的各种特性规格，对制作有很大的意义，下面以 WE300B 的特性规格为例来说明。

1）灯丝电压与电流

提供电子管灯丝电压，可用直流或交流，每一只电子管的灯丝电流都不相同，我们在实际使用时，要尽量接近这个值，太高、太低都会有副作用。一般而言，稍稍低于厂方规格的灯丝电压是允许的，但最好不要超过，否则会缩短电子管的寿命。例如 WE300B 的灯丝电压是 5V（直流或交流），电流是 1.2A，在实际使用时，要尽量接近这个值，太高、太低都会有副作用。

2）最高屏极电压

电子管最高屏极电压，在实际使用时，不能超过屏压值。例如 WE300B 的最高屏极电压不得超过 450V，最大屏极损耗是 40W，一般的惯例，在实际使用时，不要超过最大值的 70%～80%，也就是说，WE300B 的屏压不要超过 350V，屏极损耗不要超过 30W。

3）最高屏极损耗

电子撞击屏极时，会使屏极发热，发热表示一种功率损失，每种不同的电子管有不同的屏极损耗，我们使用电子管时，除了电压与电流之外，也要注意不要超过该管的最大损耗值。实际使用时，屏耗不能超过最大屏耗的 70%～80%，否则电子管很快就会损坏。

4）最大屏极电流

流经电子管的电流一旦超过最大值，电子管就可能在两种情形之下损坏：一是屏极因过多的电子撞击而超热，二是阴极因过量发射而受损。制作过电子管功放的人都有见到电子管的屏极发红的经验，那就是超过屏耗而使得屏极发红的现象。

在 WE300B 的资料中，最大屏极电流有两种不同的规定，也即使用固定偏压时，最大屏极电流为 70mA，使用自给偏压时，为 100mA。因此在设计工作点时，不能超过这个数值。

5）极间电容

极间电容是电子管极与极之间的电容，它是一个很重要的参数。电子管的各极都是导体，其间也经常有电位差，因此它们有电容的作用。三极管中有栅–屏、栅–阴（灯丝）与屏–阴三种极间电容。例如 WE300B 的三个极间电容，栅与屏之间是 15pF，栅与灯丝之间是 9pF，屏与灯丝之间是 4.3pF。虽然这些极间电容都很小，但是这些小电容却会影响到高频响应，极间电容越大，高频响应也越差。

6）外形与管座

WE300B 的外形、内部构造、尺寸与管座：WE300B 的外形玻璃管中间突出，形状有点像梨形的管子叫做“ST”管 （一般直筒管状的玻璃管如 EL-34 或 6550 等叫做“GT”管），WE300B 可说是较大型的 ST 管。各厂牌的 WE300B 的内部构造却都不太一样。但 WE300B 常用的四脚管座，有两个较大的插孔与两个较小的插孔，其中两个较大的插孔 1 脚与 4 脚是灯丝，两个较小的插孔 2 脚与 3 脚分别是栅极与屏极。使用这种管座的电子管叫做“UX-Type”，有很多电子管都用这种 UX-Type 的管座，像 2A3、26、45、50、 71 等直热式三极管，或 80、83 等直热式的整流管都使用这种 UX-Type 的管座。

小　　结

1．电子管（electron tube）是一种在气密性封闭容器（一般为玻璃管）中产生电流传导，利用电场对真空中的电子流的作用以获得信号放大或振荡的电子器件。

2．二极管是最简单的电子管，它有两个电极——阴极和屏极，其中阴极具有发射电子的作用，屏极具有接收电子的作用，并有单向导电的特性，也可用作整流和检波。它由阴极 K、屏极 A 和灯丝 F 等组成。

3．三极管具有放大作用，电子管有屏极、栅极和阴极三个电极，电子管在电路中常用字母“V”或“VE”表示，旧标准用字母“G”表示。

4．屏极的正电压产生的正电场，对空间电荷区的电子起到吸引的作用；栅极负压产生的负电场，对空间电荷区的电子起排斥作用。

5．栅极电压越负，排斥作用越强，屏极电流就越小。改变栅负压即可改变屏极电流。在栅极和屏极间加入一网状电极（帘栅极），这就是一般的四极管。

6．在帘栅极和屏极之间再加一网状电极（抑制栅极）来抑制“二次电子发射”，使屏

极特性曲线起始段变得平滑，这种胆管称为五极管。

7．在四极管帘栅极外两侧再加入一对与阴极相连的集射极，这种电子管我们称为束射四极管。

8．检测常用电子管的方法有：电子管的外观检查，用万用表检测，电子管的业余测试法。

9．电子管功放电路的选择原则：根据技术能力和经济条件选择电路；尽量挑选元器件易购电路；选择简单易做的、功率小的经典电路；　可采用搭棚式焊接，也可用线路板焊接。

10．电子管功率放大电路主要由电源供给电路和信号放大电路两大部分组成。

复习思考题

1．三极管由哪几个极组成？

2．简述三极管的工作原理。

3．分析基本电压放大电路工作原理。

4．画出基本推挽功率放大电路，并说出各元器件的作用。

5．熟悉负反馈电路的几种反馈形式。

6．负反馈在电路中有哪些作用？

项目二　制作晶体管功率放大器

★ 本项目内容提要：

本项目首先从晶体管的类型、晶体管工作原理和常用晶体管的检测三个方面详细介绍晶体管基本知识；然后介绍如何选择晶体管功率放大器的制作电路；最后详细讲解安装与调试晶体管功率放大电路的步骤和技能。

★ 本项目学习目标：

- 了解晶体管的基本知识
- 掌握晶体管功率放大器的工作原理
- 学会动手制作晶体管功放

任务一　认识晶体管

☆ 本任务内容提要：

介绍制作功率放大器的专业基础知识内容。从认识晶体管的类型、了解晶体管的工作原理到检测常用晶体管入手，使读者掌握元器件的基本理论知识和检测技巧。

☆ 本任务学习目的：

培养读者的动手能力，了解元器件基础知识，掌握元器件的识别技巧，会动手进行元器件简单的测试。

步骤一　认识晶体管的类型

晶体管是半导体三极管中应用最广泛的器件之一，在电路中常用“V”或“VT”（旧文字符号为“Q”、“GB”等）表示。根据半导体性质的不同，晶体管有多种分类方法。例如：按半导体材料和极性分类，按结构及制造工艺分类，按电流容量分类，按工作频率分类，按封装结构分类，按功能和用途分类等。下面我们对各种分类进行说明。

1．按半导体材料和极性分类

按晶体管使用的半导体材料可分为：硅材料晶体管和锗材料晶体管。

按晶体管的极性可分为：锗 NPN 型晶体管、锗 PNP 型晶体管、硅 NPN 型晶体管和硅 PNP 型晶体管。

2．按结构及制造工艺分类

晶体管按其结构及制造工艺可分为：扩散型晶体管、合金型晶体管和平面型晶体管。

3．按电流容量分类

晶体管按电流容量可分为：小功率晶体管、中功率晶体管和大功率晶体管。

4．按工作频率分类

晶体管按工作频率可分为：低频晶体管、高频晶体管和超高频晶体管等。

5．按封装结构分类

晶体管按封装结构可分为：金属封装（简称金封）晶体管、塑料封装（简称塑封）晶体管、玻璃壳封装（简称玻封）晶体管、表面封装（片状）晶体管和陶瓷封装晶体管等。其封装外形多种多样。

6．按功能和用途分类

晶体管按功能和用途可分为：低噪声放大晶体管、中高频放大晶体管、低频放大晶体管、开关晶体管、达林顿晶体管、高反压晶体管、带阻晶体管、带阻尼晶体管、微波晶体管、光敏晶体管和磁敏晶体管等多种类型。

步骤二　了解晶体管的工作原理

晶体管是内部含有两个 PN 结，外部通常为三个引出电极的半导体器件。它对电信号具有放大和开关等作用，应用十分广泛。

1．晶体管的结构特性

1）晶体管的结构

晶体管内部由两个 PN 结构成，其三个电极分别为集电极（用字母 C 或 c 表示）、基极（用字母 B 或 b 表示）和发射极（用字母 E 或 e 表示）。晶体管的两个 PN 结分别称为集电结（C、B 极之间）和发射结（B、E 极之间），发射结与集电结之间是基区。

根据结构不同，晶体管可分为 NPN 型和 PNP 型两类，其结构及电路符号分别如图 2-1 和图 2-2 所示。在电路符号图形上可以看出，两种类型晶体管的发射极箭头（箭头方向代表集电极电流的方向）不同。PNP 型晶体管的发射极箭头朝内，NPN 型晶体管的发射极箭头朝外。

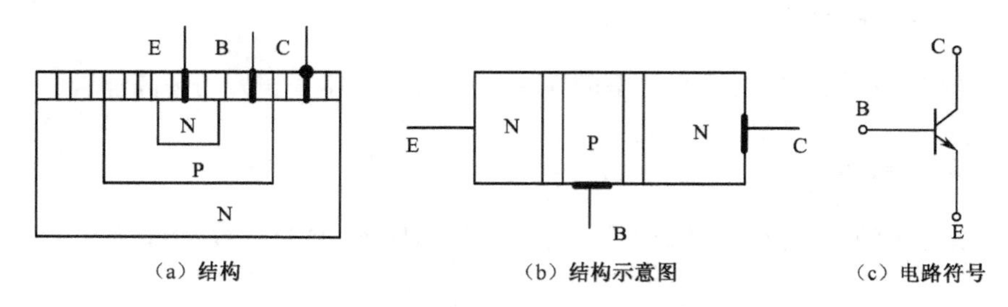

图 2-1　NPN 型晶体管的结构及电路符号

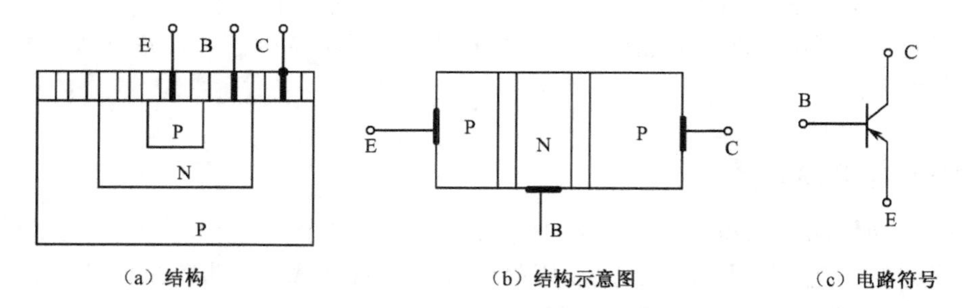

图 2-2　PNP 型晶体管的结构及电路符号

2）三极管各个电极的作用及电流分配

晶体管三个电极的作用如下。

发射极（e 极）用来发射电子；

基极（b 极）用来控制 e 极发射电子的数量；

集电极（c 极）用来收集电子。

晶体管的发射极电流 I_e 与基极电流 I_b、集电极电流 I_c 之间的关系如下：

$$I_e=I_b+I_c$$

3）晶体管的工作条件

晶体管属于电流控制型半导体器件，其放大特性主要指电流放大能力。所谓放大，是指当晶体管的基极电流发生变化时，其集电极电流将发生更大的变化（在晶体管具备了工作条件后，若从基极加入一个较小的信号，则其集电极将会输出一个较大的信号）。

晶体管的基本工作条件是发射结（b、e 极之间）要加上较低的正向电压（正向偏置电压），集电结（b、c 极之间）要加上较高的反向电压（反向偏置电压）。

晶体管发射结的正向偏置电压约等于 PN 结电压，一般情况下硅管为 0.6～0.7V，锗管为 0.2～0.3V。集电结的反向偏置电压视具体型号而定。

4）晶体管的工作状态

晶体管有截止、导通、饱和三种工作状态。

在晶体管不具备工作条件时，它处于截止状态，内阻很大，各电极电流几乎为零。

当晶体管的发射结加合适的正向偏置电压，集电结加反向偏置电压时，晶体管导通，其内阻变小，各电极均有工作电流产生（$I_e=I_b+I_c$）。适当增大其发射结的正向偏置电压，使基极电流 I_b 增大时，集电极电流 I_c 和发射极电流 I_e 也会随之增大。

当晶体管发射结的正向偏置电压增大至一定值（硅管等于或略高于 0.7V，锗管等于或略高于 0.3V）时，晶体管将从导通放大状态进入饱和状态，此时集电极电流 I_c 将处于较大的恒定状态，且已不受基极电流 I_b 控制。晶体管的导通内阻很小（相当于开关被接通），集电极与发射极之间的电压低于发射结电压，集电结也由反向偏置状态转变为正向偏置状态。

2. 晶体管的工作原理

由于晶体管有两个 PN 结，所以它有四种不同的运用状态。

下面以 NPN 型硅材料三极管为例进行分析说明。

如图 2-3 所示，我们把从基极 b 流至发射极 e 的电流叫做基极电流 I_b；把从集电极 c 流至发射极 e 的电流叫做集电极电流 I_c。这两个电流的方向都是流出发射极的，所以发射极 e 上就用了一个箭头来表示电流的方向。

三极管的放大作用就是：集电极电流受基极电流的控制（假设电源能够提供给集电极足够大的电流的话），并且基极电流很小的变化，会引起集电极电流很大的变化，

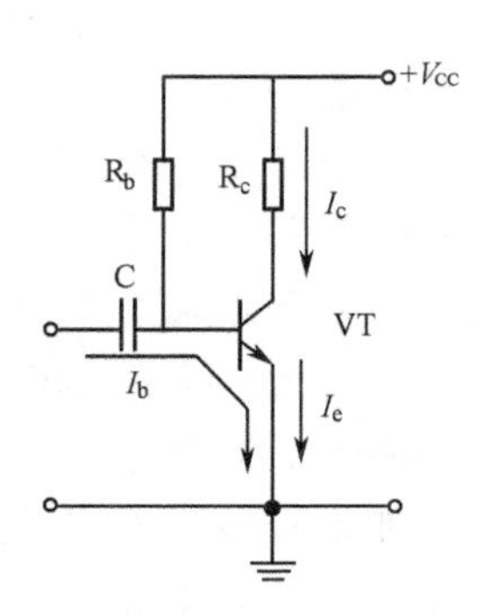

图 2-3　NPN 型三极管放大电路

且变化满足一定的比例关系：

$$I_c = \beta I_b$$

集电极电流的变化量是基极电流变化量的β倍，即电流变化被放大了β倍，所以我们把β叫做三极管的放大倍数（β一般远大于 1，例如几十、几百）。如果我们将一个变化的小信号加到基极跟发射极之间，这就会引起基极电流 I_b 的变化，I_b 的变化被放大后，导致 I_c 发生很大的变化。如果集电极电流 I_c 是流过一个电阻 R 的，那么根据电压计算公式 $U=R\times I$ 可以算出，这个电阻上的电压就会发生很大的变化。我们将这个电阻上的电压取出来，就得到了放大后的电压信号了。

三极管在实际的放大电路中使用时，还需要加上合适的偏置电路。这有两个原因。

首先是由于三极管 be 结的非线性（相当于一个二极管），基极电流必须在输入电压大到一定程度后才能产生（对于硅管，常取 0.7V）。当基极与发射极之间的电压小于 0.7V 时，基极电流就可以认为是 0。但实际中要放大的信号往往远比 0.7V 要小，如果不加偏置电路，这么小的信号就不足以引起基极电流的改变（因为小于 0.7V 时，基极电流都是 0）。如果我们事先在三极管的基极上加上一个合适的电流（叫做偏置电流，图 2-3 中那个电阻 R_b 就是用来提供这个电流的，所以它被叫做基极偏置电阻），那么当一个小信号跟这个偏置电流叠加在一起时，小信号就会导致基极电流的变化，而基极电流的变化，就会被放大并在集电极上输出。

另一个原因就是输出信号范围的要求，如果没有加偏置，那么只有对那些增加的信号放大，而对减小的信号无效（因为没有偏置时集电极电流为 0，不能再减小了）。而加上偏置，事先让集电极有一定的电流，当输入基极电流变小时，集电极电流就会减小；当输入的基极电流增大时，集电极电流就增大。这样减小的信号和增大的信号都可以被放大了。

下面说说三极管的饱和情况。如图 2-3 所示，因为受到电阻 R_c 的限制（R_c 是固定值，那么最大电流为$+V_{CC}/R_c$，其中$+V_{CC}$ 为电源电压），集电极电流是不能无限增加下去的。当基极电流增大，不能使集电极电流继续增大时，三极管就进入饱和状态。一般判断三极管是否饱和的准则是：$I_b\beta > I_c$。进入饱和状态之后，三极管的集电极跟发射极之间的电压将很小，可以理解为一个开关闭合了。这样就可以把三极管当做开关使用：当基极电流为 0 时，三极管集电极电流为 0（这叫做三极管截止），相当于开关断开，如图 2-4 所示；当基极电流很大，以至于三极管饱和时，相当于开关闭合，如图 2-5 所示。如果三极管主要工作在截止或饱和状态，那么这样的三极管我们一般把它叫做开关管。

如果将图 2-3 中的电阻 R_c 换成一个灯泡，那么当基极电流 $I_b=0$ 时，集电极电流 $I_c=0$，灯泡灭。如果基极电流比较大（大于流过灯泡的电流除以三极管的放大倍数β），三极管就饱和，相当于开关闭合，灯泡就亮了，如图 2-5 所示。由于控制电流只需要比灯泡电流的 $1/\beta$大一点就行，所以就可以用一个小电流来控制一个大电流的通断。如果基极电流从 0 慢

慢增加，那么灯泡的亮度也会随着增加。

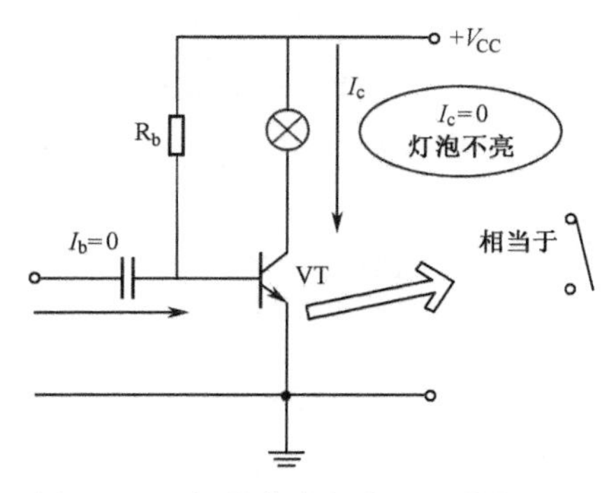

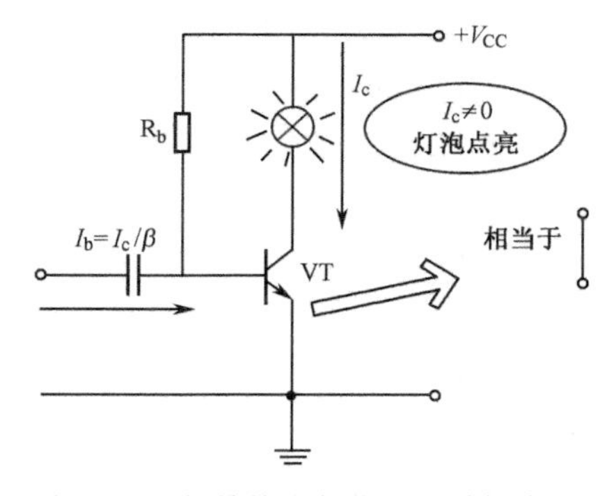

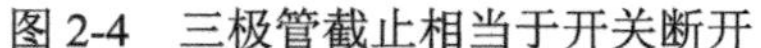

图 2-4　三极管截止相当于开关断开　　　　图 2-5　三极管饱和相当于开关闭合

下面以硅材料的 NPN 型三极管放大电路为例进行说明。

（1）发射结正偏，集电结反偏，三极管工作在放大状态。

发射结正偏就是：$U_b-U_e \geqslant 0.7V$，集电结反偏就是：$U_b-U_c \leqslant 0V$。

三极管集电极通过集电极负载电阻接电源正电压，基极通过基极偏置电阻接电源正电压，当发射极和集电极的电压超过一定数值后，$I_c=\beta I_b$，晶体管具有电流放大作用，处于放大区，发射极处于正向偏置，集电极处于反向偏置。对硅管而言，应使 $U_{be}>0V$，$U_{bc}<0V$。此时三极管三个引脚的电压排列是：$U_c>U_b>U_e$，如图 2-6 所示。如果是锗管，应使 $U_{be} \leqslant 0.3V$，$U_{bc}>0V$。此时三极管三个引脚的电压排列是：$U_c<U_b<U_e$，如图 2-7 所示。

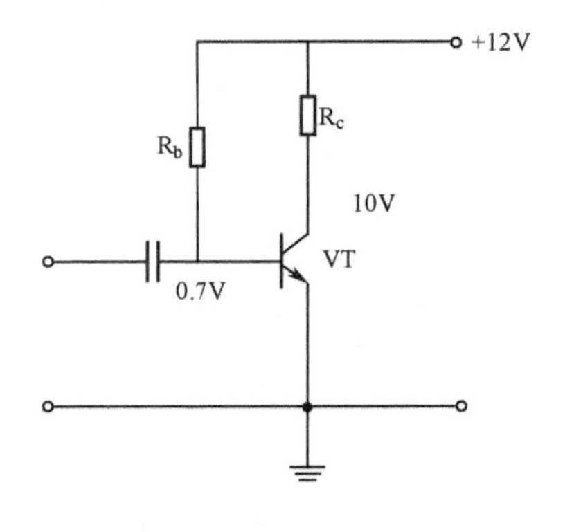

图 2-6　NPN 型管工作在放大状态

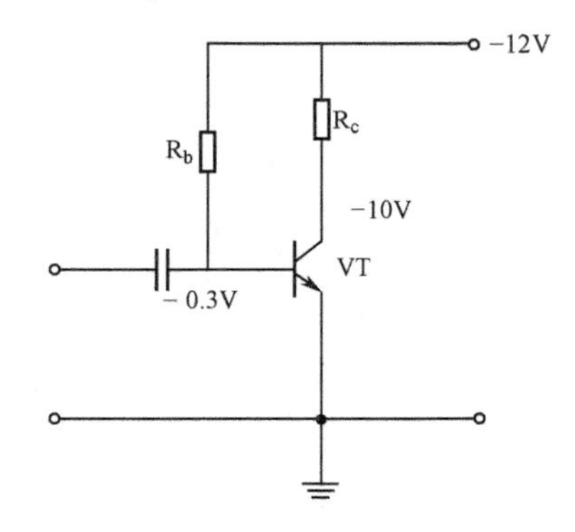

图 2-7　PNP 型管工作在放大状态

（2）发射结正偏，集电结也正偏，三极管工作在饱和状态。

当基极电流的变化对集电极电流的影响很小，两者不成比例时，晶体管处于饱和状态。此时，β不适用，发射极和集电极都是正向偏置。这时三极管三个引脚的电压排列是：

$U_b>U_e$，$U_b>U_c$，且 $U_{ce}\approx U_{ces}$。在饱和区，$U_{ce}<U_{be}$，发射结和集电结均处于正向偏置。如图 2-8 所示，NPN 型管工作在饱和状态。如果是锗管，此时三极管三个引脚的电压排列是：$U_b<U_e$，$U_b<U_c$，且 $U_{ce}\approx U_{ces}$。如图 2-9 所示，PNP 型管工作在饱和状态。

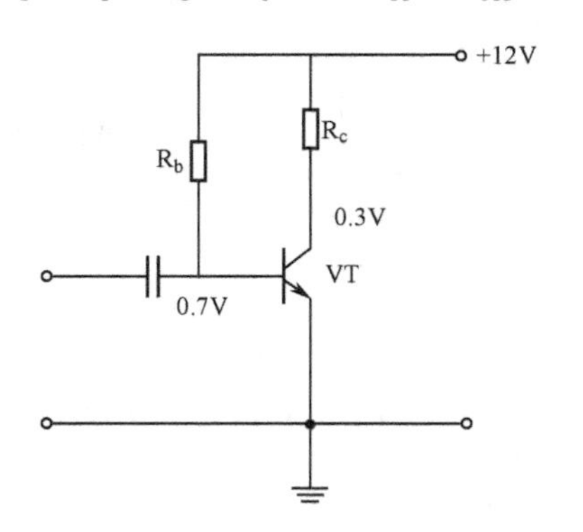

图 2-8　NPN 型管工作在饱和状态

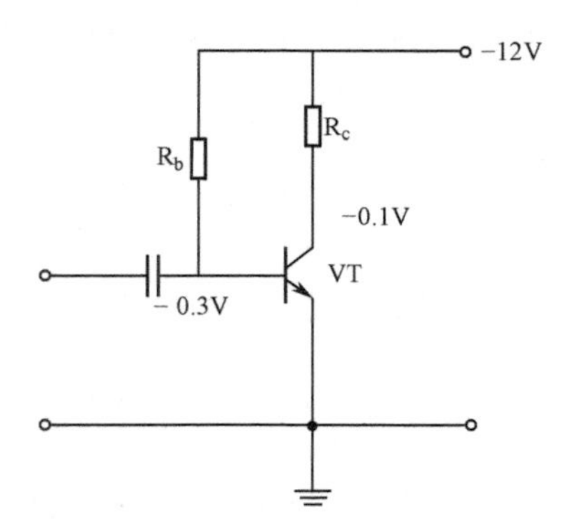

图 2-9　PNP 型管工作在饱和状态

（3）发射结反偏，集电结也反偏，三极管工作在截止状态。

实际上，对 NPN 型硅管而言，当 $U_{be}<0.5V$ 时即已开始截止，但是为了使三极管可靠截止，常使 $U_{be}\leqslant 0V$，此时发射结和集电结均处于反向偏置，三极管三个引脚的电压排列是：$U_b<U_e$，$U_b<U_c$，且 $U_c\approx V_{CC}$，$I_c\approx 0$。如图 2-10 所示，NPN 型管工作在截止状态。如果是锗管，此时三极管三个引脚的电压排列是：$U_b>U_e$，$U_b>U_c$，且 $U_c\approx V_{CC}$，$I_c\approx 0$。如图 2-11 所示，PNP 型管工作在截止状态。

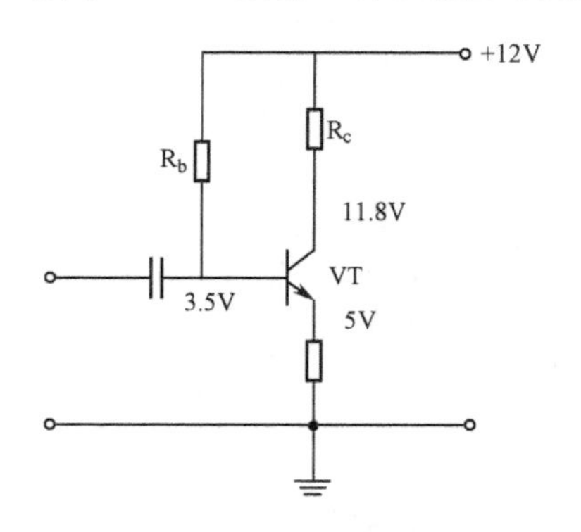

图 2-10　NPN 型管工作在截止状态

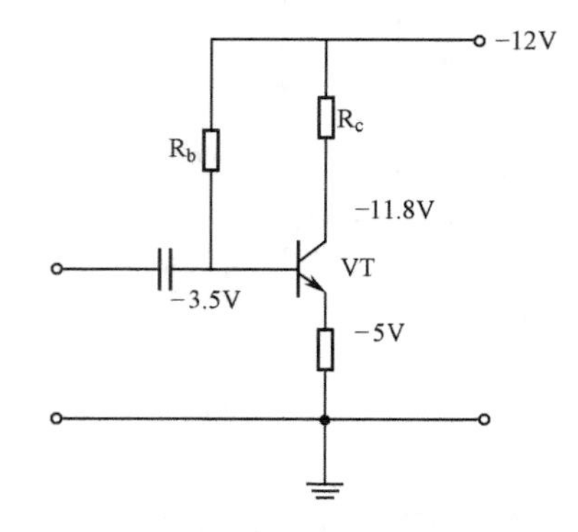

图 2-11　PNP 型管工作在截止状态

（4）发射结反偏，集电结正偏时，为反向工作状态。

在放大电路中，主要应用其放大工作状态。而在脉冲与数字电路中，则主要应用其饱

和状态和截止状态。至于反向工作状态，从原理上讲与放大状态没有本质不同，但由于晶体管的实际结构不对称，发射结比集电结小得多，起不到放大作用，故这种工作状态基本不用。

3．晶体管的电流传输关系

晶体管有三个电极，根据输入、输出及公共端子的不同，用晶体管接成放大电路时，可有三种连接方式（又称三种组态），即共基极（CB）、共发射极（CE）和共集电极（CC）连接方式，如图 2-12 所示。

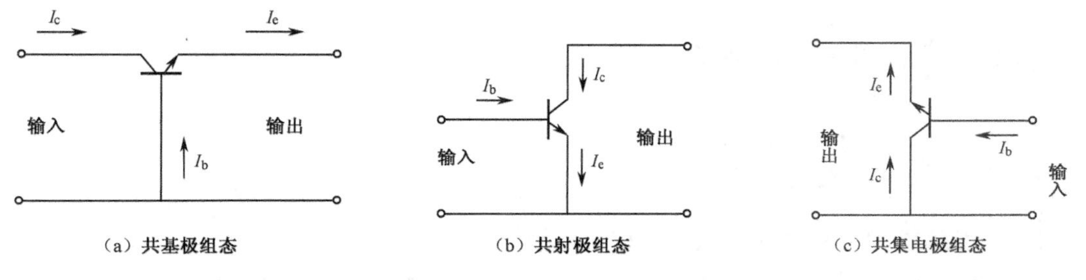

图 2-12　晶体管的三种组态

无论何种组态，在放大运用时，都必须保证晶体管的发射结正偏，集电结反偏，其内部载流子的传输过程是相同的，各极的电流并不随晶体管的连接组态而变化，并且必须满足 $I_e=I_b+I_c$。但是由于三种组态以不同的电极为输入、输出端，因而它们具有不同的电流传输关系，在电路中具有不同的放大特性，如表 2-1 所示。

1）共基极组态的电流传输关系

共基极组态是以发射极为输入端，集电极为输出端，基极为输入电路和输出电路的公共端。因此，共基极组态的电流传输关系就是指集电极电流 I_c 与发射极电流 I_e 的关系。

2）共发射极组态的电流传输关系

共发射极组态是以基极为输入端，集电极为输出端，发射极为输入电路和输出电路的公共端，根据电路可以得出输出电流 I_c 和输入电流 I_b 间的关系。

3）共集电极组态的电流传输关系

共集电极组态是以基极为输入端，发射极为输出端，集电极为输入电路和输出电路的公共端，根据电路可以得出输出电流 I_e 和输入电流 I_b 间的关系。

从以上讨论可知，无论哪种组态，输入电流对输出电流都有控制作用，所以说晶体管是电流控制器件。

表2-1 三极管三种组态的特点

组 态	电压增益（A_u）	电 流 放 大	输入电阻（r_i）	输出电阻（r_o）	应 用 情 况
共发射极放大电路	较大，V_i与V_o反相	有电流放大	适中	较大	频带较窄，常作为低频放大单元电路
共集电极放大电路	A_u=1，V_i与V_o同相，具电压跟随特性	有电流放大	最大	最小	常用于电压放大的输入、输出级
共基极放大电路	较大，V_i与V_o同相	不能放大电流	小	较大	在三种组态中其频率特性最好，常用于宽带放大电路

步骤三　检测常用晶体管

1．晶体管材料与极性的判别

1）从晶体管的型号命名上识别其材料与极性

（1）国产晶体管型号命名。国产晶体管型号命名的第二部分用英文字母A～D表示晶体管的材料和极性。其中：

A代表锗材料PNP型管；

B代表锗材料NPN型管；

C代表硅材料PNP型管；

D代表硅材料NPN型管。

（2）日本产晶体管型号命名。日本产晶体管型号命名的第三部分用字母A～D来表示晶体管的材料和类型（不代表极性）。其中：

A、B为PNP型管，C、D为NPN型管。

通常，A、C为高频管，B、D为低频管。

（3）欧洲产晶体管型号命名。欧洲产晶体管型号命名的第一部分用字母A和B表示晶体管的材料（不表示NPN或PNP型极性）。其中：

A表示锗材料，B表示硅材料。

2）从封装外形上识别晶体管的引脚

如图2-13所示为常用三极管的引脚排列。

在使用晶体管之前，首先要识别晶体管的管型。不同种类、不同型号、不同功能的晶体管，其引脚排列位置也不同。通过阅读上述“晶体管的封装外形”中的内容，可以快速识别常用晶体管各引脚的极性。

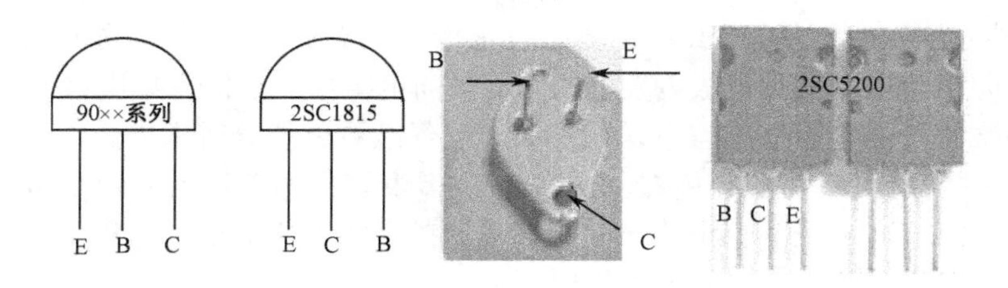

图 2-13　常用三极管的引脚排列

3）用万用表判别晶体管的极性与材料

对于型号标志不清或虽有型号但无法识别其引脚的晶体管，可以通过万用表测试来判断出该晶体管的极性、引脚及材料。

（1）基极（B）的判别。对于一般小功率晶体管，可以用万用表 R×100 挡或 R×1k 挡，用两表笔测量晶体管任意两个引脚间的正、反向电阻值。如图 2-14 所示为三极管基极的判别。

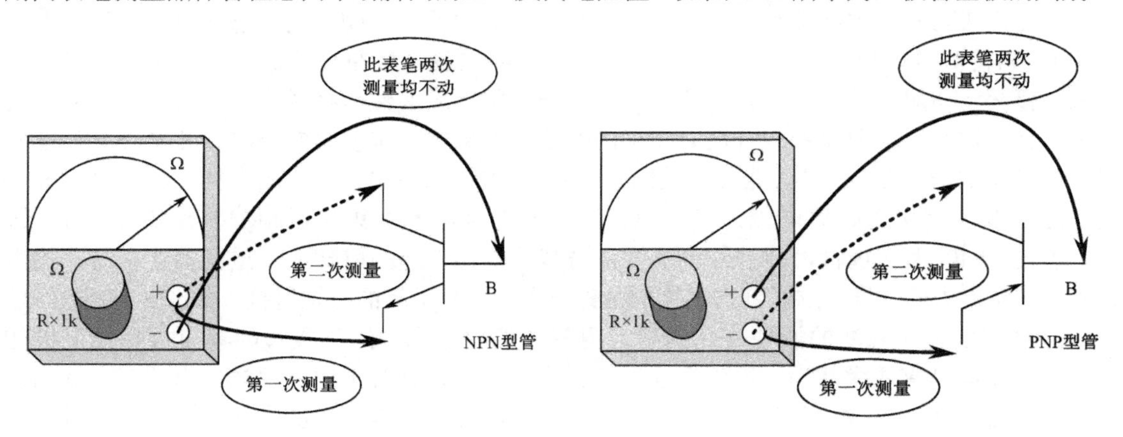

图 2-14　三极管基极的判别

在测量中会发现：当黑表笔（或红表笔）接晶体管的某一引脚时，用红表笔（或黑表笔）去分别接触另外两个引脚，万用表上指示均为低阻值。此时，所测晶体管与黑表笔（或红表笔）连接的引脚便是基极 B，而另外两个引脚为集电极 C 和发射极 E。若基极接的是红表笔，则该管为 PNP 型管；若基极接的是黑表笔，则该管为 NPN 型管。也可以先假定晶体管的任一个引脚为基极，与红表笔或黑表笔接触，再用另一表笔去分别接触另外两个引脚，若测出的两个电阻值均较小，则固定不动的表笔所接的引脚便是基极 B，另外两个引脚为发射极 E 和集电极 C。

（2）发射极（E）与集电极（C）的判别。

① 第一种方法。找到基极 B 后，再比较基极 B 与另外两个引脚之间正向电阻值的大小。通常，正向电阻值较大的电极为发射极 E，正向电阻值较小的为集电极 C。

注意：两次测量的电阻值相差不是特别大，但仔细看就能分辨出来。

PNP 型晶体管，可以将红表笔接基极 B，用黑表笔分别接触另外两个引脚，会测出两个略有差异的电阻值。在阻值较小的一次测量中，黑表笔所接的引脚为集电极 C；在阻值较大的一次测量中，黑表笔所接的引脚为发射极 E。

NPN 型晶体管，可将黑表笔接基极 B，用红表笔去分别接触另外两个引脚。在阻值较小的一次测量中，红表笔所接的引脚为集电极 C；在阻值较大的一次测量中，红表笔所接的引脚为发射极 E。

② 第二种方法。由于三极管在制作时，两个 P 区或两个 N 区的掺杂浓度不同，如果发射极、集电极使用正确，则三极管具有很强的放大能力；反之，如果发射极、集电极互换使用，则放大能力非常弱，由此即可把三极管的发射极、集电极区别开来。

在判别出管型和基极 B 后，可用下列方法之一来判别集电极和发射极。

将万用表拨在 R×100 或 R×1k 挡上，用手将基极与另一引脚捏在一起（注意不要让电极相碰），为使测量现象明显，可将手指湿润一下，将红表笔接在与基极捏在一起的引脚上，黑表笔接另一引脚，注意观察万用表指针向右摆动的幅度。然后将两个引脚对调，重复上述测量步骤。比较两次测量中表针向右摆动的幅度，找出摆动幅度大的一次。若是 NPN 型三极管，则将黑表笔接在与基极捏在一起的引脚上，重复上述实验，找出表针偏转角度大的一次，这时黑表笔接的是集电极，红表笔接的是发射极。判别集电极和发射极如图 2-15 所示。若是 PNP 型三极管，则将红表笔接在与基极捏在一起的引脚上，重复上述实验，找出表针偏转角度大的一次，这时红表笔接的是集电极，黑表笔接的是发射极，如图 2-16 所示。

这种判别电极方法的原理是，利用万用表内部的电池，给三极管的集电极、发射极加上电压，使其具有放大能力。用手捏其基极、集电极时，就等于通过手的电阻给三极管加上一正向偏流，使其导通，此时表针向右摆动的幅度就反映出其放大能力的大小，因此可正确判别出发射极、集电极。

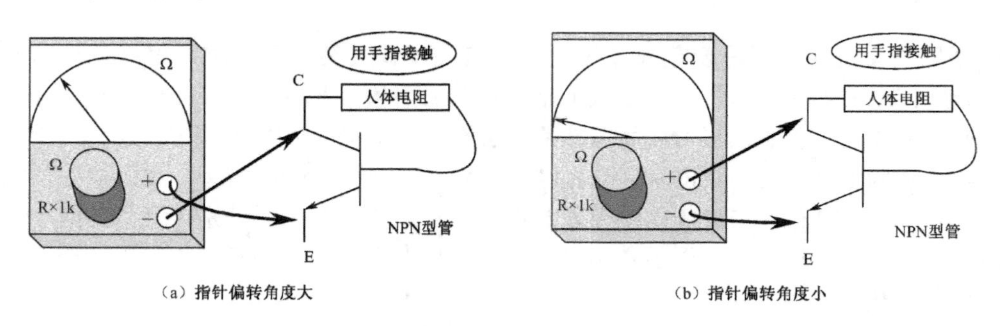

图 2-15 判别集电极和发射极（1）

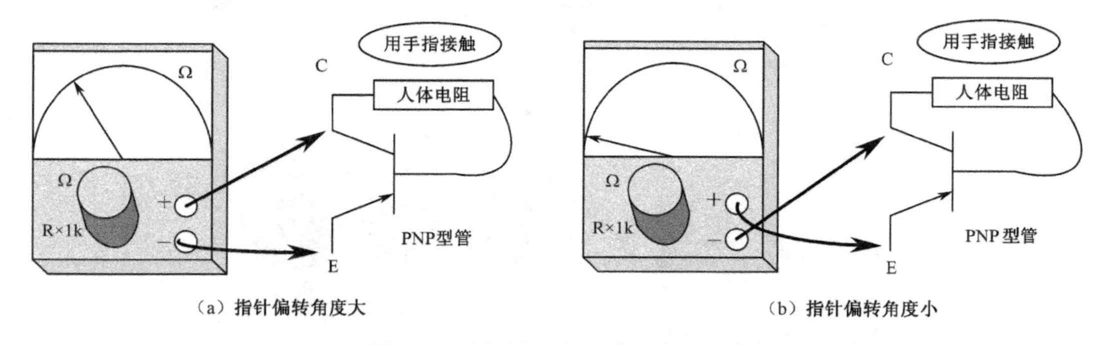

图 2-16　判别集电极和发射极（2）

通过测量晶体管 PN 结的正、反向电阻值，还可判断出晶体管的材料（区分出是硅管还是锗管）及好坏。一般锗管 PN 结（B、E 极之间或 B、C 极之间）的正向电阻值为 200～500Ω，反向电阻值大于 100kΩ；硅管 PN 结的正向电阻值为 2～15kΩ，反向电阻值大于 500kΩ。若测得晶体管某个 PN 结的正、反向电阻值均为 0 或均为无穷大，则可判断该管已击穿或开路损坏。

2．二极管的检测方法

1）检测小功率晶体二极管

（1）判别正、负电极。

① 观察外壳上的符号标记。通常在二极管的外壳上标有二极管的符号，带有三角形箭头的一端为正极，另一端是负极，如图 2-17 所示。

② 观察外壳上的色点。在点接触二极管的外壳上，通常标有极性色点（白色或红色）。一般标有色点的一端即为正极。还有的二极管上标有色环，带色环的一端则为负极，如图 2-18 所示。

图 2-17　二极管符号　　图 2-18　判别正、负电极（1）

③ 以阻值较小的一次测量为准，黑表笔所接的一端为正极，红表笔所接的一端则为负极，如图 2-19 所示。

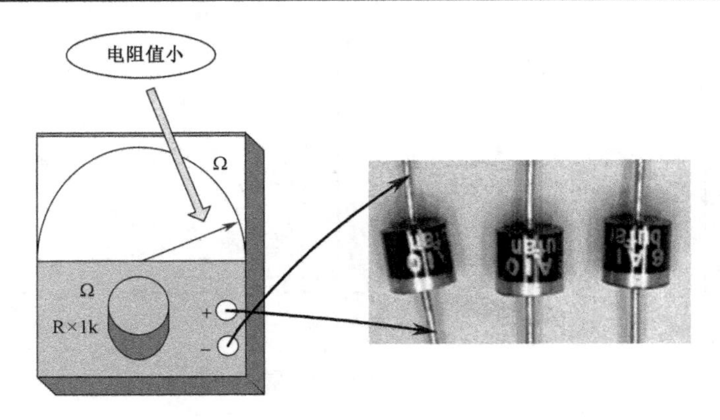

图 2-19　判别正、负电极（2）

（2）检测最高工作频率 f_M。晶体二极管工作频率，除了可从有关特性表中查阅外，实际中常用眼睛观察二极管内部的触丝来加以区分，如点接触型二极管属于高频管，面接触型二极管多为低频管。另外，也可以用万用表 R×1k 挡进行测试，一般正向电阻小于 1kΩ的为高频管。

（3）检测最高反向击穿电压 V_{RM}。对于交流电来说，最高反向工作电压也就是二极管承受的交流峰值电压。需要指出的是，最高反向工作电压并不是二极管的击穿电压。一般情况下，二极管的击穿电压要比最高反向工作电压高得多（约高一倍）。

2）检测玻璃封装硅高速开关二极管

检测硅高速开关二极管的方法与检测普通二极管的方法相同。不同的是，这种二极管的正向电阻较大。用 R×1k 电阻挡测量，一般正向电阻值为 5～10kΩ，反向电阻值为无穷大。

3）检测快恢复、超快恢复二极管

用万用表检测快恢复、超快恢复二极管的方法基本与检测塑封硅整流二极管的方法相同。即先用 R×1k 挡检测一下其单向导电特性，一般正向电阻为 45kΩ左右，反向电阻为无穷大；再用 R×1 挡复测一次，一般正向电阻为几欧姆，反向电阻仍为无穷大。

4）单色发光二极管的检测

在万用表外部附接一节 15V 干电池，将万用表置于 R×10 或 R×100 挡。这种接法就相当于给万用表串接上了 15V 电压，使检测电压增加至 3V（发光二极管的开启电压为 2V）。检测时，用万用表两只表笔轮换接触发光二极管的两引脚。若三极管性能良好，必定有一次能正常发光，此时，黑表笔所接为正极，红表笔所接为负极。

5）红外发光二极管的检测

（1）判别红外发光二极管的正、负电极。红外发光二极管有两个引脚，通常长引脚为

正极，短引脚为负极。因红外发光二极管呈透明状，所以管壳内的电极清晰可见，内部电极较宽、较大的一个为负极，而较窄且小的一个为正极。

（2）将万用表置于 R×1k 挡，测量红外发光二极管的正、反向电阻值，通常，正向电阻值应在 30kΩ左右，反向电阻值要在 500kΩ以上，这样的三极管才可正常使用。要求反向电阻越大越好。

6）红外接收二极管的检测

（1）识别引脚极性。

① 从外观上识别。常见的红外接收二极管外观颜色呈黑色。识别引脚时，面对受光窗口，从左至右，分别为正极和负极。另外，在红外接收二极管的管体顶端有一个小斜切平面，通常带有此斜切平面一端的引脚为负极，另一端为正极。

② 将万用表置于 R×1k 挡，用判别普通二极管正、负电极的方法进行检查，即交换红、黑表笔两次测量三极管两引脚间的电阻值，正常时，所得阻值应为一大一小。以阻值较小的一次为准，红表笔所接的引脚为负极，黑表笔所接的引脚为正极。

（2）检测性能好坏。用万用表电阻挡测量红外接收二极管正、反向电阻，根据正、反向电阻值的大小，即可初步判定红外接收二极管的好坏。

3. 中、小功率三极管的检测

1）已知型号和引脚排列三极管的检测

可按下述方法来判断其性能好坏。

（1）测量极间电阻。将万用表置于 R×100 或 R×1k 挡，按照红、黑表笔的六种不同接法进行测试。其中，发射结和集电结的正向电阻值比较低，其他四种接法测得的电阻值都很高，约为几百千欧姆至无穷大。但不管是低阻值还是高阻值，硅材料三极管的极间电阻要比锗材料三极管的极间电阻大得多。

（2）三极管穿透电流 I_{CEO} 的数值近似等于三极管的放大倍数β和集电结的反向电流 I_{CBO} 的乘积。I_{CBO} 随着环境温度的升高而增长很快，I_{CBO} 的增大必然造成 I_{CEO} 的增大。而 I_{CEO} 的增大将直接影响三极管工作的稳定性，所以在使用中应尽量选用 I_{CEO} 小的三极管。

通过用万用表电阻挡直接测量三极管 e—c 极之间电阻的方法，可间接估计 I_{CEO} 的大小，具体方法如下。

万用表电阻的量程一般选用 R×100 或 R×1k 挡，对于 PNP 型管，黑表笔接 e 极，红表笔接 c 极；对于 NPN 型三极管，黑表笔接 c 极，红表笔接 e 极。要求测得的电阻越大越好，如图 2-20 所示。e—c 极间的电阻值越大，说明三极管的 I_{CEO} 越小；反之，所测电阻值越小，说明被测管的 I_{CEO} 越大。一般来说，中、小功率硅管、锗材料低频管，其电阻值应分别在几百千欧姆、几十千欧姆及十几千欧姆以上，如果电阻值很小或测试时万用表指针来回晃动，则表明 I_{CEO} 很大，三极管的性能不稳定，如图 2-21 所示。

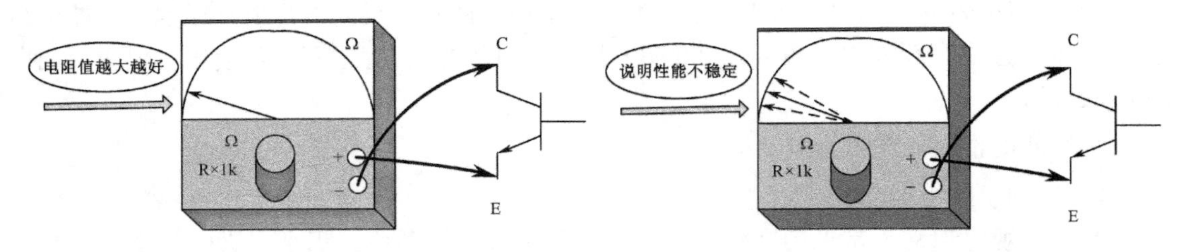

图 2-20　间接估计 I_{CEO} 的大小（1）　　图 2-21　间接估计 I_{CEO} 的大小（2）

（3）测量放大能力（β）。目前有些型号的万用表具有测量三极管 h_{FE} 的刻度线及其测试插座，可以很方便地测量三极管的放大倍数。先将万用表功能开关拨至 h_{FE} 挡，量程开关拨到 ADJ 位置，把红、黑表笔短接，调整调零旋钮，使万用表指针指示为零，然后将量程开关拨到 h_{FE} 位置，并使两短接的表笔分开，把被测三极管插入测试插座，即可从 h_{FE} 刻度线上读出三极管的放大倍数。

另外，有些型号的中、小功率三极管，生产厂家直接在其管壳顶部标示出不同色点来表明三极管的放大倍数β值，其颜色和β值的对应关系如表 2-2 所示，但要注意，各厂家所用色标并不一定完全相同。

表 2-2　常用三极管色标对应与 h_{FE} 值的分挡标记

h_{FE}	0～15	1～25	25～40	40～55	55～80	80～120	120～180	180～270	270～400	400～
色标	棕	红	橙	黄	绿	蓝	紫	灰	白	黑

2）在路电压检测判断法

在实际应用中，小功率三极管多直接焊接在印制电路板上，由于元件的安装密度大，拆卸比较麻烦，所以在检测时常常通过用万用表直流电压挡，去测量被测三极管各引脚的电压值，来推断其工作是否正常，从而判断其好坏。

3）大功率晶体三极管的检测

利用万用表检测中、小功率三极管的极性、管型及性能的各种方法，对检测大功率三极管来说基本上适用。但是，由于大功率三极管的工作电流比较大，因而其 PN 结的面积也较大。PN 结较大，其反向饱和电流也必然增大。所以，若像测量中、小功率三极管极间电阻那样，使用万用表的 R×1k 挡测量，必然测得的电阻值很小，似极间短路一样，所以通常使用 R×10 或 R×1 挡检测大功率三极管。

4）普通达林顿管的检测

用万用表对普通达林顿管的检测包括识别电极，区分 PNP 和 NPN 类型，估测放大能力等项内容。因为达林顿管的 E－B 极之间包含多个发射结，所以应该使用万用表能提供较高电压的 R×10k 挡进行测量。

5）大功率达林顿管的检测

检测大功率达林顿管的方法与检测普通达林顿管基本相同。但由于大功率达林顿管内部设置了 VT、R1、R2 等保护和泄放漏电流元件，所以在检测时应将这些元件对测量数据的影响加以区分，以免造成误判。具体可按下述几个步骤进行。

（1）用万用表 R×10k 挡测量 B、C 之间 PN 结电阻值，应明显测出具有单向导电性能。正、反向电阻值应有较大差异。

（2）在大功率达林顿管 B－E 极之间有两个 PN 结，并且接有电阻 R1 和 R2，如图 2-22 所示。用万用表电阻挡检测，当正向测量时，测到的阻值是 B－E 结正向电阻与 R1、R2 阻值并联的结果；当反向测量时，发射结截止，测出的则是(R_1+R_2)电阻之和，大约为几百欧姆，且阻值固定，不随电阻挡位的变换而改变。但需要注意的是，有些大功率达林顿管在 R1、R2 上还并有二极管，此时所测得的则不是(R_1+R_2)之和，而是(R_1+R_2)与两只二极管正向电阻之和的并联电阻值。

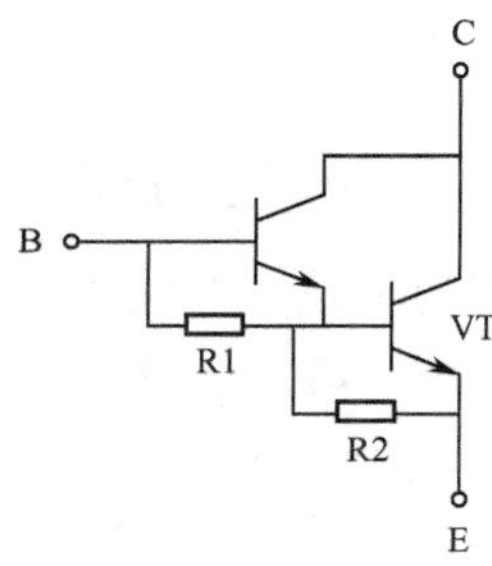

图 2-22　达林顿管内部结构图

任务二　选择晶体管功率放大器的制作电路

☆ **本任务内容提要：**

本任务主要从三个方面详细介绍了晶体管功率放大器的制作：了解晶体管功放电路的选择原则，认识晶体管功率放大器整机电路图，晶体管功率放大器电路工作原理分析。

☆ **本任务学习目的：**

在能保证电路性能的前提下，选用常见的、通用性好的、价格相对适宜、元器件相对容易购买的电路作为参考；并能将所选电路分解成若干个模块，明确每个模块的大致内容和任务，各模块之间的连接关系以及信号在各模块之间的流向等知识。

步骤一　了解晶体管功放电路的选择原则

1. 选择经典普及型电路

在制作功放时选择电路是第一步，电路选择好坏是直接影响制作成功的关键。

作为初学者，在制作时应尽量选择比较标准的典型功放电路。电路选择原则是：首选是商品机的电路，其电路经过了大量生产实践的考验，元器件是常用的，制作成本低；其次是名牌机电路，电路设计严谨，保护电路较多，对电路调试要求极为严格，各项电气性能指标都较高。

2. 电路类型的选择

在功率放大电路中，主要涉及三种放大电路：甲类放大电路、乙类放大电路和甲乙类放大电路。这三种放大电路对功放机重播音效有密切的影响，我们在制作功放机时，有必要考虑到其放大电路的特点，为自己的音响系统提供理想的功放质量。选择的原则一般是“相对容易，相对巧妙，性价比高”。

1）甲类放大电路的特点

它以牺牲电声转换效率为代价，换取放大信号过程中最低的电路失真。它采用一组放大管放大信号，虽然理论上其效率可达 50%，而实际仅在 30%～40%之间，但已有效避免了分别放大正半周、负半周信号时两组放大管交接信号时所产生的交越失真，从而使音频信号在放大后表现依旧真实、自然。由于失真小，故甲类放大电路常用于信号处理部分的前置信号调整处理电路中和高档机的功率放大部分。在工作过程中，一部分电功率转换成有用的功率信号去推动音箱，而另一部分消耗掉的电功率则转换成热能散发出去，因而一般采用甲类放大电路工作的 AV 功放机都装有散热片。这些散热片常设计在机器的顶盖或机器的左右两侧，呈“非”字形。由于长时间工作，散热片上的温度可高达 50℃。不过，因为电路本身所使用的元器件多是耐热的硅或锗的半导体元器件，可在上百摄氏度的条件下正常工作，故正常使用对于自身和元器件的寿命不会有影响。

2）乙类放大电路的特点

它以牺牲一定程度的音质为代价，换取一定的转换效率。乙类功放的效率平均约为 75%，产生的热量较甲类机低，容许使用较小的散热器。乙类放大电路常采用两组放大管进行推挽式工作，一组负责放大正半周信号，另一组负责放大负半周信号。这样在提高放大效率的同时，引入了信号在两个放大管工作间相互交替时所产生的失真。乙类放大电路对两组放大管的技术参数的一致性要求相当高，为克服产生信号失真较大的缺点，很多功放厂家

设计了多种电路来进行弥补。这些电路的使用，虽然能够起到一定的保真效果，但不能根除乙类放大电路信号失真的问题。故乙类放大电路一般用于功率放大部分或中、低价位的产品中。

3）甲乙类放大电路

结合上述两类放大电路的特点，设计了一个功率限制数值，高输入信号小于该值时，电路自动采用甲类电路放大，以保证小信号放大时失真也相对较小；高输入信号增大或超过设定的数值时，机内就自动切换成乙类放大电路。这样既避免了过多地引起信号失真，又保证了较高的转换效率。在甲类状态下进行放大时，功放的输出始终应小于功率的限制数值，随着信号的加大，功放的输出一旦超过这个限制数值，输出即采用乙类放大模式。由于这种放大模式的放音质量完全能够达到很高的水准，故在中高档次的 AV 功放机或 Hi－Fi 功放机中常采用甲乙类放大电路。

步骤二　认识晶体管功率放大器整机电路图

1. 功率放大器电路组成

音频功率放大器用来对音频信号进行功率放大，在不同的使用场合下由于对输出信号功率等要求的不同，所以采用了不同类型的音频功率放大器。音频功率放大器对信号的功率放大过程是先放大信号的电压，再放大信号的电流，最终达到放大信号功率的目的。
功率放大器电路组成方框图和各部分单元电路的作用如下。

1）方框图

音频功率放大器电路组成方框图如图 2-23 所示。从图中可以看出，这种放大器是一个多级放大器电路，主要由最前面的前置放大器、中间的推动级和最后的功放输出级电路组成。音频功率放大器的负载是扬声器电路，功率放大器的输入信号来自音量电位器动片的信号。

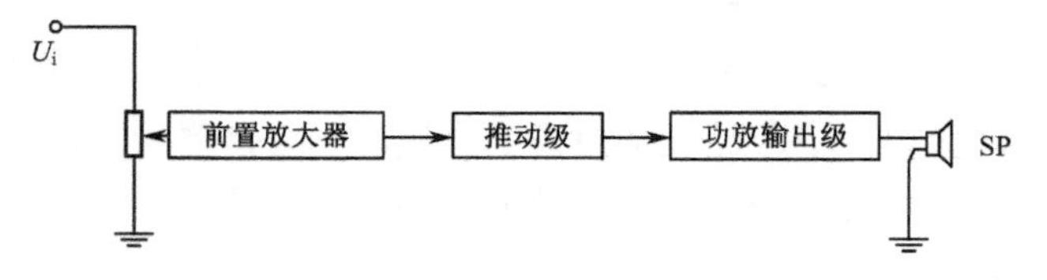

图 2-23　音频功率放大器电路组成方框图

2）前置放大器电路

前置放大器电路根据机器对音频输出功率要求的不同，一般由一级或数级电路组成。前置放大器电路主要用来对输入信号进行电压放大，以便使加到推动级的信号电压达到一定的限度。来自前面的信号源电路虽然也是电压输出信号，它们的电压幅度还是不够大，所以电压通过这里的电压放大器得到进一步放大。前置放大器电路处于音频功率放大器的最前面。

3）推动级放大器电路

推动级放大器电路是用来推动功放输出级的放大器，对信号电压和电流进行同步放大，它工作在大信号放大状态下，该级放大器中的放大管静态电流比较大。

4）功放输出级放大器电路

功放输出级放大器电路是整个功率放大器的最后一级，用来对信号进行电流放大。前置放大器和推动级对信号电压已进行了足够的电压放大，输出级电路再进行电流放大，以达到对信号功率放大的目的，这是因为输出信号功率等于输出信号电流与电压之积。

现代功率放大器电路中的功放输出级分成两级，除输出级之外，在输出级前再加一级末前置，这一级电路的作用是进行电流放大，以便获得足够大的信号电流来推动功率输出级的三极管。这一末前置构成互补电路，与输出末级一起构成复合互补型电路。

2. 各组成电路分解

1）晶体管前置放大电路

前置放大器又称前级放大器，通常设定的放大倍率为 10 倍，所以又称 10 倍放大器，人们将其简称为前置。

在音响系统里，前置放大器所发挥的功能并不复杂，它只负责切换音源、处理信号与控制音量，它是音乐信息在进入后级前的最后电路。它的连接位置介于音源器材与后级放大器之间，故前置放大器所扮演的角色是负责将信号整理与调整。

简单的前置只需要具备音源输入、音源选择、控制音量即可。换言之，简单的前置只要有一个音源切换开关和音量电位器，加上一个机箱及输入、输出端子就行了。复杂的前置集中很多的功能：可以在音源输入电路中，针对每一种输入加上一个缓冲电路，以隔离前置电路与音源之间的缓冲接口；信号经过切换开关之后，则以最复杂、最严谨的处理方式，进入一个庞大的电路架构，包含缓冲、等化、调整等步骤，最后再经过另一级缓冲电路，将阻抗降低之后，才连接到输出端子。

前置电路的基本架构就是：输入→信号切换→左右平衡→音量控制→放大电路→静音开关→输出。

（1）前置放大器功能。前置放大器功能有两个：一是要选择所需要的音源信号，并放大到额定电平；二是要进行各种音质控制，以美化声音。

（2）前置放大器组成。前置放大器的基本组成有：音源选择、输入放大和音质控制等电路。

（3）前置放大器作用。音源选择电路的作用是选择所需的音源信号送入后级，同时关闭其他音源通道。

输入放大器的作用是将音源信号放大到额定电平，通常是 1V 左右。

音质控制的作用是使音响系统的频率特性可以控制，以达到高保真的音质；或者根据聆听者的爱好，修饰与美化声音。

前置放大器的频率响应范围一定要宽阔（5Hz～35kHz 以上），高频越延伸，谐波、泛音、余韵越丰富，高频不出色，中、低频无论多么好，也会影响听感。一台好的前置放大器，首先要做到整个声音的音域要平衡，动态不能过大，也不能太小，声音解析力十分好，这样声音才会通透，音场的结像自然。

本书主要讲解前置放大电路中的输入放大电路。

2）前置放大器的种类

（1）采用共发射极放大的前置电路。

① 电路组成如图 2-24 所示。

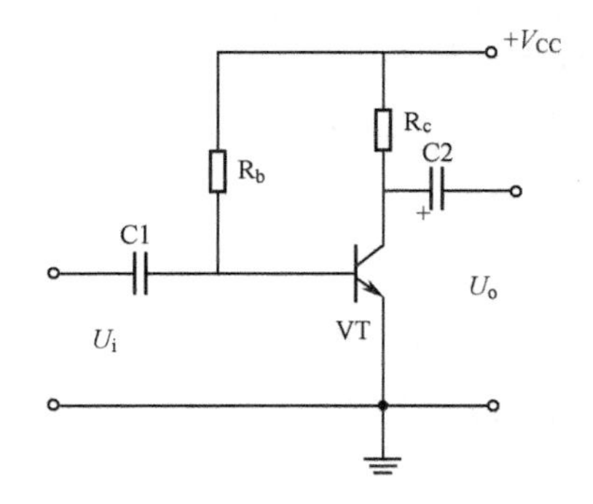

图 2-24　共发射极放大电路

② 各元件作用如下。

三极管 VT：是放大电路的核心元件。利用晶体管在放大区的电流控制作用，即 $I_c=\beta I_b$ 的电流放大作用，将微弱的电信号进行放大。

集电极直流电源 V_{CC}：为放大器提供能量的直流电源，V_{CC} 取值一般为几伏到几十伏。

集电极负载电阻 R_c：将三极管集电极电流的变化转变为电压变化，以实现电压放大，

R_c一般为几千欧姆。

基极偏置电阻 R_b：是偏流电阻，该电阻的作用是为晶体管提供适当的偏置电压，使三极管工作在放大区，R_b一般取几十千欧姆到几百千欧姆。

耦合电容 C1 和 C2：它们的作用是隔离放大器的直流电源对信号源与负载的影响，并将输入的交流信号引入放大器，将输出的交流信号输送到负载上，C1、C2 一般是容量为十几微法到几十微法的有极性的电解电容。

③ 工作原理。U_i直接加在三极管 VT 的基极和发射极之间，引起基极电流 I_b作相应的变化。

通过三极管 VT 的电流放大作用，三极管 VT 的集电极电流 I_c也将变化。

I_c的变化引起三极管 VT 的集电极和发射极之间的电压 u_{ce}变化。

u_{ce}中的交流分量经过 C2 畅通地传送给负载 R_L，成为输出交流电压 u_o，实现了电压放大作用。

④ 放大电路的组成原则。直流电源要设置合适静态工作点，并作为输出的能源。对于晶体管放大电路，电源的极性大小应使晶体管基极与发射极之间处于正向偏置，而集电极与基极之间处于反向偏置，即保证晶体管工作在放大区。

电阻取值得当，与电源配合，使放大管有合适的静态工作电流。

输入信号必须能够作用于放大管的输入回路。

当负载接入时，必须保证放大管输出回路的动态电流能够作用于负载，从而使负载获得比输入信号大得多的信号电流或信号电压。

共发射极放大电路又称为反相放大电路，其特点为：

电压增益大；

输出电压与输入电压反相；

低频性能差，适用于低频；

多级放大电路的中间级。

（2）采用差动放大电路的前置放大电路。

① 差动放大电路的基本形式如图 2-25 所示。

基本形式对电路的要求是：两个电路的参数完全对称，两个三极管的温度特性也完全对称。

基本差动电路的工作原理是：当输入信号 U_i=0 时，两管的电流相等，两管的集电极电位也相等，所以输出电压 $U_o=U_{c1}-U_{c2}=0$。温度上升时，两管电流均增加，则集电极电位均下降，由于它们处于同一温度环境，因此两管的电流和电压变化量均相等，其输出电压仍然为零。

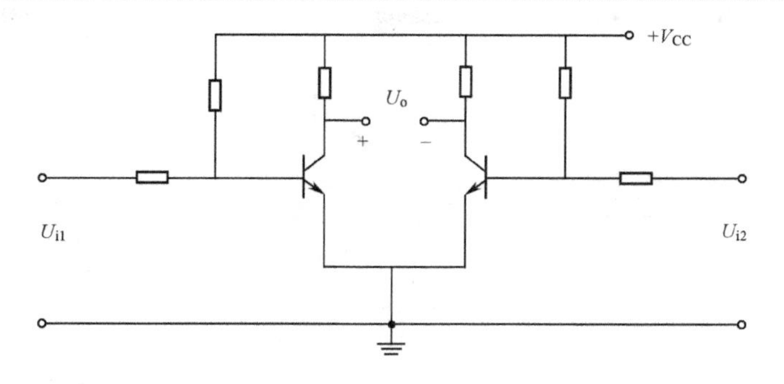

图 2-25　差动放大电路的基本形式

基本差动电路存在如下问题：

电路难于绝对对称，因此输出仍然存在零漂；三极管没有采取消除零漂的措施，有时会使电路失去放大能力；它要对地输出，此时的零漂与单管放大电路一样。

为此我们要学习另一种差动放大电路——长尾式差动放大电路。

② 长尾式差动放大电路。它又被称为射极耦合差动放大电路，如图 2-26 所示。图中的两个三极管通过射极电阻 R_e 和 V_{EE} 耦合。

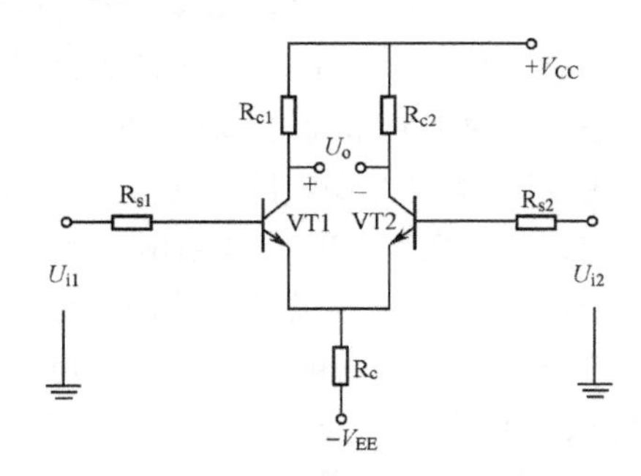

图 2-26　长尾式差动放大电路

③ 恒流源差动放大电路。长尾式差动电路，由于接入 R_e，提高了共模信号的抑制能力，且 R_e 越大，抑制能力越强，但 R_e 增大，使得 R_e 上的直流压降增大，要使三极管能正常工作，必须提高 V_{EE} 的值。因此可用恒流源代替 R_e，它的电路图如图 2-27 所示。

恒流源差动放大电路的运算与长尾式完全一样，只需用 R_{03} 代替 R_e 即可。

总结：差动放大电路电压放大倍数仅与输出形式有关，只要是双端输出，它的差模电压放大倍数就与单管基本的放大电路相同；如为单端输出，则它的差模电压放大倍数是单管基本电压放大倍数的一半，输入电阻都相同。

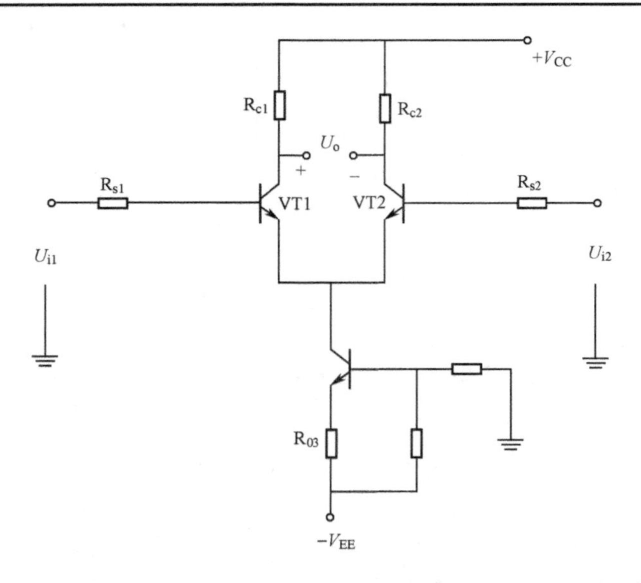

图 2-27　恒流源差动放大电路

④ 采用全对称互补差动放大电路的前置放大电路。全对称互补差动放大电路不同于一般的差动放大电路，它在小信号时工作于甲类状态，而在大信号时工作于推挽状态，所以具有较大的动态范围，且具有较小的失真。电路如图 2-28 所示，其中 VT1、VT2 为 NPN 型管；VT3，VT4 为 PNP 型管，它们均构成差动电路，工作在推挽对称状态。

实际使用时为了改善电路的性能，R2、R3 可改用恒流源电路代替，VT1～VT4 管可改用渥尔曼电路，电路虽然复杂一点，但音质效果更加理想。图 2-28 所示是一个采用全对称互补电路驱动方式的 OCL 功放电路，它是目前中档功放用得较多的一种电路，具有对称性好，频响宽阔，结构简单等特点。其失真度虽不是特别低（0.03%左右），但电路的转换速率、TIM 失真等动态指标却相当好，因而音质很好，是目前制作家用高保真功放的首选电路。电路的第一级采用对称互补差分电路，每管的静态工作电流约 1mA，选用优质低噪声互补管 2SC1815、2SA1015 作互补差分对管，具有较低的噪声和较高的动态范围。第二级电压放大采用互补推挽电路，采用高性能互补对管 2SA180、2SC180，工作电流约为 5mA，两管集电极串接的二极管和电阻为缓冲级提供约 1.6V 的偏置电压。两只互补中功率对管 TIP41C、TIP42C 构成射随缓冲驱动级，增设射随缓冲驱动级是现代 OCL 电路的主要特点之一，它的主电压放大级具有较高的负载阻抗，有稳定和较高的增益。同时它又为输出级提供较低的输出内阻，可加快对输出管结电容 C_{be} 的充电速度，改善电路的瞬态特性和频率特性。该级的工作电流也取得较大，一般为 10～20mA，个别机型甚至高达 100mA，与输出级的静态电流差不多，可使输出级得到充分驱动。其发射极电阻采用了悬浮接法（不接中点），

可迫使该级处于完全的甲类工作状态，同时又为输出级提供了偏置电压。输出级为传统的互补 OCL 电路，采用了 f_T 高达 60MHz 的三肯大功率互补对管 2SC2922、2SA1216，静态电流约为 100mA。输出端与输入级反相输入端接有环路负反馈网络，并将电路增益设定为 31 倍。

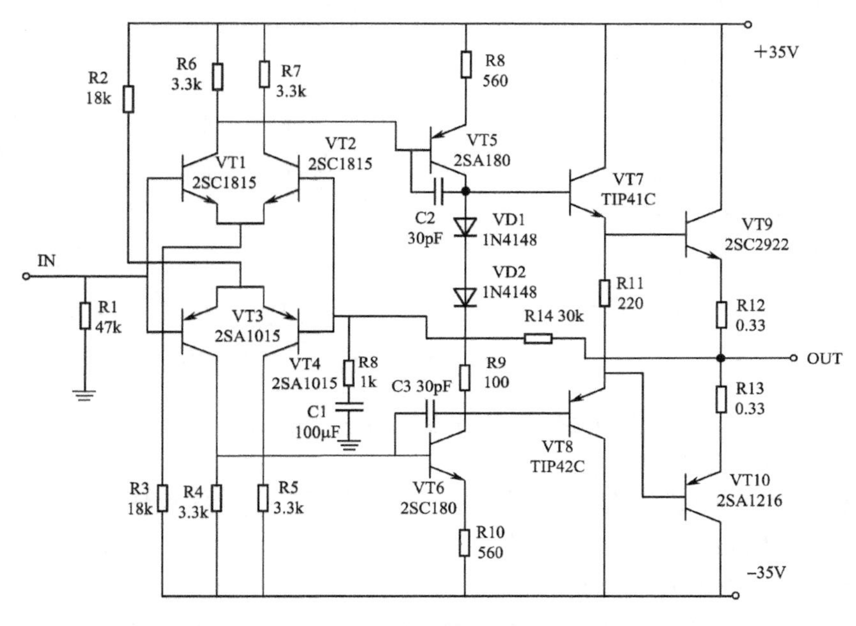

图 2-28　全对称互补差动放大电路

⑤ 采用钻石差动放大电路的前置放大电路。钻石差动放大电路除具有对称互补差动放大电路的优点外，还具有处理较大信号电流的特点，因此，对提高放大电路的转换速率，减小 TIM 失真十分有益。如图 2-29 所示，由 VT1、VT2、VT3、VT4 分别构成 NPN、PNP 对管，由于对管相互之间的交流阻抗是很高的，所以其共模抑制比很大，这与一般互补差分电路无异，但一般差分电路由于常采用恒流源来提高共模抑制比，因此电路的输出电流受到限制。而钻石差动放大电路未采用恒流源电路，在大电流工作时，对角的 VT1、VT4，VT2、VT3 能相互提供电流，最大可提供数十 mA 的电流，比普通电路大一个数量级，使动态指标得以大幅度改善。

⑥ 采用渥尔曼电路的前置放大电路。渥尔曼电路常用来代替一般共发射极放大电路或用来构成性能优良的差动放大电路。其原理图如图 2-30 所示，其中 VT1 为共发射极放大管，VT2 为共基极放大管，构成所谓的“共射共基放大电路”，两者配合使用使前置（共发射极放大电路）密勒电容效应大大降低，改善了前置电路的频率响应；而后级为共基极放大电路，本身具有频率响应优良的特点。所以说，渥尔曼电路具有很好的高频响应，且具有接

近理想的输出线性曲线，从而使电路的失真大大降低。

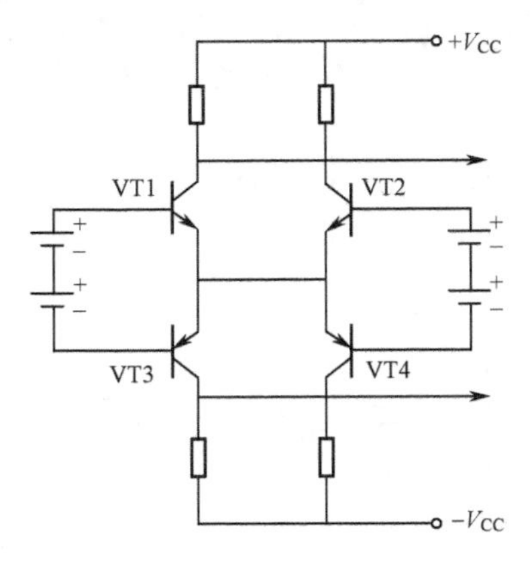

图 2-29　钻石差动放大电路

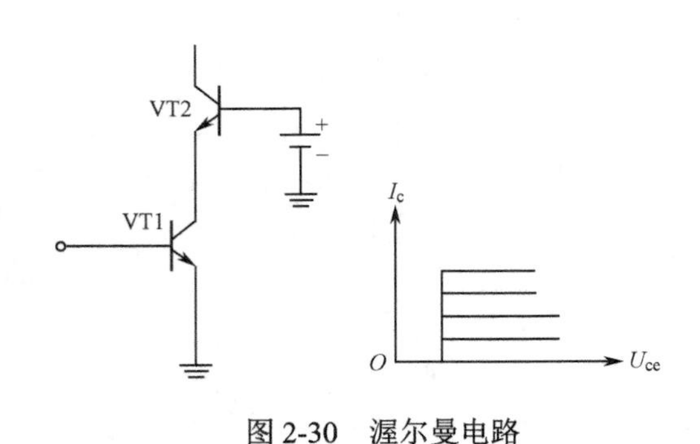

图 2-30　渥尔曼电路

选择理想前置放大器时，需要理解音源输出电压、放大器的输入灵敏度参数，下面分别介绍。

音源输出电压（Output Voltage Of Your Source）：音源输出电压是一个固定电平，这个信号（音乐）驱动着功率放大器的输入级，或者驱动着前级放大器，它依次驱动放大器的前级放大器的输入或功率放大器的输入级。

放大器的输入灵敏度（input sensitivity of an amplifier）：简单地说，放大器的输入灵敏度是指有多少伏的电平信号传送到功率放大器去。任何电压超过这个数量，将会使功率放大器超越实际上的功率，结果令它超负载产生所谓的“削波（clipping）”。

事实上大多数的情况下，建议选用前级放大器。因为前置放大器所扮演的角色是负责将信号进行整理与调整。

3. 电压放大级

1）电压放大级的任务

主要是放大前置放大级送来的微弱信号，使负载得到不失真的电压信号，它主要考虑电路的电压增益、输入和输出阻抗。

2）电压放大级的类型

（1）最简单的电压放大电路如图 2-31 所示，它在低档次的功放中广泛应用。由差动级送来的信号经单管放大后从集电极输出，经电阻和二极管分压后送往下级。

（2）复合管放大方式如图 2-32 所示。

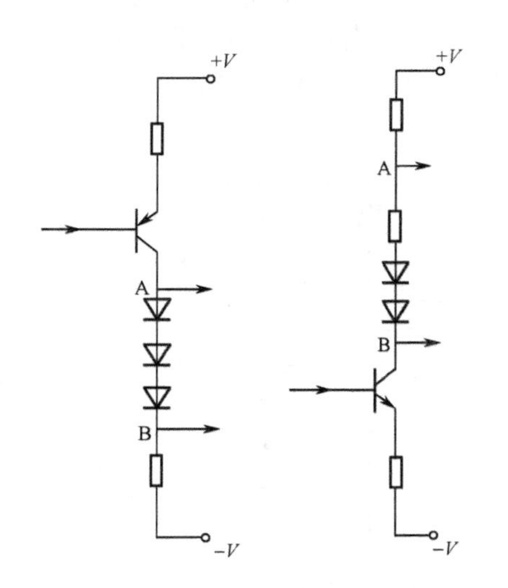

图 2-31　单差动输入单管电压放大

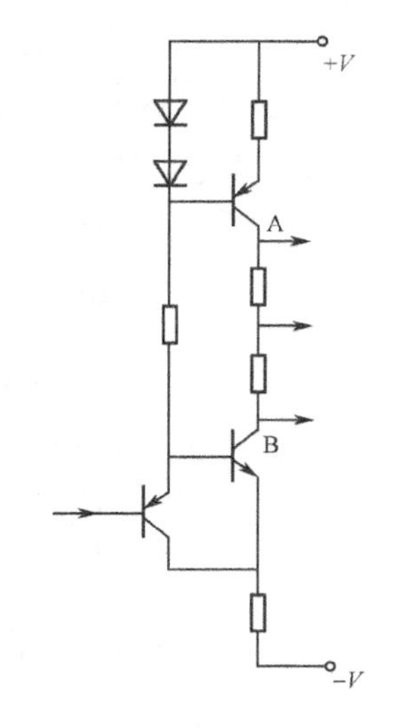

图 2-32　单差动输入复合管电压放大

（3）差动放大方式如图 2-33 所示。后两种电路都加进恒流源作为集电极负载，提高后级电路的稳定性。这三种电压放大电路都是配合单差动输入电路的。

（4）双差动输入方式电压放大级的基本电路如图 2-34 所示。极性不同的两个三极管分别对来自不同极性的差动级集电极信号进行再次放大。

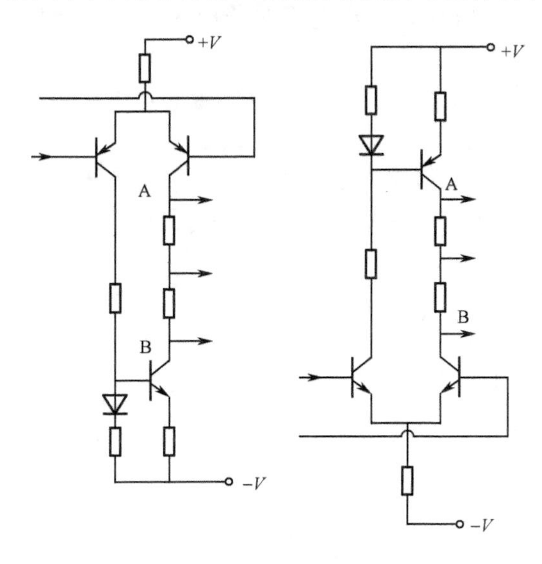

图 2-33　单差动输入差动电压放大

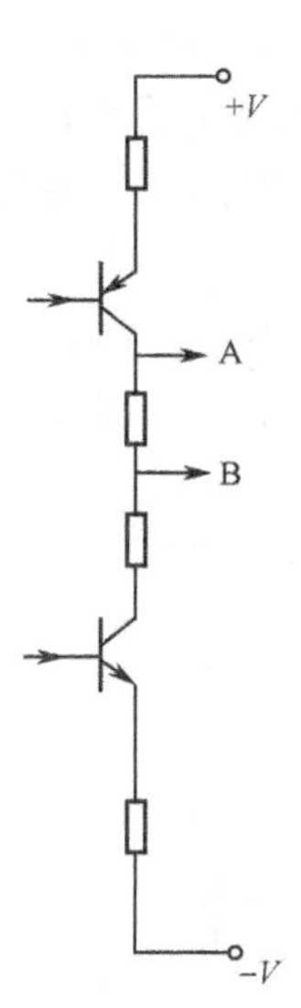

图 2-34　双差动输入电压放大基本电路

（5）共射共基电压放大电路如图 2-35 和图 2-36 所示，在一些高档机和专业功放中常采用共射共基放大电路，该放大器能改善放大器的线性和展宽频带。该部分电路也工作在甲类状态，be 结电压在 0.6V 左右。

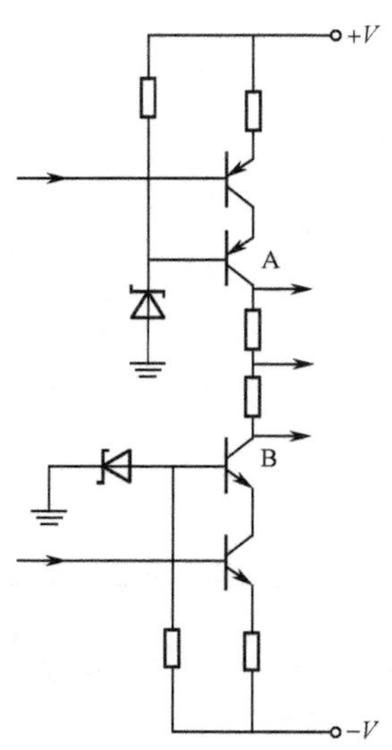

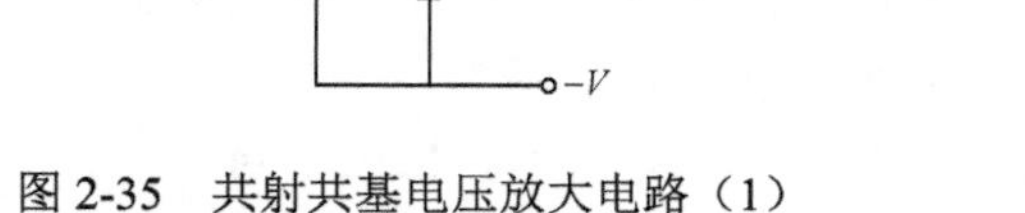

图 2-35　共射共基电压放大电路（1）

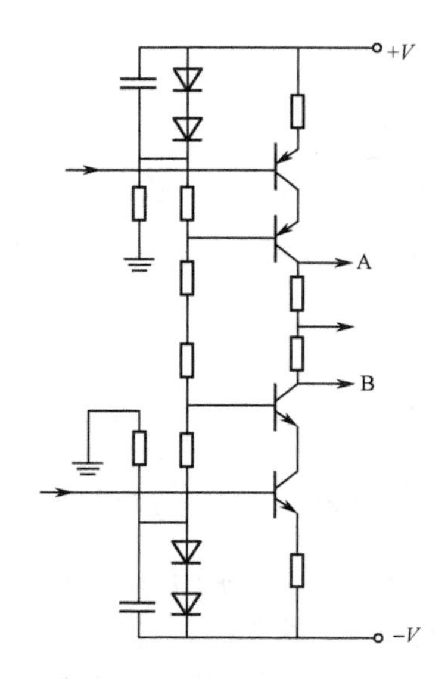

图 2-36　共射共基电压放大电路（2）

电压放大级与电流放大级是直接耦合的，电压放大管集电极接着电流放大管基极，电流放大管的偏置就由前级电路提供。

如图 2-37 所示是最基本的偏置电路，这部分电路本身是电压放大管的集电极负载，通过电阻分压和二极管钳位为后级提供合适的偏置电压。

如图 2-38～图 2-43 所示是由三极管构成的恒压偏置电路，确保了后级偏置稳定。六种电路虽然有区别，但基本原理一样。恒压管处于良好的导通状态，其 be 结电压在 0.6V 左右。

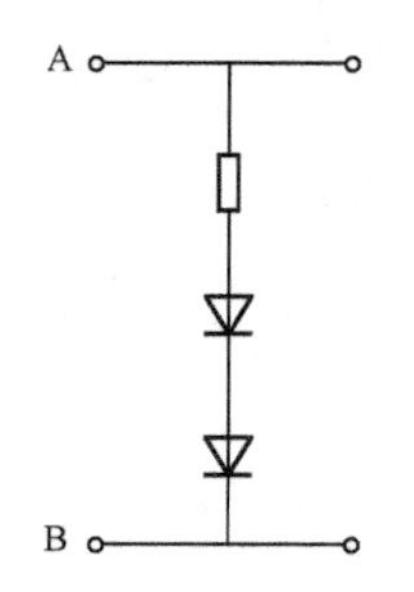

图 2-37　基本偏置电路

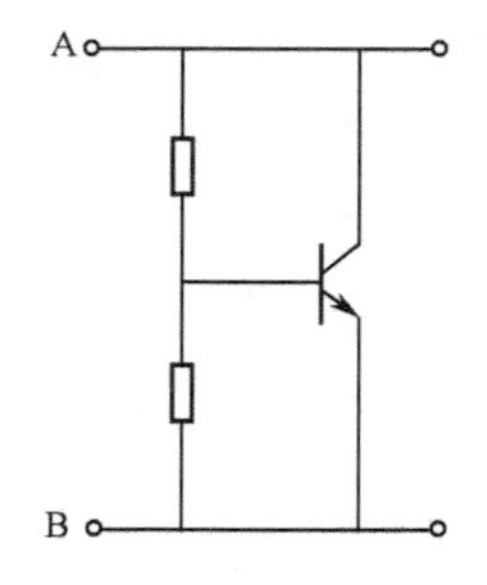

图 2-38　恒压偏置电路（1）

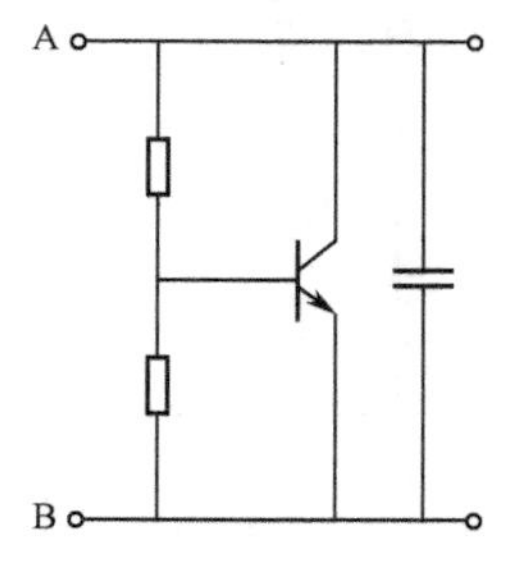

图 2-39　恒压偏置电路（2）

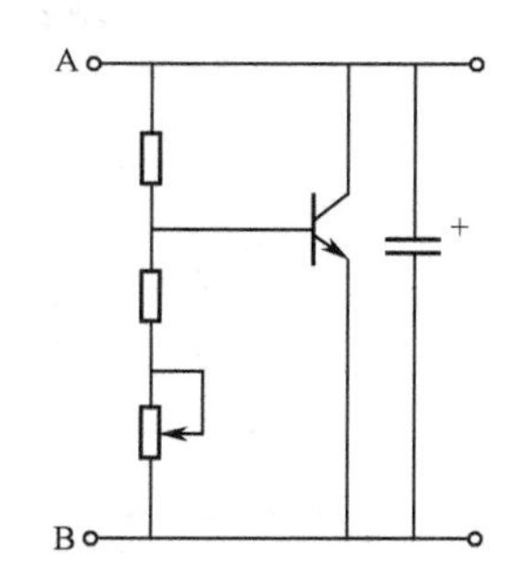

图 2-40　恒压偏置电路（3）

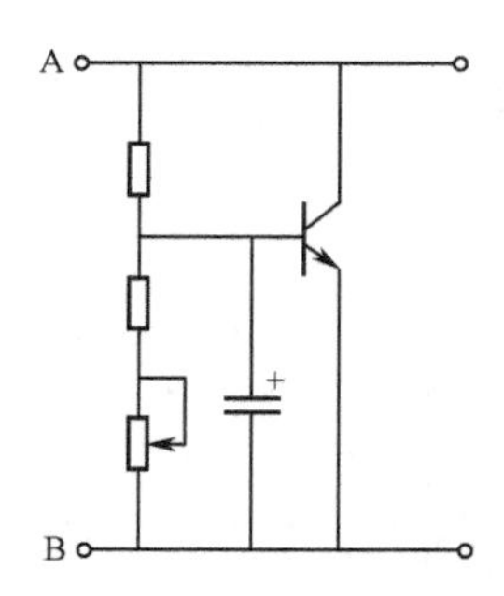

图 2-41　恒压偏置电路（4）

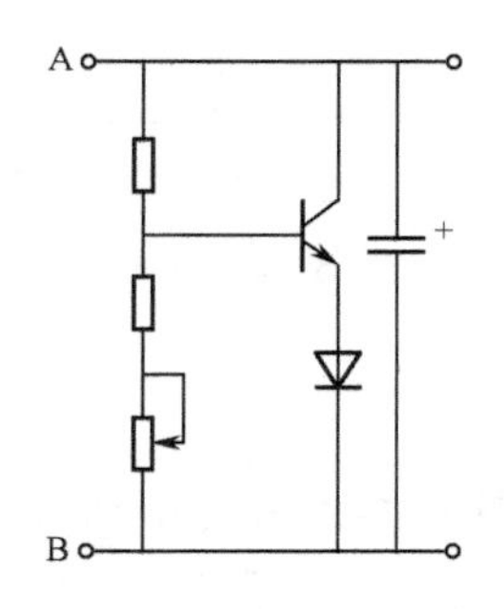

图 2-42　恒压偏置电路（5）

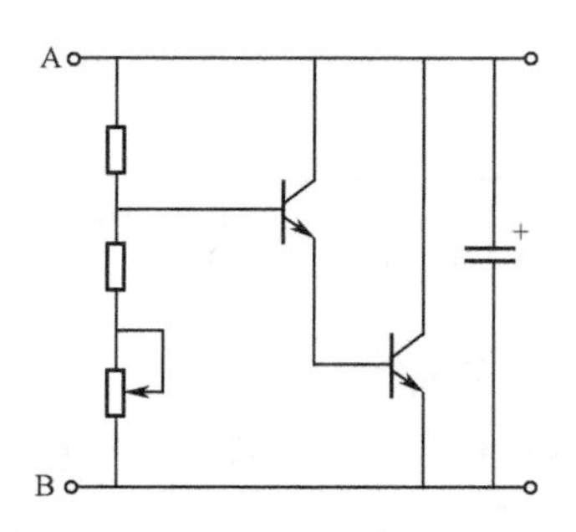

图 2-43　恒压偏置电路（6）

较多功放电路采用如图 2-40 所示的恒压偏置电路，调整图中可调电阻可改变后级的偏置电压和静态电流，也可通过调整此可调电阻实现整机由甲乙类向纯甲类的转换。

4．晶体管输出放大电路

1）功率放大器电路的种类

功率放大器电路的划分主要是由功放级输出电路形式来决定的，常见的音频功率放大器主要有下列几种。

（1）变压器耦合甲类放大器电路主要用于电子管放大器中。

（2）变压器耦合推挽功率放大器电路主要用于一些输出功率较大的电子管放大器中。

（3）OTL 功率放大器电路主要用于一些输出功率较小的放大器中。

（4）OCL 功率放大器是一种常用的放大器电路，常用于一些输出功率要求较大的功率放大器中。图 2-44 所示为 OCL 功率放大器。

（5）BTL 功率放大器电路主要用于一些要求输出功率更大的场合。

（6）OTL、OCL 和 BTL 功率放大器电路主要用于晶体管放大器中。图 2-45 所示为

OTL 功率放大器。

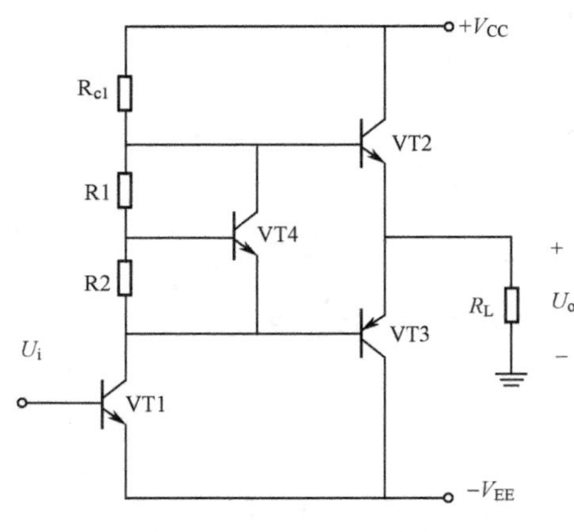

图 2-44　OCL 功率放大器

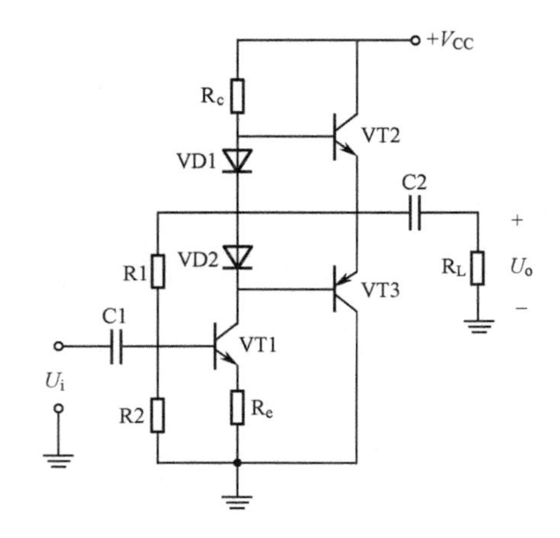

图 2-45　OTL 功率放大器

2）功率放大器的类型

根据三极管在放大信号时的信号工作状态和三极管静态电流大小划分，放大器电路主要有三种类型：一是甲类放大器电路，二是乙类放大器电路，三是甲乙类放大器电路。

除上述三种放大器电路之外，还有超甲类等许多种放大器电路。音响系统中由于不允许存在信号的非线性失真，所以只用甲类放大器电路和甲乙类放大器电路。

（1）甲类放大器。甲类放大器就是给放大管加入合适的静态偏置电流，使三极管在静态处于放大状态，这样用一只三极管同时放大信号的正、负半周。在功率放大器电路中，功放输出级中的信号幅度已经很大，如果仍然让信号的正、负半周同时用一只三极管来放大，则这种电路称为甲类放大器。

在功放输出级放大器电路中，甲类放大器的功放管静态工作电流设置比较大，要设在放大区的中间，以便给信号正、负半周有相同的线性范围，这样当信号幅度太大时（超出放大管的线性区域），信号的正半周进入三极管饱和区而被削波，信号的负半周进入截止区而被削波，此时对信号正半周与负半周的削波量是相同的。甲类放大器电路的主要特点如下。

① 在音响系统中，甲类功率放大器的音质最好。由于信号的正、负半周用一只三极管来放大，信号的非线性失真很小，这是甲类功率放大器的主要优点。

② 信号的正、负半周用同一只三极管放大，使放大器的输出功率受到了限制，即一般情况下甲类放大器的输出功率不可能做得很大。功率三极管的静态工作电流比较大，在没有输入信号时直流电源的消耗就比较大。

（2）乙类放大器。所谓乙类放大器就是不给三极管加静态偏置电流，且用两只性能对

称的三极管来分别放大信号的正半周和负半周，正、负半周信号在放大器的负载上再将正、负半周信号合成一个完整的周期信号。

由于这种放大器没有给功放输出管加入静态电流，它会产生交越失真，这种失真是非线性失真的一种，对声音的音质破坏严重。所以，乙类放大器电路是不能用于音频放大器电路中的。

（3）甲乙类放大器。为了克服交越失真，必须使输入信号避开三极管的截止区，可以给三极管加入很小的静态偏置电流，以使输入信号叠加在很小的静态偏置电流上，这样可以避开三极管的截止区，使输出信号不失真。甲乙类放大器电路的主要特点如下。

① 这种放大器同乙类放大器电路一样，也是用两只三极管分别放大输入信号的正、负半周，但给两只三极管加入了很小的静态偏置电流，以使三极管刚刚进入放大区。

② 由于给三极管所加的静态直流偏置电流很小，所以在没有输入信号时放大器对直流电源的消耗比较小（比起甲类放大器要小得多），这样具有乙类放大器的省电优点，同时因加入的偏置电流克服了三极管的截止区，对信号不存在失真，又具有甲类放大器无非线性失真的优点。所以，甲乙类放大器具有甲类和乙类放大器的优点，同时克服了这两种放大器的缺点。正是由于甲乙类放大器无交越失真，又具有输出功率大和省电的优点，所以被广泛地应用于音频功率放大器电路中。

当这种放大电路中的三极管静态直流偏置电流太小或没有时，就成了乙类放大器，将产生交越失真。

（4）推挽放大器。在功率放大器中大量采用推挽放大器电路，这种电路中用两只三极管构成一级放大器电路，两只三极管分别放大输入信号的正半周和负半周，即用一只三极管放大信号的正半周，用另一只三极管放大信号的负半周，两只三极管输出的半周信号在放大器负载上合并后得到一个完整的输出信号。

推挽放大器电路中，一只三极管工作在导通、放大状态时，另一只三极管处于截止状态，当输入信号变化到另一个半周后，原先导通、放大的三极管进入截止状态，而原先截止的三极管进入导通、放大状态，两只三极管在不断地交替导通放大和截止变化，所以称为推挽放大器。

推挽功放理想的最大效率状态应该工作在乙类状态，在这种工作状态下，每个功率管都处在导通—截止—导通的状态中，都只工作 180°。两个 180° 合成一个 360° 的完整波形。它的优点是晶体管是从截止点开始向增大电流方向工作的，放大倍数很高，因此也就省电，效率高；它的缺点是存在非线性失真和交越失真。

① 甲类工作状态，晶体管的导通角$\theta=2\pi$，最大效率为 50%。

② 乙类工作状态，晶体管的导通角$\theta=\pi$，最大效率为 78.5%。

③ 甲乙类工作状态，晶体管的导通角$\pi<\theta<2\pi$，最大效率介于甲类和乙类之间。

（5）互补推挽放大器。互补是通过采用两种不同类型的三极管，用一个信号来激励两只不同类型的三极管，这样可以不需要两个大小相等、相位相反的激励信号。互补推挽电路示意图如图 2-46 所示。电路中，VT1 是 NPN 型三极管，VT2 是 PNP 型三极管，两只三极管的基极相连，在两管的基极加一个音频 U_i 作为输入信号。

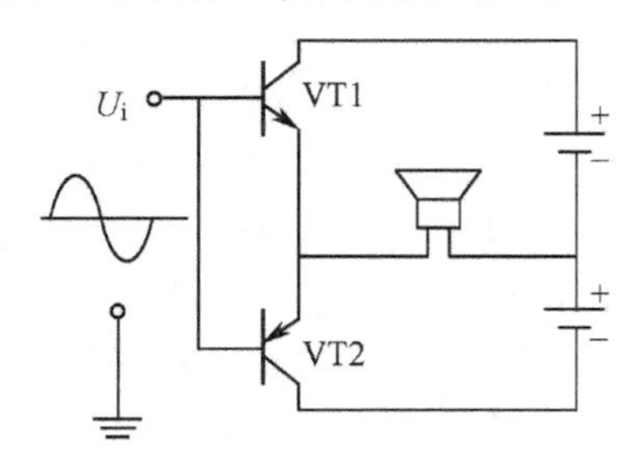

图 2-46　互补推挽放大器

从图 2-46 中可看出，两管基极和发射极并联，由于两只三极管的极性不同，基极上的输入信号电压对两管而言一个是正向偏置，一个是反向偏置。当输入信号为正半周时，两管基极同时电压升高，此时输入信号电压给 VT1 管加上正向偏置电压，所以 VT1 管进入导通和放大状态。由于基极电压升高，对 VT2 管来讲加上反向偏置电压，所以 VT2 管处于截止状态。

输入信号变化到负半周后，两管基极同时电压下降，给 VT2 管正向偏置，使 VT2 管进入导通和放大状态，而 VT1 管又进入截止状态。

这种利用 NPN 型和 PNP 型三极管的互补特性，用一个信号来同时激励两只三极管的电路，称为“互补”电路，由互补电路构成的放大器称为互补放大器电路。由于 VT1 和 VT2 管工作时，一只三极管导通、放大，另一只三极管截止，工作在推挽状态，所以称为互补推挽放大器。

步骤三　晶体管功率放大器电路工作原理分析

1. 功率放大器工作原理分解

1）OTL 功率放大器

OTL 是英文 Output Transformer Less 的简写，意思是无输出变压器。OTL 功率放大器就是没有输出耦合变压器的功率放大器电路。OTL 功率放大器大多数采用互补推挽输出级电路。

OTL 电路的主要特点有：采用单电源供电方式，输出端直流电位为电源电压的一半；输出端与负载之间采用大容量电容耦合，扬声器一端接地，具有恒压输出特性；允许选择负载；最大输出电压的振幅为电源电压的一半。

如图 2-47 所示为互补对称式 OTL 功率放大电路。VT2 为一只 NPN 型功率晶体管，VT3 为一只 PNP 型晶体管，它们组成互补推挽输出管，VT1 为推动电压放大激励管。信号经过 C1 耦合送入 VT1 进行倒相放大后，从 VT1 集电极输出的信号正半周使 VT2 导通，负半周则使 VT3 导通，经过放大后的信号通过电容 C3 后输出至扬声器。

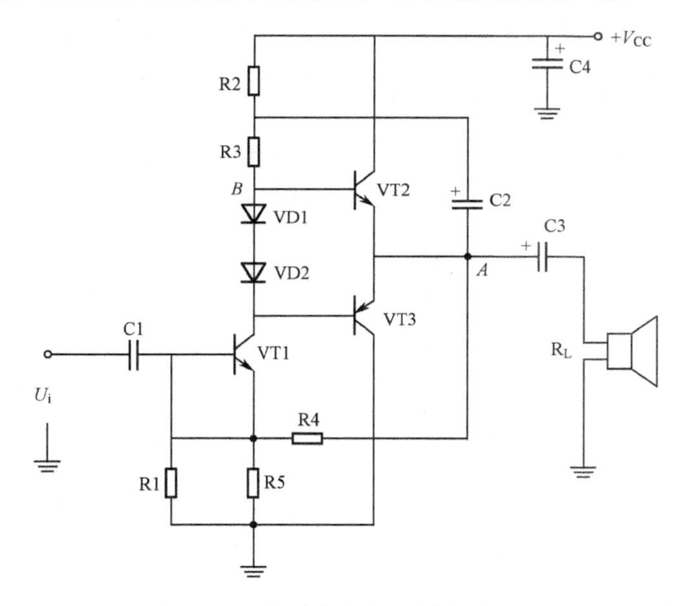

图 2-47　互补对称式 OTL 功率放大器

电路中电容 C2 为自举电容，它和 R2 及 R3 组成自举电路，使 *B* 点的电位随输出中点 *A* 电压的增高而增高，避免了强信号时的饱和，扩大了电路的动态范围；VD1、VD2 为输出管 VT2、VT3 提供双偏置；R4 为电压负反馈，与 R1 组成 VT1 的直流偏置电路，一是为 VT1 提供直流静态工作电压，二是稳定 VT1 的工作点。

2）OCL 功率放大器

OCL 是英文 Output Capactor Less 的简写，其意思为无输出电容，即没有输出耦合电容的功率放大器。

OCL 电路的主要特点有：采用正负电源供电方式，输出端直流电位为零；由于没有输出电容，低频特性很好；扬声器一端接地，一端直接与放大器输出端连接，因此必须设置保护电路；具有恒压输出特性；允许选择负载；在较低的供电电压的情况下，可以获得较大的功率输出。

OCL 功率放大器如图 2-48 所示。VT1 和 VT2 组成差动放大器，VT3 为推动激励管，VT4、VT5 为互补推挽输出管。当输入信号的正半周输入 VT1 的基极时，经过差动放大电路后再输出至 VT3 基极。此信号为倒相信号，经过 VT3 再次倒相放大后，输送至 VT4 基极，使 VT4 导通。当输入至 VT1 基极的信号是负半周信号时，则经过倒相放大后使 VT5 导通，这样在扬声器上就得到一个完整的全波信号。R5 为负反馈电阻，它具有较大的直流负反馈作用，使 VT1～VT5 的工作处于稳定状态，并使输出端的静态电压稳定于 0V。

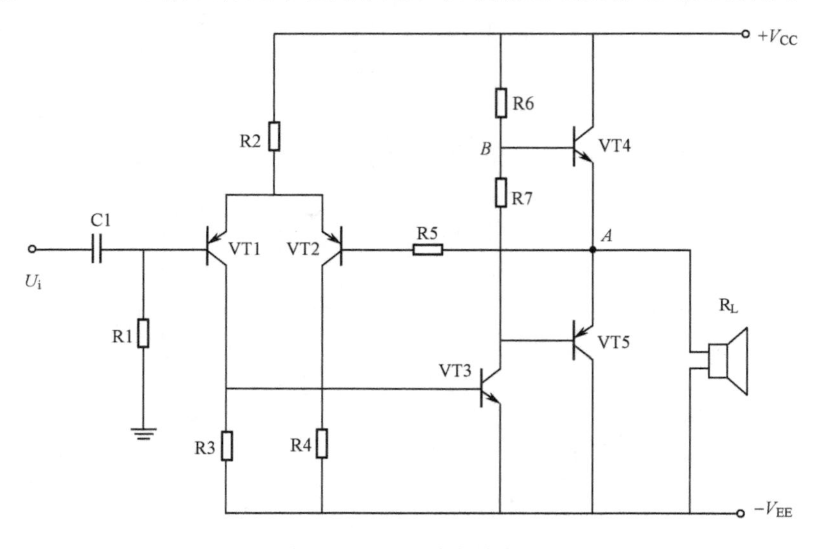

图 2-48　OCL 功率放大器

3）BTL 功率放大器

两个相同的 OCL、OTL 功放组成差分电路，又称为桥接推挽式放大器。

对角位置上的晶体管工作状态相同，VT1、VT4 导通时，VT2、VT3 截止，反之亦然。在同样电源电压和负载情况下，输出信号幅度是 OCL 功放的 2 倍，OTL 功放的 4 倍；输出功率分别为 OCL 功放的 4 倍，OTL 功放的 16 倍，电源在整个周期内都工作，功率得到充分利用，最高效率仍为 78.5%。BTL 功放可用单、双电源供电。如图 2-49 所示为双电源供电 BTL 电路；图 2-50 所示为单电源供电 BTL 电路。

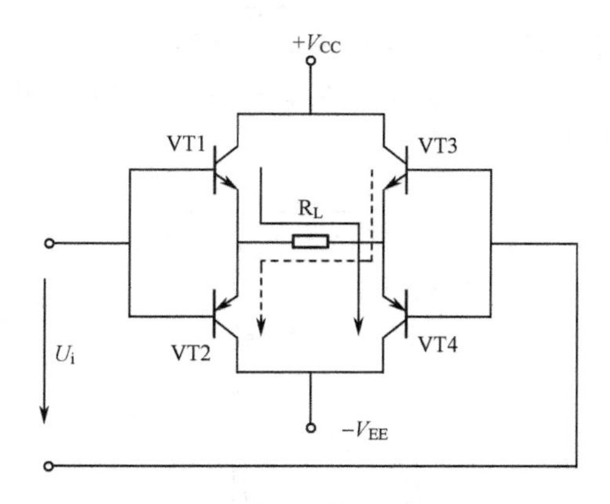

图 2-49　双电源供电 BTL 电路

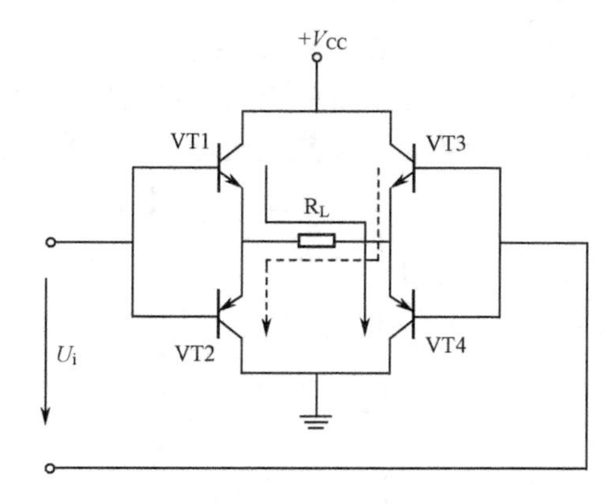

图 2-50　单电源供电 BTL 电路

2. 电流放大和功率输出级

1）电流放大级的电路连接形式

（1）电流放大管射级电阻悬浮方式电路。如图 2-51、图 2-52 所示，在强弱信号变化时发射极电位会随之浮动，有利于克服交越失真和削顶失真。

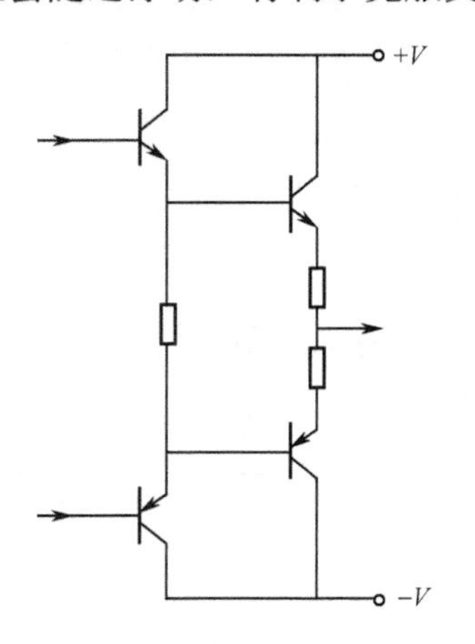

图 2-51　推动与输出级（1）

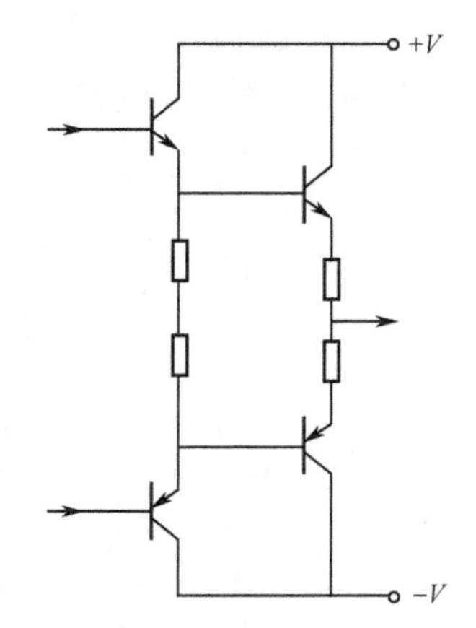

图 2-52　推动与输出级（2）

（2）两个发射极电阻与输出中点连接。如图 2-53 所示，有利于中点平衡。

三种电路几乎为绝大多数功放所采用。发烧级功放电流放大级和功率输出级均处于甲类状态，一般家用卡拉 OK 机和演出专业功放电流放大管 be 结电压都调整在 0.6V 左右；功率管则处于乙类状态，be 结电压仅有 0.5V。

如图 2-54 所示是末级采用场效应管的功放电路。场效应管属电压驱动器件，可减轻推动管在大功率输出时的负荷。场效应管输出电流大，带负载能力强，这是一些专业功放选用的原因。场效应管偏置电压比三极管高，在 1.8V 左右。

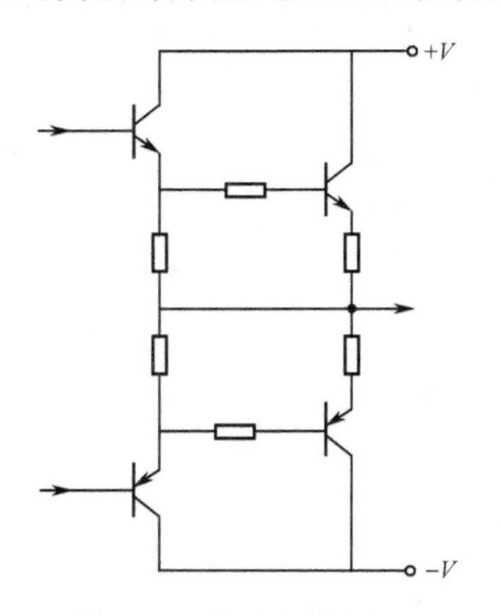

图 2-53　推动与输出级（3）

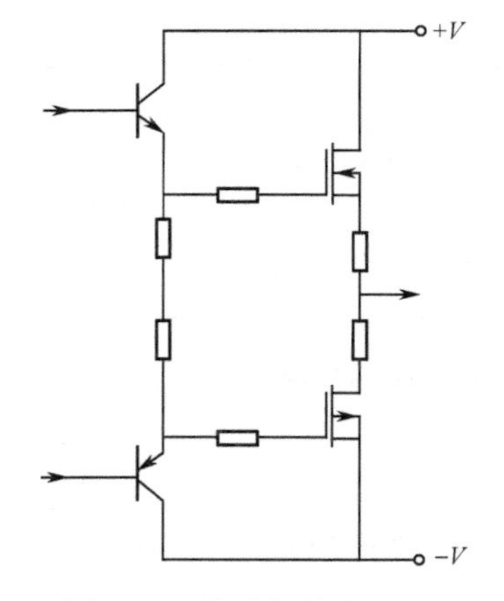

图 2-54　推动与输出级（4）

（3）采用同极性 NPN 型功率管的准互补 OCL 电路。如图 2-55 所示，是将标准 OCL 电路 PNP 型推动管的发射极电阻移到集电极与负电源之间，原发射极电阻处加一个 100Ω左右的反馈补偿电阻，将原图 PNP 型功率管换成 NPN 型管，基极改接在下推动管的集电极，集电极和发射极电阻接入电路的位置互换。

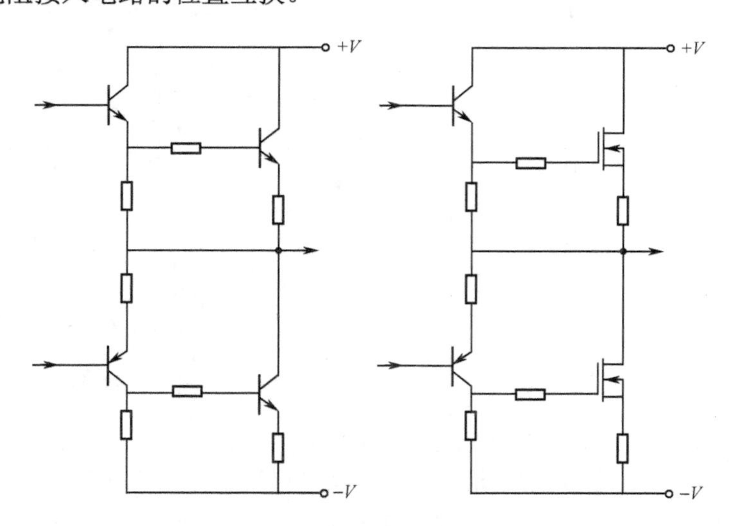

图 2-55　推动与输出级（5）

2）功率管集电极输出电路

如图 2-56 所示，集电极输出具有电压放大作用，在采用 OCL 电路的新型扩音机中广泛应用。电流放大管多使用 C2073、A940、TIP41、TIP42、D669、B649 这类中功率管。

如图 2-57 所示是基本互补对称型 OCL 电路，图 2-58 所示是采用准互补 OCL 电路的功放电路图，通过对比可看出它们之间的区别。

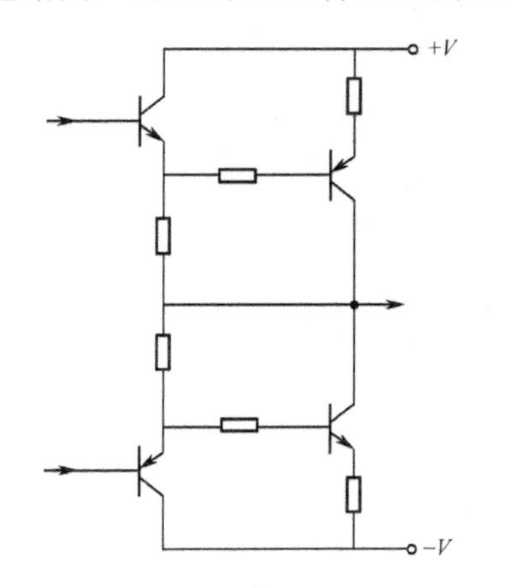

图 2-56　推动与输出级（6）

图 2-57　基本互补对称型 OCL 电路

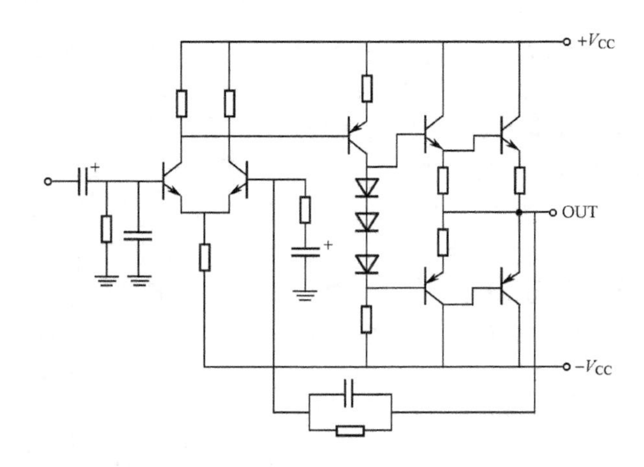

图 2-58　功放电路

3. 晶体管功率放大器典型电路分析

1）差动前置分立元件功率放大器（如图 2-59 所示）

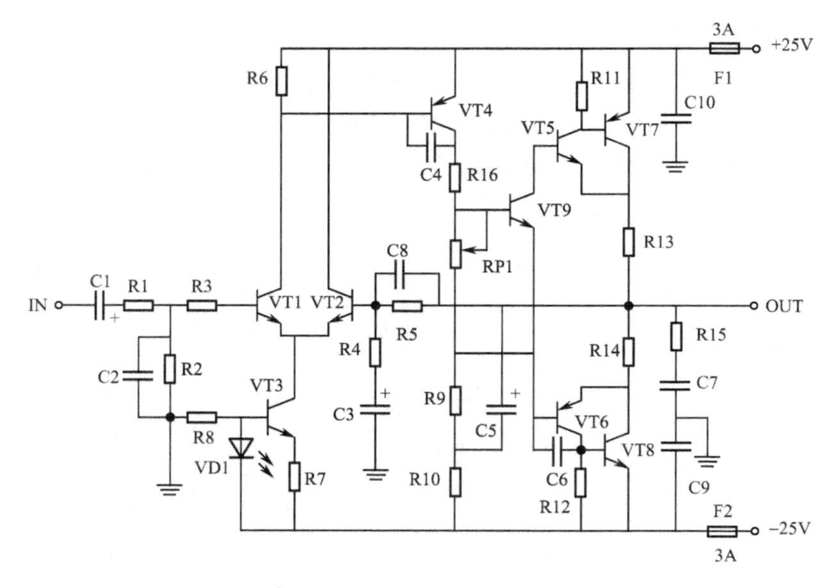

图2-59 差动前置分立元件功率放大器

（1）电路组成。VT1、VT2 构成前置差动放大电路；VT4 组成电压推动放大电路；VT5 和 VT7、VT6 和 VT8 构成复合管组成功放输出级电路；VT3、R7、VD1、R8 组成恒流源电路；VT9、R16、RP1 构成恒压偏置电路；R5、R4、C3 构成交流负反馈电路，决定整机的闭环增益。其中，C3 为交流负反馈提供通路；C8 接在反馈电阻 R5 两端，为相位补偿电容，用来滞后补偿，以抑制电路自激振荡。R15、C7 构成茹贝尔电路，该容性网络与扬声器感性阻抗并联后，可使功放的负载接近纯阻性质，不仅可以改善音质，防止高频自激，还能保护功放输出管。C4、C6 分别跨接在 VT4、VT6 的 c、b 极间，是消振电容（也称中和电容或超前补偿电容），用来抑制电路振荡，进行相位补偿，以消除电路高频自激振荡。

（2）信号流程。音频信号经 C1 耦合，R1、C2 组成低通滤波电路，限制电路的通频带，将无用的音频范围以外的高频信号滤掉，提高电路的稳定性，抑制电路的高频噪声和自激。R1、R2、R3 电阻分压输入到 VT1、VT2 进行放大，从 VT1 集电极输出倒相的音频信号再送到 VT4 做进一步的电压放大，最后由 VT5 和 VT7、VT6 和 VT8 构成复合管的输出级电路进行功率放大，经 R15、C7 组成茹贝尔网络，最后送到扬声器发声。

2）全对称工作方式分立元件功率放大器（如图 2-60 所示）

本电路采用全对称工作方式，使音频信号正、负半周均工作在最佳状态。

正常工作时：正半周经 VT3、VT4 放大后送到 VT7、VT8 做电流放大，VT10 做输出级的功率放大器，负半周经 VT1、VT2 放大后送到 VT5、VT6 做电流放大，VT9 做输出级的

功率放大器。本电路独特之处是差动放大器反馈输入端各取自于功放末级，并且反馈输入放大器 VT2、VT4 采用的供电电源是通过 ZD1、ZD2 稳压后的低电压，而信号放大器 VT1、VT3 采用的供电电源是高电压，这样做对提高输入信号的动态范围，减小失真十分有利。

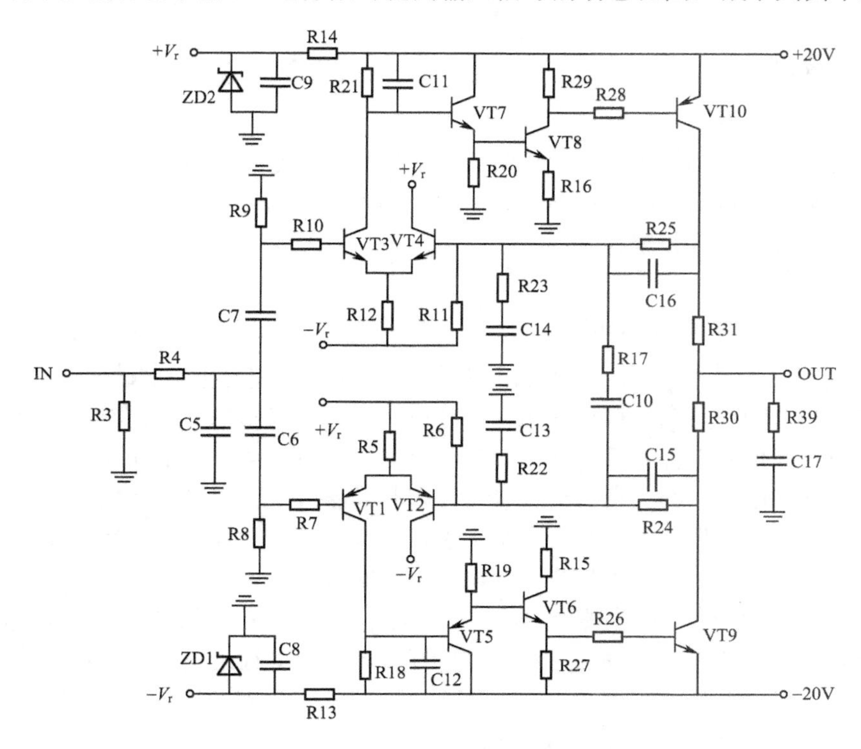

图 2-60　全对称工作方式分立元件功率放大器

任务三　安装与调试晶体管功率放大电路

☆ **本任务内容提要：**

本任务主要讲了三个方面的知识：组装、焊接、调试，进一步理解晶体管功率放大器的基本原理以及安装工艺要求。

☆ **本任务学习目的：**

强化动手能力，学会基本的测试以及整机调试步骤。最终让作品发挥它应有的功能。激发学生对电子电路学习的兴趣和培养其对无线电的爱好。

步骤一 安装电路

1. 安装电路要求

（1）注意器件极性。
（2）注意信号之间的相互干扰，按照信号流程布局，连线最短。
（3）做好输入、输出、电源和其他必要的关键点标示。
（4）布局合理、美观、整齐。

2. 印制电路板的设计方法和原则

一台性能优良的功放，除了选择高质量的元器件、合理的电路外，印制线路板的组件布局和电气联机方向的正确结构设计是决定功放能否可靠工作的一个关键问题，对同一种组件和参数的电路，由于组件布局设计和电气联机方向的不同会产生不同的结果，其结果可能存在很大的差异。因而，必须把如何正确设计印制线路板组件布局的结构和正确选择布线方向及整体功放的工艺结构三方面联合起来考虑，合理的工艺结构，既可消除因布线不当而产生的噪声干扰，同时便于生产中的安装、调试与检修等。

每一种功放的结构必须根据具体要求（电气性能、整机结构安装及面板布局等要求），采取相应的结构设计方案，并对几种可行设计方案进行比较和反复修改。

3. 印制板电源、地线的布线结构选择

系统结构：模拟电路和数字电路在组件布局图的设计和布线方法上有许多相同和不同之处。模拟电路中，由于放大器的存在，由布线产生的极小噪声电压都会引起输出信号的严重失真；在数字电路中，TTL 噪声容限为 0.4～0.6V，CMOS 噪声容限为 V_{CC} 的 0.3～0.45 倍，故数字电路具有较强的抗干扰能力。良好的电源和地线方式的合理选择是功放可靠工作的重要保证，相当多的干扰源是通过电源和地线产生的，其中地线引起的噪声干扰最大。

4. 印制电路板图设计的基本原则、要求

印制电路板的设计从确定板的尺寸大小开始，印制电路板的尺寸因受机箱外壳大小限制，以能恰好安放入外壳内为宜；其次，应考虑印制电路板与外接元器件（主要是电位器、插口或另外印制电路板）的连接方式。印制电路板与外接组件一般是通过塑料导线或金属隔离线进行连接的，但有时也设计成插座形式，即在设备内安装一个插入式印制电路板要留出

充当插口的接触位置。

对于安装在印制电路板上的较大的组件，要加金属附件固定，以提高抗振、抗冲击性能。

（1）布线图设计的基本方法。首先需要对所选用组件及各种插座的规格、尺寸、面积等有完全的了解；对各部件的位置安排作合理的、仔细的考虑，主要是从电磁场兼容性、抗干扰的角度，走线短，交叉少，电源、地的路径及去耦等方面考虑。各部件位置定出后，就是各部件的联机，按照电路图连接有关引脚，完成的方法有多种，印制线路图的设计有计算机辅助设计与手工设计两种方法。

最原始的是手工排列布图。这比较费事，往往要反复几次，才能最后完成，这在没有其他绘图设备时可以使用。这种手工排列布图方法对刚学习印制电路板图的设计者来说也是很有帮助的。

计算机辅助制图，现在有多种绘图软件，功能各异，优点是绘制、修改较方便，并且可以存盘储存和打印。接着，确定印制电路板所需的尺寸，并按原理图，将各个元器件位置初步确定下来，然后经过不断调整使布局更加合理，印制电路板中各组件之间的接线安排方式如下。

印制电路中不允许有交叉电路，对于可能交叉的线条，可以用“钻”、“绕”两种办法解决。即让某引线从别的电阻、电容、三极引脚下的空隙处“钻”过去，或从可能交叉的某条引线的一端“绕”过去，在特殊情况下如果电路很复杂，为简化设计也允许用导线跨接，解决交叉电路问题。

（2）电阻、二极管、管状电容器等组件有“立式”、“卧式”两种安装方式。立式指的是组件体垂直于电路板安装、焊接，其优点是节省空间；卧式指的是组件体平行并紧贴于电路板安装、焊接，其优点是组件安装的机械强度较好。这两种不同的安装组件，印制电路板上的组件孔距是不一样的。

（3）同一级电路的接地点应尽量靠近，并且本级电路的电源滤波电容也应接在该级接地点上。特别是本级晶体管基极、发射极的接地点不能离得太远，否则因两个接地点间的铜箔太长会引起干扰与自激。采用这样“一点接地法”的电路，工作较稳定，不易自激。

（4）强电流引线（公共地线、功放电源引线等）应尽可能宽些，以降低布线电阻及其电压降，可减少寄生耦合而产生的自激。

（5）阻抗高的走线尽量短，阻抗低的走线可长一些，因为阻抗高的走线容易吸收信号，引起电路不稳定。电源线、地线、无反馈组件的基极走线、发射极引线等均属低阻抗走线，射极跟随器的基极走线、两个声道的地线必须分开，各自成一路，一直到功放末端再合起来，如两路地线连来连去，极易产生串音，使分离度下降。

5. 印制电路板图设计中的注意事项

布线方向：从焊接面看，组件的排列方位尽可能保持与原理图一致，布线方向最好与电路图走线方向一致，因生产过程中通常需要在焊接面进行各种参数的检测，故这样做便于生产中的检查、调试及检修（注：指在满足电路性能及整机安装与面板布局要求的前提下）。

各组件排列、分布要合理和均匀，力求整齐、美观，结构严谨。

电阻、二极管的放置方式：分为平放与竖放两种。

（1）平放：在电路组件数量不多，而且电路板尺寸较大的情况下，一般采用平放较好；对于 1/4W 以下的电阻平放时，两个焊盘间的距离一般取 4/10 英寸，1/2W 的电阻平放时，两焊盘的间距一般取 5/10 英寸；二极管平放时，1N400X 系列整流管一般取 3/10 英寸，1N540X 系列整流管一般取 4～5/10 英寸。

（2）竖放：在电路组件数较多，而且电路板尺寸不大的情况下，一般采用竖放。竖放时两个焊盘的间距一般取 1～2/10 英寸。

电位器、IC 座的放置原则如下。

电位器：在稳压器中用来调节输出电压，故设计电位器应顺时针调节时输出电压升高，逆时针调节时输出电压降低；在可调恒流充电器中电位器用来调节充电电流的大小，设计电位器应顺时针调节时电流增大。

电位器安放位置应当符合整机结构安装及面板布局的要求，因此应尽可能放置在面板的边缘，旋转柄朝外。

IC 座：设计印制电路板图时，在使用 IC 座的场合下，一定要特别注意 IC 座上定位槽放置的方位是否正确，并注意各个 IC 脚位是否正确，例如第 1 脚只能位于 IC 座的右下角或左上角，而且紧靠定位槽（从焊接面看）。

进出接线端布置相关联的两引线端不要距离太大，一般为 2～3/10 英寸较合适。

进出线端尽可能集中在 1～2 个侧面，不要太过离散。

设计布线图时要注意引脚排列顺序，组件脚间距要合理。

在保证电路性能要求的前提下，设计时应力求走线合理，少用外接跨线，并按一定顺序要求走线，力求直观，便于安装和检修。

设计布线图时走线尽量少拐弯，力求线条简单明了。

布线条宽窄和线条间距要适中，电容器两焊盘间距应尽可能与电容引线脚的间距相符；设计应按一定顺序方向进行，例如可以由左往右和由上而下的顺序进行。

6. 焊接技术

焊接技术是一项无线电爱好者必须掌握的基本技术，需要多多练习才能熟练掌握。

（1）选用合适的焊锡，应选用焊接电子元件用的低熔点焊锡丝。

（2）助焊剂，用25%的松香溶解在75%的酒精（重量比）中作为助焊剂。

（3）电烙铁使用前要上锡，具体方法是：将电烙铁烧热，待刚好能熔化焊锡时，涂上助焊剂，再用焊锡均匀地涂在烙铁头上，使电烙铁头均匀地附上一层锡。

（4）焊接方法，把焊盘和元件的引脚用细砂纸打磨干净，涂上助焊剂，用烙铁头蘸取适量焊锡，接触焊点，待焊点上的焊锡全部熔化并浸没元件引线头后，电烙铁头沿着元器件的引脚轻轻往上一提离开焊点。

（5）焊接时间不宜过长，否则容易烫坏元件，必要时可用镊子夹住引脚帮助散热。

（6）焊点应呈正弦波峰形状，表面应光亮圆滑，无锡刺，锡量适中。

（7）焊接完成后，要用酒精把线路板上残余的助焊剂清洗干净，以防炭化后的助焊剂影响电路正常工作。

（8）集成电路应最后焊接，电烙铁要可靠接地，或断电后利用余热焊接。或者使用集成电路专用插座，焊好插座后再把集成电路插上去。

（9）电烙铁应放在烙铁架上。

步骤二　调试电路

1. 调试电路要求

整个调试过程应分层次进行，先单元电路，再模块电路，最后系统联调。按照分配的指标、分解的模块，一部分一部分调试，然后将各模块连接起来统调。

这一阶段，要充分利用电子仪器来观察波形，测量数据，发现问题，解决问题，以达到最终的目标。

通电前检查：连接是否有错误。

通电检查：电压应逐渐升高，观察电路情况有无异常，无异常情况后再加入正常电压。

单元电路调试：利用信号源或其他实验仪器判断各单元电路的工作状态。

整机联调：从最前端到末级进行统调，检查各级动态信号工作情况，分析是否满足设计要求。

在众多电子产品中，由于其包含的各元器件性能参数具有很大的离散性，电路设计中的近似性，再加上生产过程中的不确定性，使得装配完成的产品在性能方面有较大的差异，通常达不到设计规定的功能和性能指标，这就是整机装配完毕后必须进行调试的原因。

电子电路调试技术包括调整和测试两部分。调整主要是对电路参数的调整，如对电阻、电容和电感等，以及机械部分进行调整，使电路达到预定的功能和性能要求；测试主要是对电路的各项技术指标和功能进行测量与试验，并与设计的性能指标进行比较，以确定电路是否合格。电路测试是电路调整的依据，又是检验结论的判断依据。实际上，电子产品的调整和测试是同时进行的，要经过反复的调整和测试，产品的性能才能达到预期的目标。

2. 电路的调试原则

功放电路组装完成之后，必须经过调试才能正常工作，电路的调试具体步骤大致如下。

1）调试前的直观检查

电路安装完毕，通常不宜急于通电，先要认真检查一下。检查内容包括：

（1）连线是否正确。检查电路连线是否正确，包括错线（连线一端正确，另一端错误）、少线（安装时完全漏掉的线）和多线（连线的两端在电路图上都是不存在的）。查线的方法通常有以下两种。

① 按照电路图检查安装线路。这种方法的特点是，根据电路图连线，按一定顺序逐一检查安装好的线路，由此，可比较容易查出错线和少线。

② 按照实际线路来对照原理电路进行查线。这是一种以元件为中心进行查线的方法。把每个元件（包括器件）引脚的连线一次查清，检查每个去处在电路图上是否存在，这种方法不但可以查出错线和少线，还容易查出多线。

为了防止出错，对于已查过的线通常应在电路图上做出标记，最好用指针式万用表“Ω×1”挡，或数字式万用表“Ω”挡的蜂鸣器来测量，而且直接测量元器件引脚，这样可以同时发现接触不良的地方。

2）元件、器件的安装情况

检查元件、器件引脚之间有无短路；连接处有无接触不良现象；二极管、三极管、集成电路器件和电解电容极性等是否连接有误。

第一是电阻阻值色环颜色是否读错，此时可用万用表欧姆挡在路检测，在路测出的阻值应比实际阻值偏低；

第二是检查电解电容的正、负极性是否全部正确，耐压是否符合电路的要求；

第三是检查二极管、三极管引脚与电路图纸上的必须完全一致。

3）电源供电与信号源连线

检查电源供电（包括极性）、信号源连线是否正确。

4）电源端对地是否存在短路

在通电前，断开一根电源线，用万用表检查电源端对地是否存在短路现象。用万用表欧姆“Ω×1”挡检测电路板上电源正、负极间应无明显短路现象。若电路经过上述检查，并确认无误，就可转入调试。

3. 调试方法

调试包括测试和调整两个方面。电路的调试是以达到电路设计指标为目的而进行的一系列测量、判断、调整、再测量的反复进行过程。

为了使调试顺利进行，在电路图上应当标明各点的电位值、相应的波形图以及其他主要数据。

调试方法通常采用先分调后联调（总调）。任何复杂电路都是由一些基本单元电路组成的，因此，调试时可循着信号流程的方向，逐级调整各单元电路，使其参数基本符合设计指标。

这种调试方法的核心是：把组成电路的各功能块（或基本单元电路）先调试好，并在此基础上逐步扩大调试范围，最后完成整机调试。

采用先分调后联调的优点是，能及时发现问题和解决问题。新设计的电路一般采用此方法。对于包括模拟电路、数字电路和微机系统的电子装置，更应采用这种方法进行调试。因为只有把三部分分开调试，分别达到设计指标，并经过信号及电平转换电路后才能实现整机联调。否则，由于各电路要求的输入、输出电压和波形不匹配，盲目进行联调，就可能造成大量的器件损坏。

除了上述方法外，对于已定型的产品和需要相互配合才能运行的产品，也可采用一次性调试。

4. 具体调试步骤

1）电路通电观察

把经过准确测量的电源接入电路，观察有无异常现象，包括有无冒烟，是否有异常气味，手摸元器件是否发烫，电源是否有短路现象等。如果出现异常，应立即切断电源，待排除故障后才能再通电。然后测量各路总电源电压和各元器件的引脚电源电压，以保证元器件正常工作。

通过通电观察，认为电路初步工作正常，就可转入正常调试。

2）电路静态调试

交流、直流并存是电子电路工作的一个重要特点。一般情况下，直流为交流服务，直流是电路工作的基础。因此，电子电路的调试有静态调试和动态调试之分。静态调试一般是指在没有外加信号的条件下所进行的直流测试和调整过程。例如，通过静态测试模拟电路的静态工作点，数字电路的各输入端和输出端的高、低电平值及逻辑关系等，可以及时发现已经损坏的元器件，判断电路工作情况，并及时调整电路参数，使电路工作状态符合设计要求。

3）电路动态调试

动态调试是在静态调试的基础上进行的。调试的方法是在电路的输入端接入适当频率和幅值的信号，并循着信号的流向逐级检测各有关点的波形、参数和性能指标。发现故障现象，应采取不同的方法缩小故障范围，最后设法排除故障。

测试过程中不能凭主观感觉和印象来确定，要始终借助仪器观察。如使用示波器时，最好把示波器的信号输入方式置于“DC”挡，通过直流耦合方式，可同时观察被测信号的交、直流成分。

通过调试，最后检查功能块和整机的各种指标（如信号的幅值、波形形状、相位关系、增益、输入阻抗和输出阻抗等）是否满足设计要求，如必要，再进一步对电路参数做合理的修正。

5. 电路在调试中应注意的事项

调试结果是否正确，在很大程度上受测量正确与否和测量精度的影响。为了保证调试的效果，必须减小测量误差，提高测量精度。为此，需注意以下几点。

（1）正确使用测量仪器的接地端。凡是使用接地端接设备机器外壳的电子仪器进行测量时，仪器的接地端应和放大器的接地端连接在一起，否则仪器外壳引入的干扰不仅会使放大器的工作状态发生变化，而且将使测量结果出现误差。根据这一原则，调试发射极偏置电路时，若需测量 U_{ce}。不应把仪器的两端直接接在集电极和发射极上，而应分别对地测出 U_c、U_e，然后将两者相减得 U_{ce}。若使用干电池供电的万用表进行测量，由于万用表的两个输入端是悬浮的，所以允许直接跨接到测量点之间。

（2）测量电压所用仪器的输入阻抗必须远大于被测处的等效阻抗。因为，若测量仪器输入阻抗小，则在测量时会引起分流，给测量结果带来很大误差。

（3）测量仪器的带宽必须大于被测电路的带宽。例如，MF-20 型万用表的工作频率为 20～20 000Hz。如果放大器的高频为 100kHz，我们就不能用 MF-20 来测试放大器的幅频特性，否则，测试结果就不能反映放大器的真实情况。

（4）要正确选择测量点。如图 2-61 所示，用同一台测量仪器进行测量时，测量点不同，仪器内阻引进的误差大小将不同。例如，对于图 2-61 所示电路，测 $c1$ 点电压 U_{c1} 时，若选择 $e2$ 为测量点，测得 U_{e2}，根据 $U_{c1}=U_{e2}+U_{be2}$ 求得的结果，可能比直接测 $c1$ 点得到

的 U_{c1} 的误差要小得多。所以出现这种情况，是因为 R_{e2} 较小，仪器内阻引进的测量误差小。

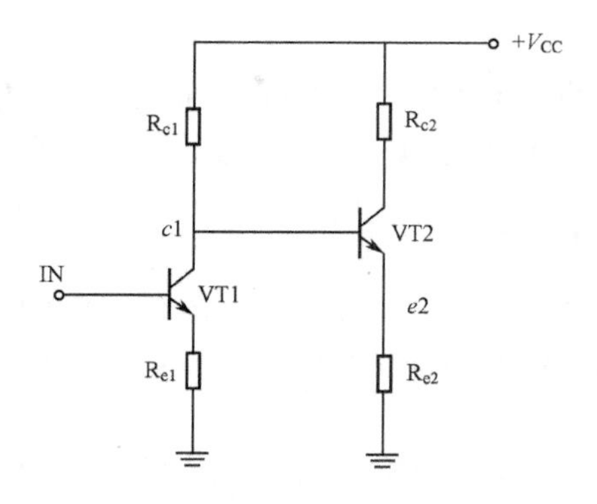

图 2-61　被测电路

（5）测量方法要方便可行。需要测量某电路的电流时，一般尽可能测电压而不测电流，因为测电压不必改动被测电路，测量方便。若需知道某一支路的电流值，可以先测量该支路上电阻两端的电压，再经过换算后得到。

（6）调试过程中，不但要认真观察和测量，还要善于记录。记录的内容包括实验条件，观察的现象，测量的数据、波形和相位关系等。只有具备大量可靠的实验记录并与理论结果加以比较，才能发现电路设计上的问题，完善设计方案。

（7）调试时出现故障，要认真查找故障原因，切不可一遇故障解决不了就拆掉线路重新安装。因为重新安装的线路仍可能存在各种问题，如果是原理上的问题，即使重新安装也解决不了问题。我们应当把查找故障，分析故障原因，看成一次好的学习机会，通过它来不断提高自己分析问题和解决问题的能力。

（8）故障诊断与排除方法如下。

①信号寻迹法：逐级检查（检查前置时应断开后级电路）。

②对分法：缩小故障范围。

③分割测试法：切断电路间的相互联系，查找原因。

④电容器旁路法：用于自激或排查干扰。

⑤对比法：相同电路对比。

⑥替代法：用已知正常的电路、器件代替怀疑的电路、器件。

⑦静态测试法：确定单一故障元件。

⑧动态测试法：观察动态工作状况。

6. 晶体管的发展史

1947 年 12 月 16 日：威廉・邵克雷（William Shockley）、约翰・巴顿（John Bardeen）和沃特·布拉顿（Walter Brattain）成功地在贝尔实验室制造出第一个晶体管。

1950 年：威廉・邵克雷开发出双极晶体管（Bipolar Junction Transistor），这是现在通行的标准晶体管。

1953 年：第一个采用晶体管的商业化设备投入市场，即助听器。

1954 年 10 月 18 日：第一台晶体管收音机 Regency TR1 投入市场，仅包含 4 只锗晶体管。

1961 年 4 月 25 日：第一个集成电路专利被授予罗伯特・诺伊斯（Robert Noyce）。最初的晶体管对收音机和电话而言已经足够，但是新的电子设备要求规格更小的晶体管，即集成电路。

1965 年：摩尔定律诞生。当时，戈登・摩尔（Gordon Moore）预测，未来一个芯片上的晶体管数量大约每年翻一倍（10 年后修正为每两年），摩尔定律在 Electronics Magazine 杂志一篇文章中公布。

1968 年 7 月：罗伯特・诺伊斯和戈登・摩尔从仙童（Fairchild）半导体公司辞职，创立了一个新的企业，即英特尔公司，英文名 Intel 为“集成电子设备（integrated electronics）”的缩写。

1969 年：英特尔成功开发出第一个 PMOS 硅栅晶体管。这些晶体管继续使用传统的二氧化硅栅介质，但是引入了新的多晶硅栅电极。

1971 年：英特尔发布了其第一个微处理器 4004。4004 规格为 1/8 英寸 ×1/16 英寸，包含仅 2 000 多个晶体管，采用英特尔 10μm PMOS 技术生产。

1978 年：英特尔标志性地把英特尔 8088 微处理器销售给 IBM 新的个人电脑事业部，武装了 IBM 新产品 IBM PC 的中枢大脑。16 位 8088 处理器含有 2.9 万个晶体管，运行频率为 5MHz、8MHz 和 10MHz。8088 成功推动英特尔进入了财富 500 强企业排名，《财富》杂志将英特尔公司评为“七十大商业奇迹之一（Business Triumphs of the Seventies）”。

1982 年：286 微处理器（又称 80286）推出，成为英特尔的第一个 16 位处理器，可运行为英特尔前一代产品所编写的所有软件。286 处理器使用了 13 400 个晶体管，运行频率为 6MHz、8MHz、10MHz 和 12.5MHz。

1985 年：英特尔 386 微处理器问世，含有 27.5 万个晶体管，是最初 4004 晶体管数量的 100 多倍。386 是 32 位芯片，具备多任务处理能力，即它可在同一时间运行多个程序。

1993 年：英特尔奔腾处理器问世，含有 3 百万个晶体管，采用英特尔 0.8μm 制程技术生产。

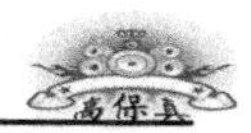

1999 年 2 月：英特尔发布了奔腾 III 处理器。奔腾 III 是 1×1 正方形硅，含有 950 万个晶体管，采用英特尔 0.25μm 制程技术生产。

2002 年 1 月：英特尔奔腾 4 处理器推出，高性能桌面台式计算机由此可实现每秒钟 22 亿个周期运算。它采用英特尔 0.13μm 制程技术生产，含有 5 500 万个晶体管。

2002 年 8 月 13 日：英特尔透露了 90nm 制程技术的若干技术突破，包括高性能、低功耗晶体管，应变硅，高速铜质接头和新型低 k 介质材料。这是业内首次在生产中采用应变硅。

2003 年 3 月 12 日：针对笔记本的英特尔迅驰移动技术平台诞生，包括了英特尔最新的移动处理器“英特尔奔腾 M 处理器”。该处理器基于全新的移动优化微体系架构，采用英特尔 0.13μm 制程技术生产，包含 7 700 万个晶体管。

2005 年 5 月 26 日：英特尔第一个主流双核处理器“英特尔奔腾 D 处理器”诞生，含有 2.3 亿个晶体管，采用英特尔领先的 90nm 制程技术生产。

2006 年 7 月 18 日：英特尔安腾 2 双核处理器发布，采用世界最复杂的产品设计，含有 17.2 亿个晶体管。该处理器采用英特尔 90nm 制程技术生产。

2006 年 7 月 27 日：英特尔酷睿 2 双核处理器诞生。该处理器含有 2.9 亿多个晶体管，采用英特尔 65nm 制程技术在世界最先进的几个实验室生产。

2006 年 9 月 26 日：英特尔宣布，超过 15 种 45nm 制程产品正在开发，面向台式机、笔记本和企业级计算机市场，是从英特尔酷睿微体系架构派生而出的。

2007 年 1 月 8 日：为扩大四核 PC 向主流买家的销售，英特尔发布了针对桌面计算机的 65nm 制程英特尔酷睿 2 四核处理器和另外两款四核服务器处理器。英特尔酷睿 2 四核处理器含有 5.8 亿多个晶体管。

2007 年 1 月 29 日：英特尔公布采用突破性的晶体管材料即高 k 栅介质和金属栅极。英特尔将把这些材料用在公司下一代处理器——英特尔酷睿 2 双核、英特尔酷睿 2 四核处理器以及英特尔至强系列多核处理器的数以亿计的 45nm 晶体管中。采用这些先进的晶体管，已经生产出了英特尔 45nm 微处理器。

小　　结

1．按晶体管的极性可分为：锗 NPN 型晶体管、锗 PNP 型晶体管、硅 NPN 型晶体管和硅 PNP 型晶体管。

2．晶体管有两个 PN 结：集电结（C、B 极之间）和发射结（B、E 极之间），发射结与集电结之间为基区。

3．晶体管三个电极的作用：发射极（E 极）用来发射电子；基极（B 极）用来控制 E

极发射电子的数量；集电极（C 极）用来收集电子。

4．三极管各个电极的电流分配：$I_e=I_b+I_c$。

5．晶体管的基本工作条件是：发射结正偏，集电结反偏。

6．晶体管有四种不同的运用状态：发射结正偏，集电结反偏时，为放大工作状态；发射结正偏，集电结也正偏时，为饱和工作状态；发射结反偏，集电结也反偏时，为截止工作状态；发射结反偏，集电结正偏时，为反向工作状态。

7．晶体管有三种组态：共基极组态、共发射极组态和共集电极组态。

8．音频功率放大器电路主要由前置放大器、推动级和功放输出级电路组成。

9．前置放大器电路主要用来对输入信号进行电压放大，以便使加到推动级的信号电压达到一定的程度。

10．推动级放大器电路是用来推动功放输出级的放大器，对信号电压和电流进行同步放大。

11．功放输出级放大器电路用来对信号进行电流放大。

12．前置放大器的种类有：采用共发射极放大的前置放大电路，采用差动放大电路的前置放大电路。

13．晶体管驱动放大电路的任务主要是：放大前置放大级送来的微弱信号，使负载得到不失真的电压信号，它主要考虑电路的电压增益、输入和输出阻抗。

14．电压放大级的类型有：最简单的电压放大电路；复合管放大方式；差动放大方式；双差动输入方式电压放大级的基本电路；共射共基放大电路。

15．功率放大器有三种工作状态：甲类工作状态、乙类工作状态、甲乙类工作状态。

16．OTL 互补对称电路、OCL 互补对称电路及 BTL 电路的工作原理。

17．电流放大和功率输出级的电路连接形式主要有：电流放大管射极电阻悬浮方式电路；两个发射极电阻与输出中点连接；末级采用场效应管的功放电路；采用同极性 NPN 型功率管的准互补 OCL 电路；功率管集电极输出电路。

复习思考题

1. 分析下列说法是否正确，凡对者在括号内打“√”，凡错者在括号内打“×”。

1）在功率放大电路中，输出功率愈大，功放管的功耗愈大。（　）

2）功率放大电路的最大输出功率是指在基本不失真情况下，负载上可能获得的最大交流功率。（　）

3） 当 OCL 电路的最大输出功率为 1W 时，功放管的集电极最大耗散功率应大于 1W。（　）

4）功率放大电路与电压放大电路、电流放大电路的共同点是：

（1）都使输出电压大于输入电压；（　）

（2）都使输出电流大于输入电流；（　）

（3）都使输出功率大于信号源提供的输入功率。（　）

5）功率放大电路与电压放大电路的区别是：

（1）前者比后者电源电压高；（　）

（2）前者比后者电压放大倍数数值大；（　）

（3）前者比后者效率高；（　）

（4）在电源电压相同的情况下，前者比后者的最大不失真输出电压大。（　）

6）功率放大电路与电流放大电路的区别是：

（1）前者比后者电流放大倍数大；（　）

（2）前者比后者效率高；（　）

（3）在电源电压相同的情况下，前者比后者的输出功率大。（　）

2. 已知电路如图 2-62 所示，VT1 和 VT2 管的饱和管压降$|U_{CES}|=3V$，$V_{CC}=15V$，$R_L=8\Omega$，选择正确答案填入空内。

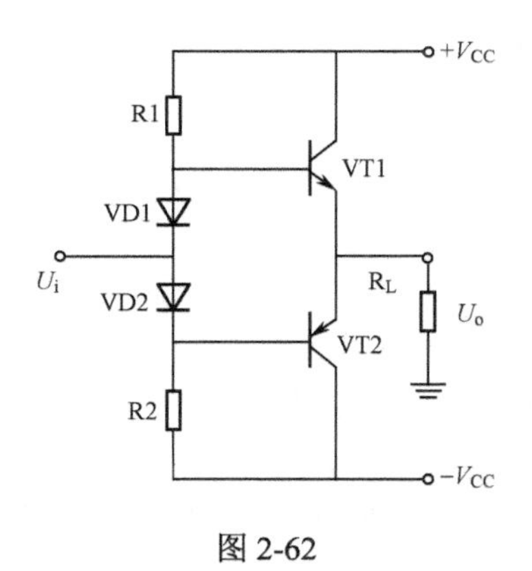

图 2-62

1）电路中 VD1 和 VD2 管的作用是消除______ 。

A．饱和失真　　B．截止失真　　C．交越失真

2）静态时，晶体管发射极电位 U_{EQ} ______ 。

A．＞0V　　B．＝0V　　C．＜0V

3）最大输出功率 P_{OM} ______ 。

A．≈28W　　B．＝18W　　C．＝9W

4）当输入为正弦波时，若 R1 虚焊，即开路，则输出电压 ______ 。

A．为正弦波　　　　　　B．仅有正半波　　　　C．仅有负半波

5）若 VD1 虚焊，则 VT1 管 ______ 。

A．可能因功耗过大烧坏　B．始终饱和　　　C．始终截止

3. 图 2-63 所示为两个带自举的功放电路。试分别说明输入信号正半周和负半周时功放管输出回路电流的通路，并指出哪些元件起自举作用。

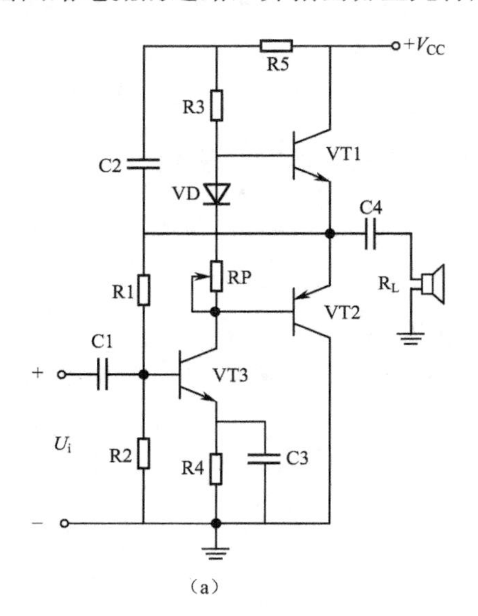

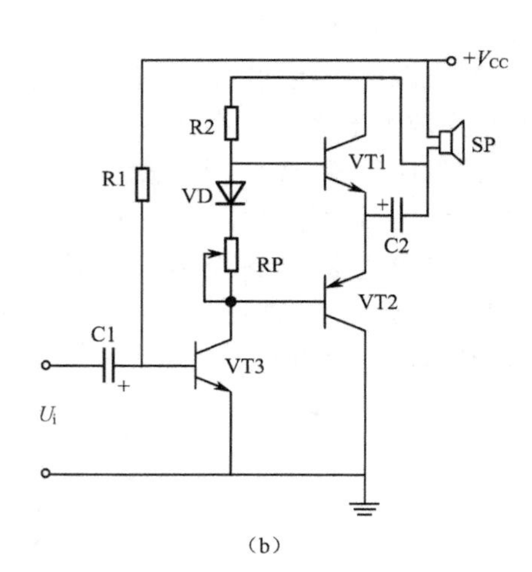

图 2-63

4. 问答题。

1）如何理解发射结正偏，集电结反偏的含义？

2）阐述晶体管三种组态的特点。

3）说一说前置放大器、推动级和功放输出级电路的作用及特点。

4）功率放大器有哪几种工作状态？

5）OTL 乙类互补式放大器作为功率放大器会产生什么失真？如何克服？

项目三　制作场效应管功率放大器

★ 本项目内容提要：

本项目首先从场效应管的类别、场效应管工作原理和常用场效应管的检测三个方面详细介绍了场效应管基本知识；然后介绍如何选择场效应管功率放大器的制作电路；最后详细讲解安装与调试场效应管功率放大电路的步骤和技能。

★ 本项目学习目标：

- 了解场效应管的基本知识
- 掌握场效应管功率放大器的工作原理
- 学会动手制作场效应管功放

任务一　认识场效应管

☆ 本任务内容提要：

介绍场效应管的分类、场效应管的结构与工作原理、场效应管的检测技巧及注意事项。

☆ 本任务学习目的：

通过本任务的学习，读者能掌握场效应管的基本分类与结构原理，能熟练地检测各种场效应管。

步骤一　了解场效应管的类别

场效应晶体管（Field Effect Transistor，FET）简称场效应管。一般的晶体管由两种极性的载流子，即多数载流子和反极性的少数载流子参与导电，因此称为双极型晶体管；而场效应晶体管由多数载流子参与导电，也称为单极型晶体管。

场效应管属于电压调制型半导体器件，有与电子管相似的传输特性。与普通双极型晶体管相比，具有输入电阻高（10^8～$10^9\Omega$），噪声小，功耗低，动态范围大，易于集成，没有二次击穿现象，安全工作区域宽等优点，广泛应用于开关电路、高频电路、集成电路及功率电路中，已成为双极型晶体管和功率晶体管的强大竞争者。

场效应管分结型、绝缘栅型两大类。结型场效应管（JFET）因有两个 PN 结而得名，绝缘栅型场效应管（JGFET）则因栅极与其他电极完全绝缘而得名。目前在绝缘栅型场效应管中，应用最为广泛的是 MOS 场效应管，简称 MOS 管（金属–氧化物–半导体场效应管 MOSFET）。此外还有 PMOS、NMOS 和 VMOS 功率场效应管等。

按沟道半导体材料的不同，结型和绝缘栅型各分 N 沟道和 P 沟道两种；若按导电方式来划分，场效应管又可分成耗尽型与增强型。结型场效应管均为耗尽型，绝缘栅型场效应管既有耗尽型，也有增强型。

几种常见的放大用场效应管实物图如图 3-1 所示。

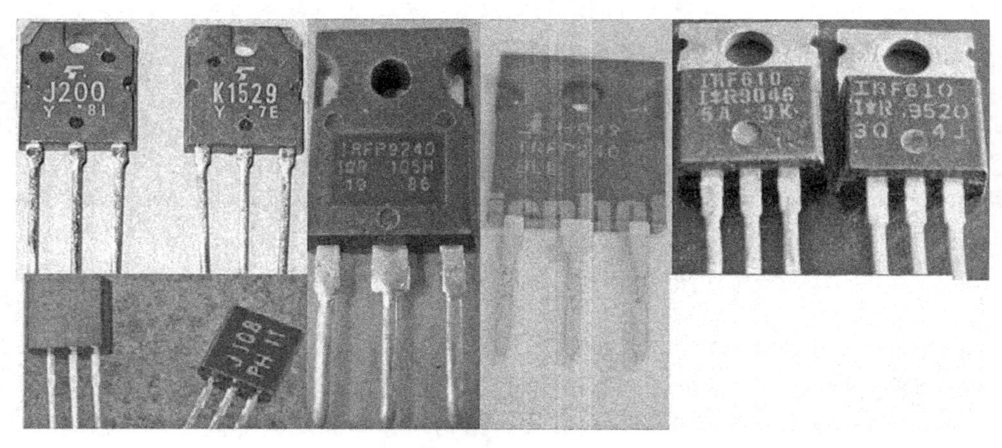

图 3-1　几种常见的放大用场效应管实物图

步骤二　了解场效应管的工作原理

1. 结型场效应管（JFET）

1）结构

如图 3-2（a）所示，在一块 N 型半导体两侧，做出两个高浓度 P 型区，将其连接起来引出一个电极，称为栅极 g，再在 N 型半导体的一端引出源极 s，另一端引出漏极 d，这样就构成了 N 沟道结型场效应管。图中 P 型区与 N 型区的交界处形成两个 PN 结，即耗尽层。图 3-2（b）所示为 N 沟道结型场效应管在电路中的符号。

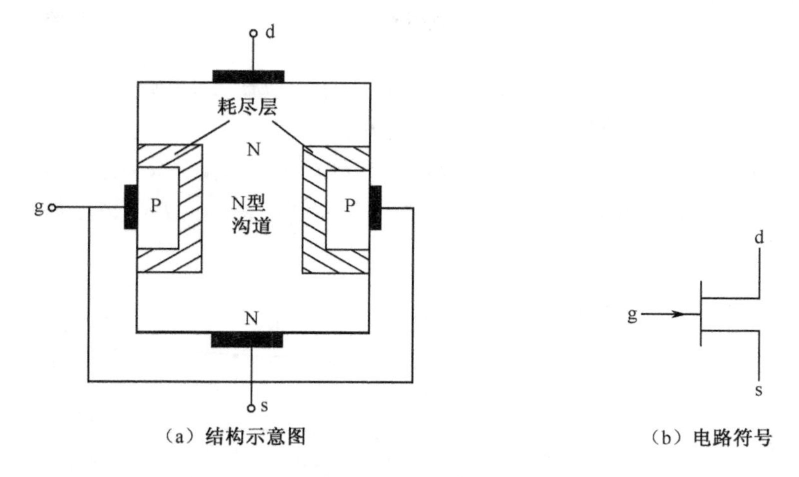

图 3-2　N 沟道结型场效应管的结构与符号

2）工作原理

如图 3-3 所示，因为 N 型半导体中多数载流子是电子，所以若在漏极与源极之间加上一个电压，就能形成漏极电流 I_d，这也是 N 沟道结型场效应管名称的由来。

当漏极电源电压 U_{ds} 一定时，如果栅极电压越负，PN 结交界面所形成的耗尽区就越厚，则漏、源极之间的导电沟道越窄，漏极电流 I_d 就愈小；反之，如果栅极电压没有那么负，则沟道变宽，I_d 变大。所以用栅极电压 U_{gs} 可以控制漏极电流 I_d 的变化，就是说，场效应管是电压控制元件。

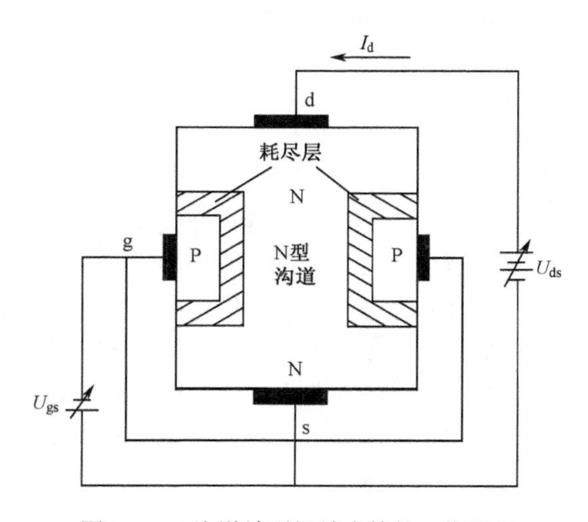

图 3-3　N 沟道结型场效应管的工作原理

3）特性曲线

（1）转移特性。当漏源电压 U_{ds} 保持不变时，漏极电流 I_d 与栅源电压 U_{gs} 之间的关系曲线称为场效应管的转移特性曲线。

图 3-4（a）所示为 N 沟道结型场效应管的转移特性曲线，栅极电压 U_{gs}=0 时的漏源电流用 I_{dss} 表示，称为饱和漏极电流。当 U_{gs} 变负时，I_d 逐渐减小，I_d 接近于零的栅源极电压称为夹断电压，用 $U_{gs(OFF)}$表示。

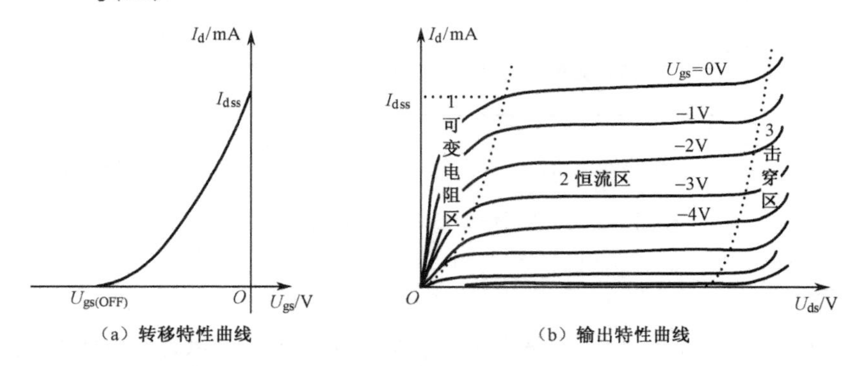

图 3-4　N 沟道结型场效应管的特性曲线

（2）输出特性。当栅源电压 U_{gs} 保持不变时，漏极电流 I_d 与漏源电压 U_{ds} 之间的关系曲线称为场效应管的输出特性曲线。图 3-4（b）所示为 N 沟道结型场效应管的输出特性曲线，它和晶体三极管的输出特性曲线很相似。

结型场效应管的输出特性曲线可以划分为四个区：可变电阻区、恒流区、击穿区和截止区。

① 可变电阻区（图 3-4（b）中 1 区）。在 1 区里 U_{ds} 比较小，I_d 随着 U_{ds} 的增加而上升，二者之间几乎呈现线性关系，场效应管近似为一个线性电阻。但当 U_{gs} 变化时，直线的斜率也不同，相当于电阻的阻值不同。即在此区域，场效应管好像一个受 U_{gs} 控制的可变电阻，所以称为可变电阻区。这一特性使场效应管具有开关作用。

② 恒流区（图 3-4（b）中 2 区）。当漏源电压 U_{ds} 增大到 $U_{ds}>|U_{gs(OFF)}|$时，漏极电流 I_d 达到饱和值后不再随 U_{ds} 的增加而上升，而是基本保持不变，这一区称为恒流区或饱和区。在这里，对于不同的 U_{gs}，漏极特性曲线近似平行线，即 I_d 的大小仅与 U_{gs} 的大小有关系，故又称为线性放大区，用于放大的场效应管即工作在此区域。

③ 击穿区（图 3-4（b）中 3 区）。如果 U_{ds} 继续增加，以至超过了 PN 结所能承受的电压而被击穿，则漏极电流 I_d 突然增大，场效应管将被击穿，应使场效应管的 U_{ds} 不超过规定的极限值。

④ 截止区。在输出特性最下面靠近横坐标的部分，表示场效应管的 $U_{gs} \leqslant U_{gs(OFF)}$，此时导电沟道被夹断，$I_d=0$，这个区域称为截止区。

4）P 沟道结型场效应管

P 沟道结型场效应管的结构、电路符号及工作原理示意图如图 3-5 所示，与 N 沟道结型场效应管相比，其最大的变化是管子正常工作时栅源电压 U_{gs} 的极性发生了改变，具体工作原理请读者参照 N 沟道结型场效应管分析过程自行分析。

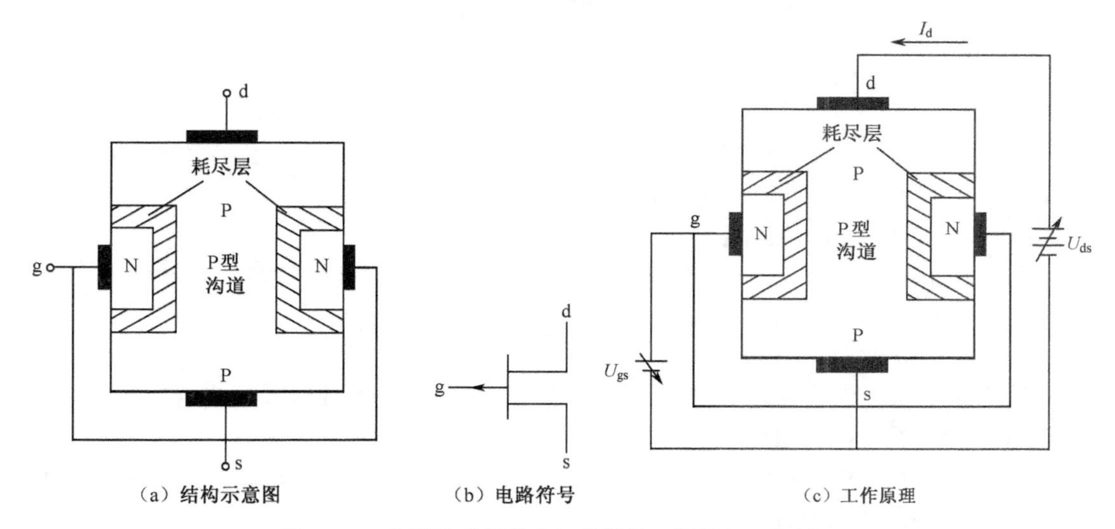

图 3-5　P 沟道结型场效应管的结构、符号与工作原理

2. 绝缘栅场效应管（MOSFET）

绝缘栅场效应管由金属、氧化物和半导体制成，所以又称为金属–氧化物–半导体场效应管，简称 MOS 场效应管。

1）N 沟道增强型 MOS 场效应管

（1）结构。N 沟道增强型 MOS 场效应管的结构如图 3-6（a）所示，用一块掺杂浓度较低的 P 型硅片作为衬底，在它上面扩散出两个高掺杂浓度的 N 区，分别引出源极 s 与漏极 d，在硅片表面覆盖二氧化硅绝缘层，再从绝缘层上引出栅极 g，由于栅极与其他电极相互绝缘，所以称为绝缘栅场效应管。

其电路符号如图 3-6（b）所示。

（2）工作原理。结型场效应管利用 U_{gs} 控制 PN 结耗尽层的宽度，从而改变导电沟道的宽度，来达到控制漏极电流 I_d 的目的。而绝缘栅场效应管则利用 U_{gs} 来控制衬底中“感应电荷”的多少，从而改变导电沟道的大小，达到控制漏极电流 I_d 的目的。

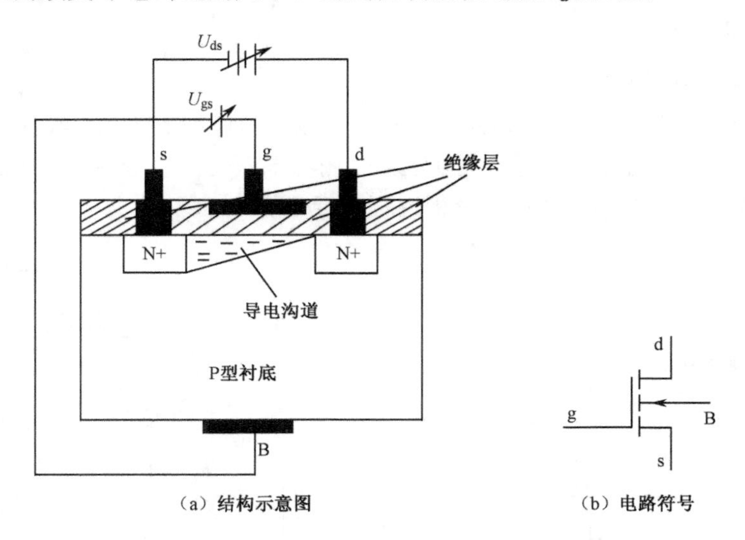

（a）结构示意图　　（b）电路符号

图 3-6　N 沟道增强型 MOS 场效应管的结构原理

（3）特性曲线。N 沟道增强型绝缘栅场效应管的转移特性曲线与输出特性曲线分别如图 3-7（a），（b）所示，由图可知：

当 $U_{gs}=0$ 时，衬底中无感应电荷，导电沟道未形成，所以无论漏源电压 U_{ds} 为何极性，I_d 均为 0，场效应管截止；

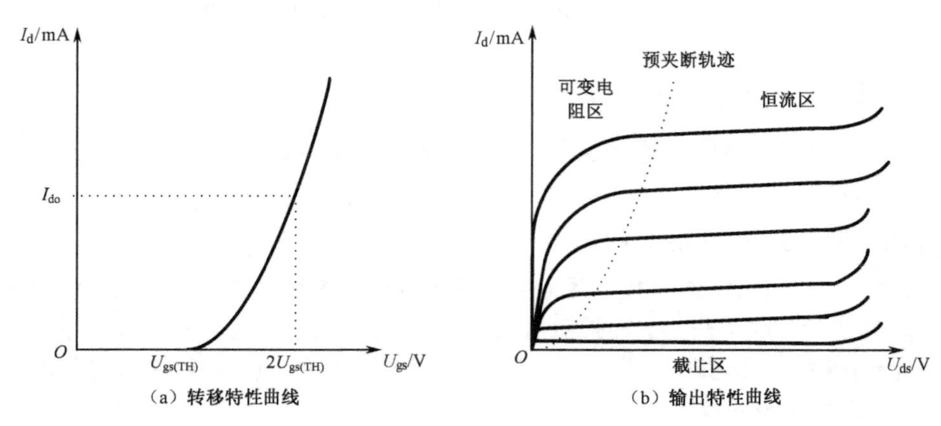

（a）转移特性曲线　　（b）输出特性曲线

图 3-7　N 沟道增强型 MOS 场效应管特性曲线

当 U_{gs} 增大时，衬底中的感应电荷逐渐增多，当 U_{gs} 增大到某一电压 $U_{gs(TH)}$时，感应电

荷将连通两个高浓度 N+区，此时只要在漏源极间加上合适电压 U_{ds}，就可产生漏极电流 I_d，但是因为此时导电沟道还很不稳定，I_d 极小，场效应管此时的工作状态称为“预夹断”，$U_{gs(TH)}$称为增强型场效应管的开启电压；

当 $U_{gs}>U_{gs(TH)}$时，感应电荷形成的导电沟道将两个高浓度 N+区完全连通，沟道电阻变小，此时只要 U_{ds} 合适，漏极电流 I_d 将随 U_{gs} 增大而上升，场效应管进入放大区。

2）N 沟道耗尽型 MOS 场效应管

（1）结构。N 沟道耗尽型 MOS 场效应管的结构原理如图 3-8 所示，与增强型 MOS 场效应管的区别是在制造管子时，通过工艺使绝缘层中出现大量正离子，故在衬底中能感应出较多的负电荷，这些负电荷把高渗杂质的 N+区接通，形成了导电沟道。

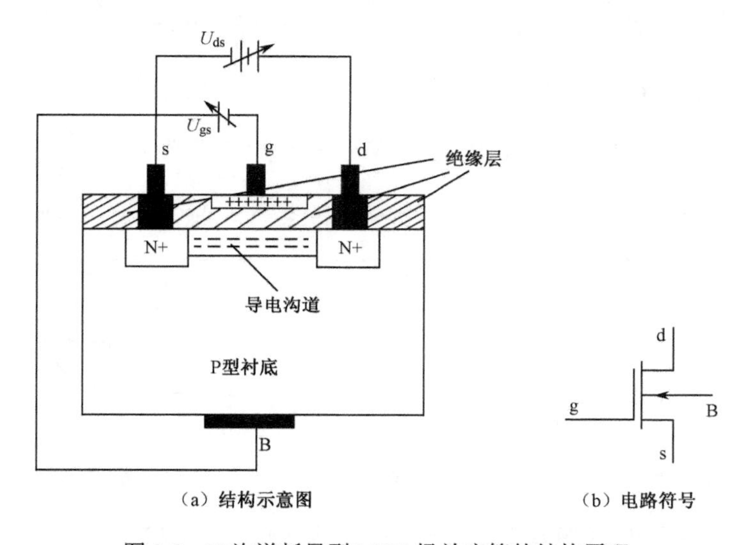

（a）结构示意图　（b）电路符号

图 3-8　N 沟道耗尽型 MOS 场效应管的结构原理

（2）工作原理。因为 N 沟道耗尽型 MOS 场效应管在制造时已有导电沟道，所以只需漏源电压 $U_{ds}>0$，便可有漏极电流 I_d。栅源电压 U_{gs} 的控制作用则主要是利用 $U_{gs}<0$ 时所产生的负电场削弱正离子电场，使感应电荷减少，N 型导电沟道变窄，从而达到控制漏极电流 I_d 的目的。同样，N 沟道耗尽型 MOS 场效应管也允许在 $U_{gs}>0$ 的情况下工作，此时 I_d 将更大。

（3）特性曲线。如图 3-9 所示为 N 沟道耗尽型 MOS 场效应管的特性曲线，图中使漏极电流 $I_d=0$ 时的 U_{gs} 称为夹断电压，用符号 $U_{gs(OFF)}$表示，I_{dss} 为漏极饱和电流。

P 沟道 MOS 场效应管的结构与工作原理与 N 沟道的类似，图 3-10 所示为 P 沟道增强型 MOS 场效应管的电路符号及特性曲线，图 3-11 所示为 P 沟道耗尽型 MOS 场效应管的电路符号及特性曲线，读者可参照 N 沟道场效应管的分析方法进行分析。

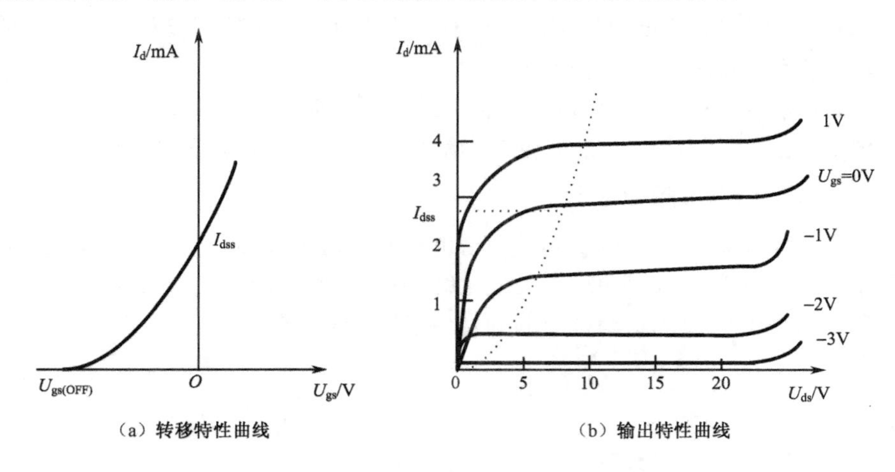

（a）转移特性曲线　　（b）输出特性曲线

图 3-9　N 沟道耗尽型 MOS 场效应管特性曲线

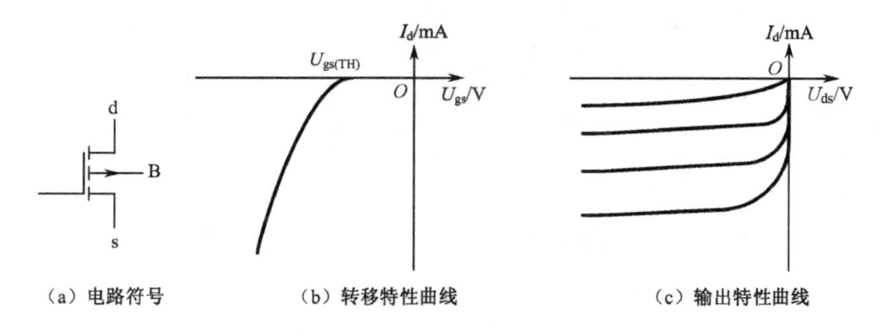

（a）电路符号　　（b）转移特性曲线　　（c）输出特性曲线

图 3-10　P 沟道增强型 MOS 场效应管的电路符号及特性曲线

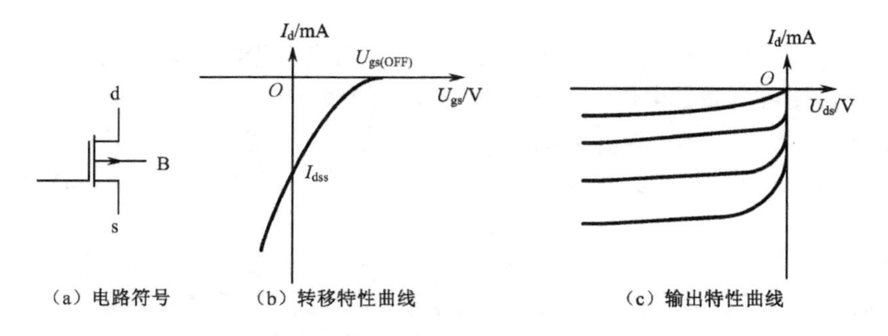

（a）电路符号　　（b）转移特性曲线　　（c）输出特性曲线

图 3-11　P 沟道耗尽型 MOS 场效应管的电路符号及特性曲线

另外，MOS 场效应管还有一种应用于大功率场合的场效应管，叫 VMOS 场效应管（VMOSFET），简称 VMOS 管或功率场效应管，其全称为 V 型槽 MOS 场效应管。它是继 MOSFET 之后新发展起来的高效、功率开关器件。它不仅继承了 MOS 场效应管输入阻抗高（≥108Ω），驱动电流小（0.1mA 左右）的特点，而且还具有耐压高（最高可耐压 1 200V），工作电流大（1.5～100A），输出功率高（1～250W），跨导线性好，开关速度快等优良特性。正是由于它将电子管与功率晶体管的优点集于一身，因此在电压放大器（电压放大倍数可达数千倍）、功率放大器、开关电源和逆变器中获得广泛应用。

VMOS 管的结构具有两个特点：第一，金属栅极采用 V 型槽结构；第二，具有垂直导电性。

3. 场效应管的主要参数

1）夹断电压 $U_{gs(OFF)}$

耗尽型场效应管中，当 U_{ds} 为某一固定数值，使 I_d 为零时，栅极上所加的偏压 U_{gs} 就是夹断电压 $U_{gs(OFF)}$。

2）开启电压 $U_{gs(TH)}$

增强型场效应管中，当 U_{ds} 为某一固定数值，使 I_d 从零开始增大时，对应的栅源电压 U_{gs} 就是开启电压 $U_{gs(TH)}$。

3）饱和漏电流 I_{dss}

耗尽型场效应管中，$U_{gs}=0$ 时，漏源间所加的电压 U_{ds} 大于 $U_{gs(OFF)}$时的漏极电流称为饱和漏电流 I_{dss}。

4）击穿电压 BU_{ds}

表示场效应管漏、源极间所能承受的最大电压，即漏极饱和电流开始上升进入击穿区时对应的 U_{ds}，一般称为场效应管的耐压。

5）直流输入电阻 R_{gs}

在一定的栅源电压下，栅、源极之间的直流电阻。结型场效应管的 R_{gs} 可达 $10^9\Omega$，而绝缘栅场效应管的 R_{gs} 可达 $10^{15}\Omega$。

6）低频跨导 g_m

场效应管中漏极电流 I_d 的变化量与引起这个变化的栅源电压 U_{gs} 变化量之比，称为跨导 g_m，即 $g_m=\Delta I_d/\Delta U_{gs}$。

跨导是衡量场效应管栅源电压对漏极电流控制能力的一个参数，也是衡量场效应管放大能力的重要参数，此参数常以栅源电压变化 1V 时，漏极电流变化多少毫安（mA）来表示，单位是毫西门子（mS）。

步骤三　检测常用场效应管

1. 检测结型场效应管

1）引脚识别

场效应管的栅极相当于晶体管的基极，源极和漏极分别对应于晶体管的发射极和集电极。将万用表置于 R×1k 挡，用两表笔分别测量每两个引脚间的正、反向电阻。当某两个引脚间的正、反向电阻相等，均为几 kΩ 时，则这两个引脚为漏极 d 和源极 s（可互换），余下的一个引脚即为栅极 g。对于有四个引脚的结型场效应管，另外一极是屏蔽极（使用中接地）。

用万用表黑表笔碰触管子的一个电极，红表笔分别碰触另外两个电极。若两次测出的阻值都很小，说明均是正向电阻，该管属于 N 沟道场效应管，黑表笔接的也是栅极。

2）估测放大能力

将万用表拨到 R×100 挡，红表笔接源极 s，黑表笔接漏极 d，相当于给场效应管加上 1.5V 的电源电压。这时表针指示出的是 d-s 极间电阻值。然后用手指捏栅极 g，将人体的感应电压作为输入信号加到栅极上。由于管子的放大作用，U_{ds} 和 I_d 都将发生变化，也相当于 d-s 极间电阻发生变化，可观察到表针有较大幅度的摆动。如果手捏栅极时表针摆动很小，说明管子的放大能力较弱；若表针不动，说明管子已经损坏。

由于人体感应的 50Hz 交流电压较高，而不同的场效应管用电阻挡测量时的工作点可能不同，因此用手捏栅极时表针可能向右摆动，也可能向左摆动。少数的管子 R_{ds} 减小，使表针向右摆动，多数管子的 R_{ds} 增大，表针向左摆动。无论表针的摆动方向如何，只要能有明显的摆动，就说明管子具有放大能力。

2. 检测 MOS 场效应管

1）引脚识别

将万用表拨于 R×100 挡，首先确定栅极，若某脚与其他脚的电阻正、反测都无穷大，则证明此脚就是栅极 g。测量其余两个引脚，d-s 之间的电阻值应为几百欧姆至几千欧姆，其中阻值较小的那一次，黑表笔接的为漏极 d，红表笔接的是源极 s。日本生产的 SK 系列产品，源极 s 与管壳接通，据此很容易确定源极。

2）估测放大能力（跨导）

将栅极 g 悬空，黑表笔接漏极 d，红表笔接源极 s，手握螺丝刀的绝缘柄，用金属杆去碰触栅极（以防止人体感应电荷直接加到栅极，引起栅极击穿），表针应有较大的偏转。双栅 MOS 场效应管有两个栅极 g1、g2，可分别触碰 g1、g2 极，其中表针向左侧偏转幅度较大的为 g2 极。

3. 检测 VMOS 场效应管

1）判定栅极 g

将万用表拨至 R×1k 挡分别测量三个引脚之间的电阻。若发现某脚与其他两脚的电阻均呈无穷大，并且交换表笔后仍为无穷大，则证明此脚为栅极 g，因为它和另外两个引脚是绝缘的。

2）判定源极 s、漏极 d

在 VMOS 场效应管源-漏之间有一个 PN 结，因此根据 PN 结正、反向电阻存在差异，可识别源极 s 与漏极 d。交换表笔测两次电阻，其中电阻值较低（一般为几千欧姆至十几千欧姆）的一次为正向电阻，此时黑表笔接的是 s 极，红表笔接的是 d 极。

3）测量漏-源通态电阻 $R_{ds(on)}$

将 g-s 极短路，选择万用表的 R×1 挡，黑表笔接 s 极，红表笔接 d 极，阻值应为几欧姆至十几欧姆。

由于测试条件不同，测出的 $R_{ds(on)}$值比手册中给出的典型值要高一些。

4）检查跨导

将万用表置于 R×1k（或 R×100）挡，红表笔接 s 极，黑表笔接 d 极，用手去碰触栅极，表针应有明显偏转，偏转愈大，管子的跨导愈高。

提示

除贴片元件及个别型号 VMOS 管外，现在市售的大功率场效应管一般都采取了防静电措施，可以不考虑静电影响。

4. 场效应管与晶体管的比较

（1）场效应管是电压控制器件，而晶体管是电流控制器件。在只允许从信号源取较少电流的情况下，应选用场效应管；而在信号电压较低，又允许从信号源取较多电流的条件下，应选用晶体管。

（2）场效应管利用多数载流子导电，所以称为单极型器件，而晶体管既利用多数载流子，又利用少数载流子导电，所以称为双极型器件。

（3）有些场效应管的源极和漏极可以互换使用，栅压也可正可负，灵活性比晶体管好。

（4）场效应管和三极管都可以用于放大或做可控开关。但场效应管还可以作为压控电阻使用，可以在微电流、低电压条件下工作。

任务二　选择制作场效应管功率放大器的电路

☆ 本任务内容提要：

介绍选择制作场效应管功率放大器电路的基本原则，以 Pass F5 功率放大器电路为例，讲述场效应管功率放大器的电路结构及工作原理。

☆ 本任务学习目的：

知道场效应管功率放大器电路的选择原则，能正确识读场效应管功率放大器电路原理图，并能根据需要合理选择场效应管功率放大器电路，开展制作活动。

步骤一　场效应管功率放大电路的选择原则

使用场效应管制作的功率放大器具有电路简单，频响宽，噪声低，动态范围大，无须温度补偿电路的特点，既有晶体三极管功率放大器响应速度快的优点，又具备电子管功率放大器特有的暖音色，现在已越来越多地被应用于高保真功率放大器中。

作为业余爱好者来说，制作功率放大器的首要考虑问题是声音的高保真度，所以一般采用 OCL 功放电路制作功率放大器。采用 OCL 架构的功放电路又可分为普通 OCL 电路、直流（DC）OCL 电路（无自举电容与交流负反馈电容）和纯直流（CL）OCL 电路（无任何电容）；按其功放输出管的工作状态又可分为甲类、甲乙类和乙类功放电路。以上两种分类中，各种类型往往是相互交叉的。以下是选择制作场效应管功率放大器的几个基本原则。

1. 爱好是制作活动的原动力

制作者要确认自己喜欢场效应管功率放大器的声音重放效果，愿意制作一台场效应管功率放大器，才会用心去发现不同的场效应管功率放大电路。

2. 选用前人已试制成功的电路

初学制作者由于缺乏经验，对电路能否制作成功不具备鉴别能力（有些电路就算用仿真软件能通过，也会由于电路布局、焊接工艺、元器件选用等问题而使制作不成功），所以

最好选用已有人试制成功的电路进行制作。

3. 充分考虑制作成本

场效应管功率放大器的电路复杂程度不同，其成本也会不相同。一般来说，电路越复杂制作成本就越高；同一种电路，由于采用的元器件、线材等不相同，也会导致制作成本出现大幅变化；由于功率放大器最终依靠扬声器发声，扬声器与音箱体的质量好坏直接决定声音重放质量，所以在制作之初就应考虑音箱成本；除此之外，还应考虑由于制作经验的缺乏导致在制作与调试过程中有可能损坏器件的情况。

4. 慎重选择场效应管

（1）场效应管的 I_d 参数应按电路的实际要求选取，能满足功耗要求，并略有富余即可。不应盲目用 I_d 大的管子代替 I_d 小的管子，以免顾此失彼。因为 I_d 越大，结电容 C_{gs} 也越大，对电路的高频响应及失真不利。

（2）选用的 VMOS 功率管漏源耐压 BU_{dss} 不要过高，BU_{dss} 大的管子饱和压降也相对较大，会影响效率。而结型场效应管 BU_{dss} 则要尽可能高些。

（3）各种配对管要求选用同厂同批号的，这样管子的参数一致性相对有保障些。

（4）尽可能选用音响专用管。

步骤二　认识 Pass F5 场效应管功率放大器整机电路图

Pass F5 场效应管功率放大器是美国 PASS LABS 公司创始人尼尔森·帕斯（Nelson Pass）推出的一款甲类后级功放，尼尔森本人是国际音响界著名发烧友之一，以其简洁至上的作品风格而受众多发烧友推崇。

如图 3-12 所示为 Pass F5 场效应管功率放大器电路图，由图可知，电路架构属 OCL 形式，且未采用任何电容器，属纯 DC（直流）功率放大器。据作者本人的说法，设计 F5 电路的目的是用最简单的电路开发出场效应管的极限性能，实际产品也达到了非常高的性能水平，其主要技术指标如下。

输出功率：25W（8Ω）

频率响应：0～200kHz（–0.25dB）

谐波失真：＜0.005%

信噪比：≥110dB

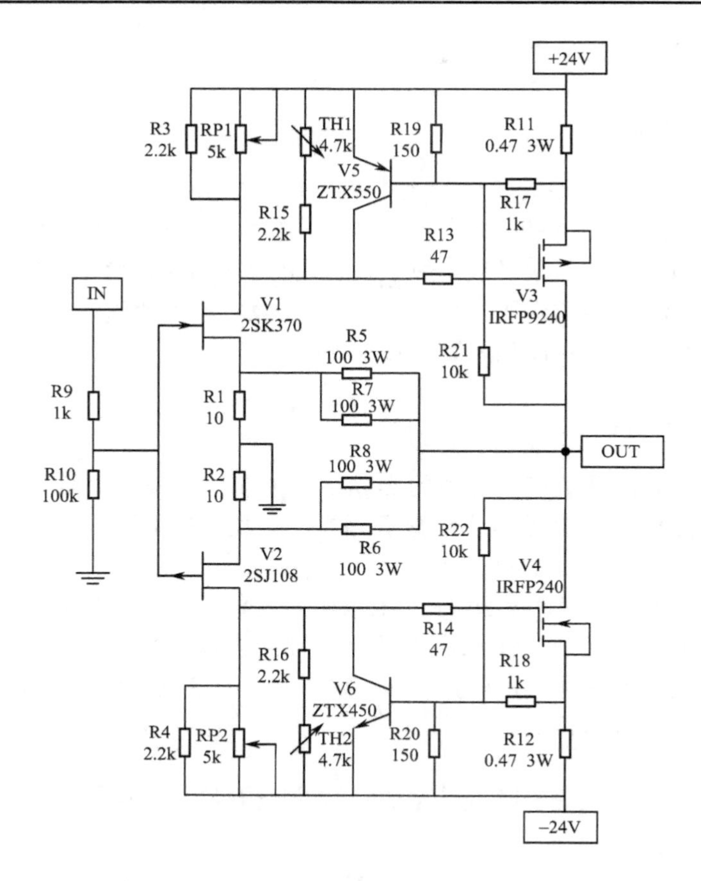

图 3-12　Pass F5 场效应管功率放大器电路图

步骤三　Pass F5 场效应管功率放大器电路工作原理分析

1. 功率放大电路

由图 3-12 可知，电路主要由两级场效应管放大电路和过流保护及温度补偿电路组成。

结型场效应管 V1、V2 组成共源极输入放大级，R3、RP1 和 R4、RP2 是两管的漏极偏置电阻，通过调节 RP1 和 RP2 可以改变电路的静态工作点，还可调节输出级的中点零电位。

R1、R5、R7 与 R2、R6、R8 分别为 V1、V2 的源极直流负反馈网络，用以控制放大器的增益及减小失真。

R9、R10 组成输入阻尼网络，其中 R9 主要起隔离作用，用以阻止输入信号中的杂波在 V1、V2 的栅极回路中形成寄生振荡，R10 能保证无信号输入时 V1、V2 的栅极处于零电位。

V3、V4 及 R11、R12、R13、R14 组成 OCL 功放输出级，其中 R11、R12 为两管的源极偏置电阻，可以增加两管的热稳定性，改变其阻值可以改变输出管的工作电流，R13、R14 为 V3、V4 的栅极缓冲电阻。

V5、V6 及 R17、R19、R21、R18、R20、R22 构成功放输出级的过流保护电路，其保护起控点由 R17 与 R19 对 R11（R18 与 R20 对 R12）两端电压的分压比决定。

TH1、R15 及 TH2、R16 为功放输出 MOS 管的温度补偿电路，TH1 与 TH2 为负温度系数的热敏电阻。

2. 电源电路

图 3-13 所示为 Pass F5 功率放大器的电源电路图，与一般电源电路不相同的是，它由两对大功率场效应管 V1～V4 稳压后分别为左、右声道供电。此稳压电路可有效减少电源纹波，限制功放输出管的峰值电流，降低大电流状态下的热噪声。

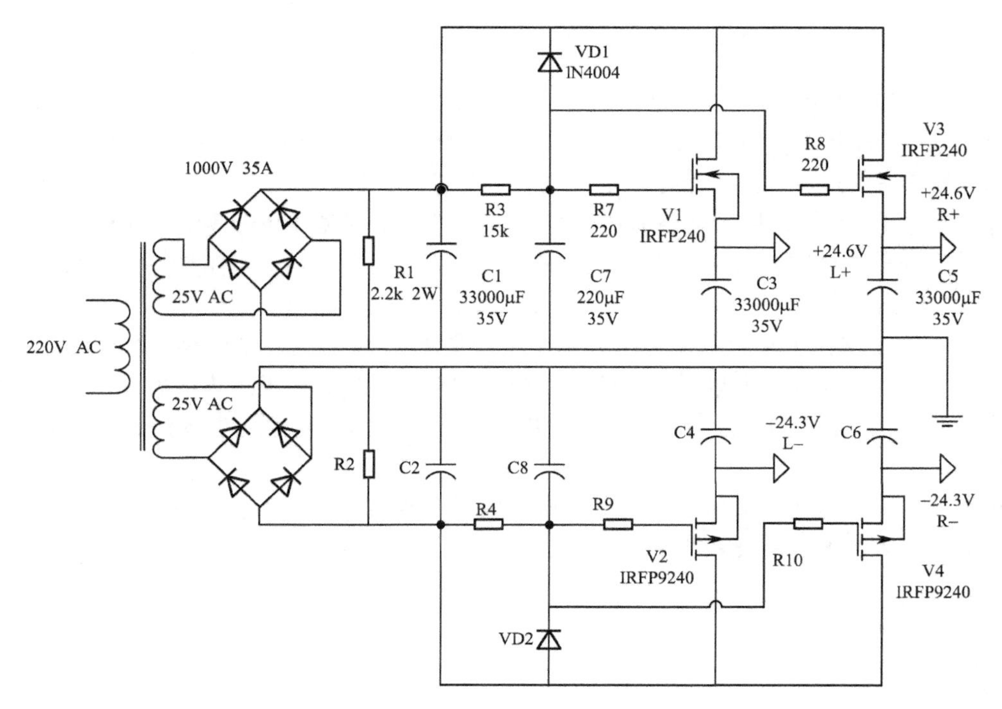

图 3-13　Pass F5 功率放大器的电源电路图

任务三　安装与调试 Pass F5 场效应管功率放大电路

☆ **本任务内容提要：**

介绍场效应管功率放大器的安装、调试步骤及其注意事项。

☆ **本任务学习目的：**

通过本任务的学习，掌握如何选择场效应管功率放大器的电路零件，能正确进行场效应管功率放大器的安装与调试工作。

步骤一　安装电路

功率放大器后级并不追求对信号的高放大倍数，一般来说 10～20 倍的放大倍数就已能满足对信号的放大要求，而更注重对音频信号的高保真度、频带宽度及电路在大电流状态下的工作稳定性。所以在进行电路安装时需特别注意元器件的选择及安装工艺的合理性。

1. 零件选择

Pass F5 放大电路因其结构简单，信号仅经过两级放大就输出，所以需选用高跨导的场效应放大管。本电路中，输入级的结型场效应管（JFET）选用东芝公司的 2SK370 与 2SJ108，均具有 20mS 以上的跨导，也可选用 2SK170 与 2SJ74。

输出功率 MOS 管选用国际整流器公司（IR）的 VMOS 管 IRFP9240 与 IRFP240。

电路中的普通电阻建议选用高精度金属膜 1/4W 电阻，大功率电阻选用松下公司的无感电阻。

由于电路工作在甲类状态，输出管静态工作电流超过 1.2A，在无信号输入时，每声道就有超过 50W 的功耗，所以需特别注意功放机的散热问题。按尼尔森的做法，每声道需用 5cm 高，15～20cm 长的深齿散热器两块，以保证散热器的温度控制在不高于环境温度 20℃的范围内。

电源变压器需选用有效输出功率足 300W 以上变压器，由于电路的峰值电流有可能高达 10A 以上，所以滤波电容器最少需 60 000μF 以上（最好是 EC 电容）。

2. 安装步骤

1）电路安装

本电路相对简单，安装难度较小，只需按图安装即可（在各发烧友网站均有套件购

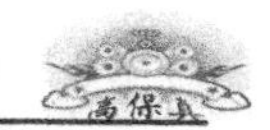

买），也可购买万能板自行安装。

2）整机安装

因本机属甲类放大器，发热量大，机箱及散热器的安装有较高的要求，必须满足方便散热的基本条件。图 3-14 所示为整机布局示意图。

3. 注意事项

（1）散热器基板与功放输出管需紧密接触，以利于散热，可以使用云母片进行绝缘处理。

（2）为保险起见，可购买成品扬声器保护电路进行安装。

（3）热敏电阻 TH1、TH2 的安装位置应尽量靠近功放输出管。

图 3-15 所示为 Pass F5 实物图。

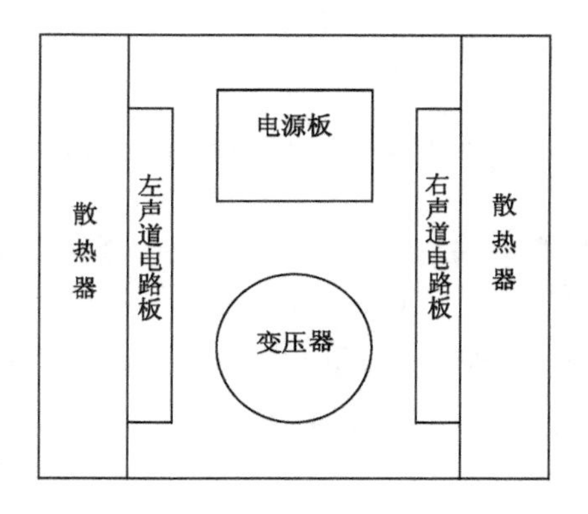

图 3-14　整机布局示意图

图 3-15　Pass F5 实物图

步骤二　调试电路

功率放大器调试是否得当直接影响到整机性能的优劣，尤其对于初学者来说，调试过程中稍有不慎就可能导致元器件的损坏，但只要本着安全第一的原则进行调试，一般都不会造成不良后果，以下是对本机进行调试的基本步骤。

（1）检查电路连接无误，散热器安装正确。

（2）将 RP1、RP2 预调到其两端阻值约为 600Ω 左右（在路阻值）。

（3）不接负载，通电后观察电路有无异常（有条件时，可用自耦变压器慢慢将电压往上调）。

（4）交替缓慢调整 RP1 及 RP2，使 R11、R12 两端电压为 0.25V（输出管工作电流约为

500mA），停下来让机器预热。

（5）半小时后，再测量R11及R12两端电压，应有一点漂移，再调RP1及RP2使其一致后，继续缓慢交替调整，使R11、R12两端电压为0.4V（输出管工作电流约为850mA）。

（6）约20min后，手摸散热器表面应感觉发烫较严重，调整RP1、RP2使R11、R12两端电压在0.58～0.61V之间（输出管工作电流约为1.23～1.3A），两电压值应尽量一致。

（7）约10min后，观察散热器温度应变化不大，此时可以调整RP1及RP2，使电路中点电压尽量为0V（保证两管输出电流差距不大的前提下，最大不超过50mV）。

（8）在机器工作1～2h后，应重复第（6）、（7）步进行调整。

（9）成熟一点的发烧友会在煲机1～2周后，重新检查电压的偏移量并进行调整，以使机器工作在最佳状态。

小 结

1. 场效应管有结型场效应管与绝缘栅场效应管两大类，两种场效应管分别有P沟道与N沟道两种结构形式。

2. 场效应管是单极型器件，场效应管具有输入电阻大，输出电阻小，响应速度快，噪声低，功耗低等特点，应用范围广。

3. 场效应管是电压控制型器件，主要工作原理是利用栅源电压控制漏源电流的大小，场效应管放大电路形式与三极管放大电路基本相同。

4. 场效应管功率放大器具有电路简单，动态范围大，失真小，频率范围宽，音调柔和的特点，越来越受到音响发烧友的青睐。

5. 制作场效应管功率放大器的基本步骤是：设定预期目标→选定制作电路→选择电路元器件→安装电路→调试电路→整机安装。

复习思考题

1. 试简述不同场效应管在放大电路中的栅极偏置电压如何设定。

2. 检测与安装场效应管的过程中需不需要采取防静电措施？

3. 在图3-12所示电路中，可否将温度补偿电路与过电流保护电路省略不装？对功放电路会产生何种影响。

4. 某人需要一台耳机放大器，请设计一个制作方案。

项目四　制作集成电路功率放大器

★ 本项目内容提要：

本项目首先从集成功放电路的种类、集成功放电路的工作特点和集成功放电路质量的好坏三个方面详细介绍了集成功放电路基本知识；然后介绍如何选择集成功率放大器的制作电路；最后详细讲解安装与调试集成功率放大电路的步骤和技能。

★ 本项目学习目标：

- 了解集成功率放大电路的基本知识
- 掌握集成功率放大器的工作原理
- 学会动手制作集成功放

任务一　认识集成功率放大电路

☆ 本任务内容提要：

介绍功率放大集成电路的种类、功率放大集成电路的工作特点，学会判断功率放大集成电路的质量好坏，以及介绍制作功率放大器的专业基础知识。

☆ 本任务学习目的：

了解集成电路的特点，掌握集成电路的基本理论知识，学会检测集成电路的技巧。

步骤一　了解功率放大集成电路的种类

IC是Integrated Circuit的缩写，是集成电路的意思，是将晶体管、二极管、电阻等元件及电路连线用平面工艺集中制造在一块单晶硅片上，使其在结构上形成紧密联系的微型整体，进行封装后，做成可作为单个器件使用的完整电子电路实体。

集成电路功率放大器则是将功率放大器中的所有元件及电路连线用平面工艺集中制造

在一块单晶硅片上，使其在结构上形成紧密联系的微型整体，进行封装后，做成可作为单个器件使用的完整电子电路实体。与普通的电子电路相比，集成电路大大降低了体积、重量、功耗，以及引出线和焊点的数目，并提高了电路的性能和可靠性。

集成电路具有体积小、重量轻、引出线和焊接点少、寿命长、可靠性高、性能好等优点，同时成本低，便于大规模生产。它不仅在工用、民用电子设备，如功率放大器、收录机、电视机、计算机等方面得到广泛的应用，而且在军事、通信、遥控等方面也得到广泛的应用。用集成电路来装配电子设备，其装配密度比晶体管可提高几十倍至几千倍，设备的稳定工作时间也可大大提高。集成电路在电路中常用字母“IC”表示。

1. 按功能、结构分类

集成电路按其功能、结构的不同，可以分为如下三类。

1）模拟集成电路

模拟集成电路主要是指由电容、电阻、晶体管等组成的模拟电路集成在一起用来处理模拟信号的集成电路。有许多的模拟集成电路，如运算放大器、模拟乘法器、锁相环、电源管理芯片等。模拟集成电路的主要构成电路有放大器、滤波器、反馈电路、基准源电路、开关电容电路等。模拟集成电路设计主要通过有经验的设计师进行手动的电路调试、模拟而得到。

2）数字集成电路

数字集成电路是将元器件和连线集成于同一半导体芯片上而制成的数字逻辑电路或系统。

3）数/模混合集成电路

模拟集成电路又称线性电路，用来产生、放大和处理各种模拟信号（指幅度随时间变化的信号，例如半导体收音机的音频信号、录放机的磁带信号等），其输入信号和输出信号成比例关系。而数字集成电路用来产生、放大和处理各种数字信号（指在时间上和幅度上离散的信号，例如 VCD、DVD 重放的音频信号和视频信号）。

2. 按制作工艺分类

集成电路按制作工艺可分为半导体集成电路和膜集成电路。

膜集成电路又分为厚膜集成电路和薄膜集成电路。

3. 按集成度高低分类

集成电路按集成度高低的不同可分为如下 6 种。

1）小规模集成电路（SSI）

小规模集成电路包含的门电路在 10 个以内，或元器件数不超过 100 个。

2）中规模集成电路（MSI）

中规模集成电路包含的门电路为 10～100 个，或元器件数为 100～1 000 个。

3）大规模集成电路（LSI）

大规模集成电路包含的门电路在 100 个以上，或元器件数为 1 000～10 000 个。

4）超大规模集成电路（VLSI）

超大规模集成电路包含的门电路在 1 万个以上，或元器件数为 1 000～10 000 个。

5）特大规模集成电路（ULSI）

特大规模集成电路的集成组件数为 107～109 个，元器件数为 1 万～10 万个。

6）巨大规模集成电路（GSI）

巨大规模集成电路的集成组件数在 109 个以上，元器件数为 10 万～100 万个。

4．按导电类型不同分类

集成电路按导电类型可分为：

1）双极型集成电路

在半导体内，多数载流子和少数载流子两种极性的载流子（空穴和电子）都同时参与有源元件的导电，如通常的 NPN 或 PNP 双极型晶体管。也就是说双极型集成电路是由 NPN 或 PNP 型晶体管组成的。由于电路中载流子有电子和空穴两种极性，因此取名为双极型集成电路，就是人们平时说的 TTL 集成电路。以这类晶体管为基础的单片集成电路，称为双极型集成电路。

双极型集成电路的制作工艺复杂，功耗较大，代表集成电路有 TTL、ECL、HTL、LST-TL、STTL 等类型。

2）单极型集成电路

它们都是数字集成电路。单极型集成电路是由 MOS 场效应晶体管组成的。因场效应晶体管只有多数载流子参加导电，故称场效应晶体管为单极型晶体管，由这种单极型晶体管组成的集成电路称为单极型集成电路，就是平时说的 MOS 集成电路。

单极型集成电路的制作工艺简单，功耗也较低，易于制成大规模集成电路，代表集成电路有 CMOS、NMOS、PMOS 等类型。

5．按用途分类

（1）集成电路按用途可分为音响前置放大集成电路、音响功率集成电路。

（2）音响专用集成电路包括 AM/FM 高中频电路、立体声解码电路、音频前置放大电路、音频运算放大集成电路、音频功率放大集成电路、环绕声处理集成电路、电平驱动集成电路、电子音量控制集成电路、延时混响集成电路、电子开关集成电路等。

6．按应用领域分

集成电路按应用领域可分为：标准通用集成电路、专用集成电路。

7．按外形分

集成电路按外形可分为：圆形（金属外壳晶体管封装型，一般适用于大功率）、扁平型（稳定性好，体积小）和双列直插型。

步骤二　掌握功率放大集成电路的工作特点

1．集成电路运算放大器的组成

集成电路运算放大器是一种高电压增益、高输入电阻和低输出电阻的多级直接耦合放大电路，它的类型很多，电路也不一样，但结构具有共同之处，一般由差分输入级、电压放大级、偏置电路和输出级四部分组成，如图 4-1 所示。

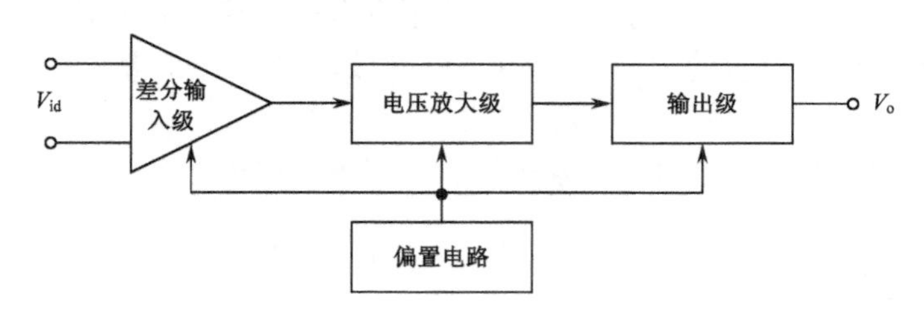

图 4-1　集成电路放大器内部组成原理图

（1）输入级一般是由 BJT、JFET 或 MOSFET 组成的差分式放大电路，利用它的对称特性可以提高整个电路的共模抑制比和其他方面的性能，它的两个输入端构成整个电路的反相输入端和同相输入端。

（2）电压放大级的主要作用是提高电压增益，它可由一级或多级放大电路组成。

（3）输出级一般由电压跟随器或互补电压跟随器组成，以降低输出电阻，提高带负载能力。

（4）偏置电路是为各级提供合适的工作电流。

此外还有一些辅助环节，如电平移动电路、过载保护电路及高频补偿环节等。

2．集成运算放大器的特点

（1）由集成电路工艺制造出来的元器件，虽然其参数的精度不是很高，受温度的影响也比较大，但由于各有关元器件都同处在一个硅片上，距离又非常接近，因此对称性较好。

（2）制造的电阻一般在几十欧姆到几十千欧姆之间。

（3）集成电路工艺不适于制造几十皮法以上的电容器，至于制造电感器就更困难。

（4）大量使用三极管做成有源器件代替大电阻、二极管和稳压管等。

步骤三　判断功率放大集成电路的质量好坏

1．看集成电路外表

一看：封装考究，型号标记清晰，字迹、商标及出厂编号、产地俱全且印刷质量较好（有的为烤漆、激光蚀刻等），这样的厂家在生产加工过程中，质量控制得比较严格。

二检：引脚光滑亮泽，无腐蚀插拔痕迹，生产日期较近，正规商店经营。

三测：对常用数字集成电路，为保护输入端及工厂生产需要，每一个输入端分别对VDD、GND 接了一个二极管（反接），用万用表测 VDD、GND 引脚之间静态电阻值在20kΩ以上，小于 1kΩ肯定是坏的。

对常用模拟及线性集成电路，通常要插入应用电路中才可判断。为安全考虑，建议先焊一个相同引脚的集成电路插座，确保外围电路无误后再插入集成电路。

2．常用集成电路的检测方法

1）音频功放集成电路的检测

检查音频功放集成电路时，应先检测其电源端（正电源端和负电源端）、音频输入端、音频输出端及反馈端对地的电压值和电阻值。若测得各引脚的数据值与正常值相差较大，但其外围元件又正常，则是该集成电路内部损坏。

对引起无声故障的音频功放集成电路，测量其电源电压正常时，可用信号干扰法来检查。测量时，万用表应置于 R×1 挡，将红表笔接地，用黑表笔点触音频输入端，正常时扬声器中应有较强的“喀喀”声。

2）运算放大器集成电路的检测

用万用表直流电压挡，测量运算放大器输出端与负电源端之间的电压值（在静态时电压值较高）。手持金属镊子依次点触运算放大器的两个输入端（加入干扰信号），若万用表表针有较大幅度的摆动，则说明该运算放大器完好；若万用表表针不动，则说明运算放大器已损坏。

集成电路的检测在专业的情况下使用专用集成电路检测仪。在没有专用仪器的情况下，则常采用万用表用以下方法进行检测。

1）不在路检测法

不在路检测法（又称内部电阻检测法）指集成电路在未焊入电路中时，通过测量其各引脚之间的直流电阻值与已知正常同型号集成电路各引脚之间的直流电阻值进行对比，以确定其是否正常。

2）在路检测法

在路检测法指利用电压测量法、电阻测量法及电流测量法等，通过在电路上测量集成电路的各引脚电压值、电阻值和电流值与给定正确值（参考值）相比较，判断该集成电路是否损坏。

3）代换法

代换法指用已知完好的同型号、同规格集成电路来代换被测集成电路，可以判断出该集成电路是否损坏。

3. 集成电路代换技巧

1）直接代换

直接代换是指用其他 IC 不经任何改动而直接取代原来的 IC，代换后不影响机器的主要性能与指标。

其代换原则是：代换 IC 的功能、性能指标、封装形式、引脚用途、引脚序号和间隔等几方面均相同。其中 IC 的功能相同不仅指功能相同，还应注意逻辑极性相同，即输出/输入电平极性、电压、电流幅度必须相同。性能指标是指 IC 的主要电参数（或主要特性曲线）、最大耗散功率、最高工作电压、频率范围及各信号输入、输出阻抗等参数要与原 IC 相近。功率小的代用件要加大散热片。

2）同一型号 IC 的代换

同一型号 IC 的代换一般是可靠的，安装集成电路时，要注意方向不要搞错，否则，通电时集成电路很可能被烧毁。有的单列直插式功放 IC，虽型号、功能、特性相同，但引脚排列顺序的方向是有所不同的。例如，双声道功放集成电路 LA4507，其引脚有“正”、“反”之分，其起始脚标注（色点或凹坑）方向不同；没有后缀与后缀为“R”的 IC 等，例如 M5115P 与 M5115RP。

3）不同型号 IC 的代换

（1）型号前缀字母相同、数字不同 IC 的代换。只要相互间的引脚功能完全相同，即使 IC 内部电路和电参数稍有差异，也可相互直接代换。如伴音中放 ICLA1363 和 LA1365，后者比前者在 IC 第⑤脚内部增加了一个稳压二极管，其他完全一样。

（2）型号前缀字母不同、数字相同 IC 的代换。一般情况下，前缀字母表示生产厂家及电路的类别，前缀字母后面的数字相同，大多数可以直接代换。但也有少数，虽数字相同，但功能却完全不同。例如，HA1364 是伴音 IC，而μPC1364 是色解码 IC，故二者完全不能代换。

（3）型号前缀字母和数字都不同 IC 的代换。有的厂家引进未封装的 IC 芯片，然后加工成按本厂命名的产品；还有的为了提高某些参数指标而改进产品。这些产品常用不同型号进行命名或用型号后缀加以区别。例如，AN380 与μPC1380 可以直接代换，AN5620、TEA5620、DG5620 等可以直接代换。

4．非直接代换

非直接代换是指将不能进行直接代换的 IC 外围电路稍加修改，改变原引脚的排列或增减个别元件等，使之成为可代换的 IC 的方法。

代换原则：代换所用的 IC 可与原来的 IC 引脚功能不同，外形不同，但功能要相同，特性要相近；代换后不应影响原机性能。

1）不同封装 IC 的代换

相同类型的 IC 芯片，但封装外形不同，代换时只要将新器件的引脚按原器件引脚的形状和排列进行整形即可。例如，AFT 电路 CA3064 和 CA3064E，前者为圆形封装，辐射状引脚；后者为双列直插塑料封装，两者内部特性完全一样，按引脚功能进行连接即可。双列 IC：AN7114、AN7115 与 LA4100、LA4102 封装形式基本相同，引脚和散热片正好都相差 180°。

前面提到的 AN5620 带散热片双列直插 16 脚封装，TEA5620 双列直插 18 脚封装，9、10 脚位于集成电路右边，相当于 AN5620 的散热片，二者其他脚排列一样，将 9、10 脚连起来接地即可使用。

2）电路功能相同但个别引脚功能不同IC的代换

代换时可根据各个型号IC的具体参数及说明进行。

3）类型相同但引脚功能不同IC的代换

这种代换需要改变外围电路及引脚排列，因而需要一定的理论知识、完整的资料和丰富的实践经验与技巧。

4）集成电路有些空脚不应擅自接地

内部等效电路和应用电路中有的引脚没有标明，遇到空的引脚时，不应擅自接地，这些引脚为更替或备用脚，有时也作为内部连接。

5）用分立元件代换IC

有时可用分立元件代换IC中被损坏的部分，使其恢复功能。代换前应了解该IC的内部功能原理、每个引脚的正常电压、波形图及与外围元件组成电路的工作原理。同时还应考虑：

信号能否从IC中取出接至外围电路的输入端：经外围电路处理后的信号，能否连接到集成电路内部的下一级去进行再处理（连接时的信号匹配应不影响其主要参数和性能）。如中放IC损坏，从典型应用电路和内部电路看，由伴音中放、鉴频及音频放大级组成，可用信号注入法找出损坏部分；若是音频放大部分损坏，则可用分立元件代替。

6）组合代换

组合代换就是把同一型号的多块IC内部未受损的电路部分，重新组合成一块完整的IC，用以代替功能不良的IC的方法。这在买不到原配IC的情况下是十分适用的，但要求所利用IC内部完好的电路一定要有接口引出脚。

非直接代换关键是要查清楚互相代换的两种IC的基本电参数、内部等效电路、各引脚的功能、IC与外部元件之间连接关系的资料。实际操作时应注意：

（1）集成电路引脚的编号顺序切勿接错。

为适应代换后的IC的特点，与其相连的外围电路的元件要作相应的改变。

（2）电源电压要与代换后的IC相符，如果原电路中电源电压高，应设法降压；电压低，要看代换IC能否工作。

（3）代换以后要测量IC的静态工作电流，如电流远大于正常值，则说明电路可能产生自激，这时须进行去耦、调整；若增益与原来有所差别，可调整反馈电阻阻值。

（4）代换后IC的输入、输出阻抗要与原电路相匹配，检查其驱动能力。

（5）在改动时要充分利用原电路板上的脚孔和引线，外接引线要求整齐，避免前后交

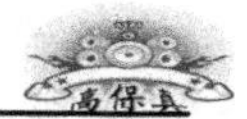

叉，以便检查和防止电路自激，特别是防止高频自激。

（6）在通电前电源 V_{CC} 回路里最好再串接一直流电流表，降压电阻阻值由大到小观察集成电路总电流的变化是否正常。

5．常用集成电路引脚识别

各种不同的集成电路引脚有不同的识别标记和不同的识别方法，掌握这些标记及识别方法，对于使用、选购、维修、测试是极为重要的。常用集成电路引脚排列如图 4-2 所示。

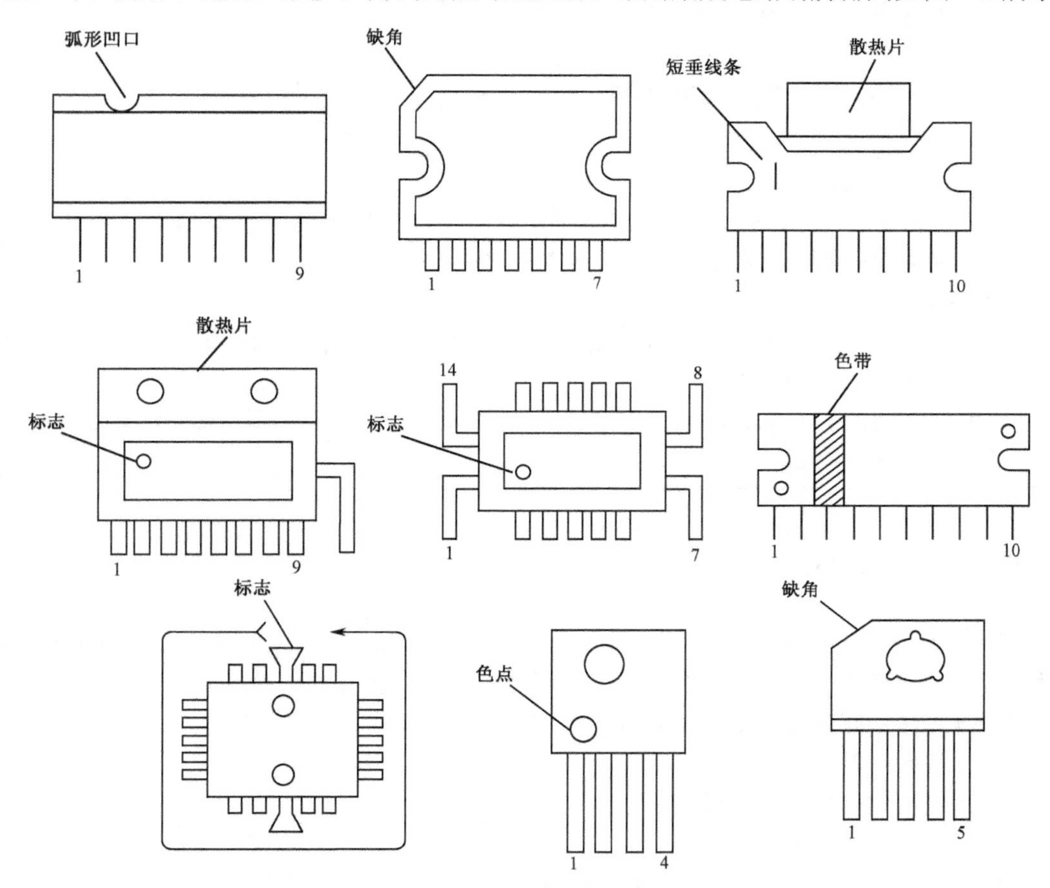

图 4-2　常用集成电路引脚排列

（1）缺口。在 IC 的一端有一半圆形或方形的缺口。

（2）凹坑、色点或金属片。在 IC 一角有一凹坑、色点或金属片。

（3）斜面、切角。在IC一角或散热片上有一斜面切角。

（4）无识别标记。在整个IC上无任何识别标记，一般可将IC型号面对自己，正视型号，从左下向右逆时针依次为1、2、3、…。

（5）有反向标志“R”的IC。某些IC型号末尾标有“R”字样，如HaxxxxA、HAxxxxAR。以上两种IC的电气性能一样，只是引脚互相相反。

（6）金属圆壳形IC。此类IC的引脚不同厂家有不同的排列顺序，使用前应查阅有关资料。

（7）三端稳压IC。一般都无识别标记，各种IC有不同的引脚。

任务二　制作集成电路功率放大器电路

☆ **本任务内容提要：**

本任务主要从三个方面学习：确定制作集成电路功率放大器方案，掌握集成电路的安装、集成电路功率放大器电路调试的方法。

☆ **本任务学习目的：**

了解集成电路的应用，掌握集成电路功率放大器的制作方法，学会通过动手制作把理论性的知识转化为实际的技能。一切从实际需求出发，将分列元件与集成电路巧妙地结合起来，可以使系统简化，体积小，可靠性提高。采用集成电路和新器件将可起到事半功倍的效果。

步骤一　确定制作方案

在制作集成电路功率放大器时，首先要确定制作方案，良好可行的设计方案可快速实现设计者的设计目的，收获成功的喜悦；不可行的方案只会给设计者带来失败的烦恼。然后根据制作方案按步骤进行实施。最后进行整机的调校，完成作品的包装。

确定方案的一般步骤如下。

（1）确定所制作功放功率的大小；

（2）确定对音质的要求；

（3）确定制作时所选用的集成电路功放电源是单电源还是双电源；

（4）确定所制作的功放是单声道还是立体声；

（5）最后再确定所选择集成电路功放的型号。

下面是选用LM1875制作功放电路的方案。

LM1875接法同TDA2030相似，有单、双电源两种接法。

LM1875 是美国国家半导体器件公司生产的音频功放电路，采用 V 形 5 脚单列直插式塑料封装结构，如图 4-3 所示。该集成电路在±25V 电源电压，R_L=4Ω 时可获得 20W 的输出功率，在±30V 电源，8Ω 负载时获得 30W 的功率，内置有多种保护电路，广泛应用于汽车立体声收录音机、中功率音响设备中，具有体积小、输出功率大、失真小等特点。

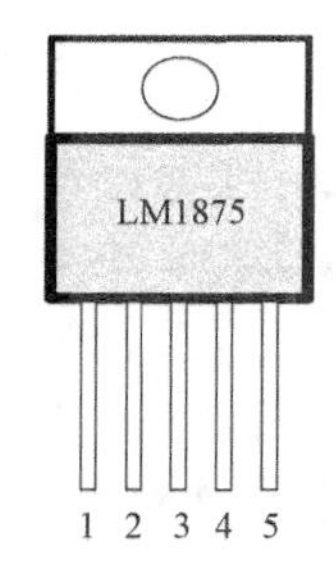

LM1875各引脚功能：
1—信号输入端+IN；
2—信号输入端-IN；
3—负电源-V_{EE}；
4—信号输出端；
5—正电源+V_{CC}

图 4-3　LM1875 外形及引脚功能

1．电路特点

单列 5 脚直插塑料封装，仅 5 只引脚。
开环增益可达 90dB。
失真极低，1kHz，20W 时失真仅为 0.015%。
AC 和 DC 短路保护电路。
超温保护电路。
峰值电流高达 4A。
极宽的工作电压范围（16～60V）。
内置输出保护二极管。
外接元件非常少，TO-220 封装。
输出功率大，P_o=20W（R_L=4Ω）。

LM1875 采用 TO-220 封装结构，形如一只中功率管，外形小巧，外围电路简单，且输出功率较大。该集成电路内部设有过载过热及感性负载反向电势安全工作保护。

2．LM1875 主要参数

电压范围：16～60V；
静态电流：50mA；
输出功率：25W；
谐波失真：＜0.02%（当 f=1kHz，R_L=8Ω，P_o=20W 时）；
额定增益：26dB（当 f=1kHz 时）；
工作电压：±25V；
转换速率：18V/μs。

3. 电路原理

LM1875 功放板由一个高低音分别控制的衰减式音调控制电路、LM1875 放大电路及电源供电电路三大部分组成，如图 4-4 所示。音调部分采用的是高低音分别控制的衰减式音调电路，其中 R2、R3、C2、C1、W2 组成低音控制电路；C3、C4、W3 组成高音控制电路；R4 为隔离电阻，W1 为音量控制器，调节放大器的音量大小，C5 为隔直流耦合电容，防止后级的 LM1875 直流电位对前级音调电路的影响。放大电路主要采用 LM1875，由 LM1875、R8、R9、C6 等组成，电路的放大倍数由 R_8 与 R_9 的比值决定，C6 用于稳定 LM1875 的第 4 脚直流零电位的漂移，但是对音质有一定的影响，C7、R10 的作用是防止放大器产生低频自激。本放大器的负载阻抗为 4～16Ω。

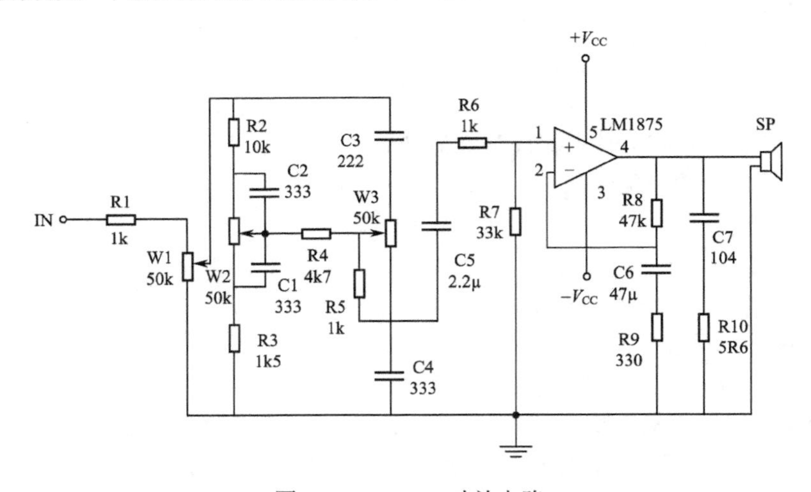

图 4-4　LM1875 功放电路

为了保证功放板的音质，电源变压器的输出功率不得低于 80W，输出交流电压为双 25V，滤波电容采用两个 2 200μF/35V 电解电容并联，正、负电源共用 4 个 2 200μF/35V 的电容，两个 104 的独石电容是高频滤波电容，有利于放大器的音质，如图 4-5 所示。

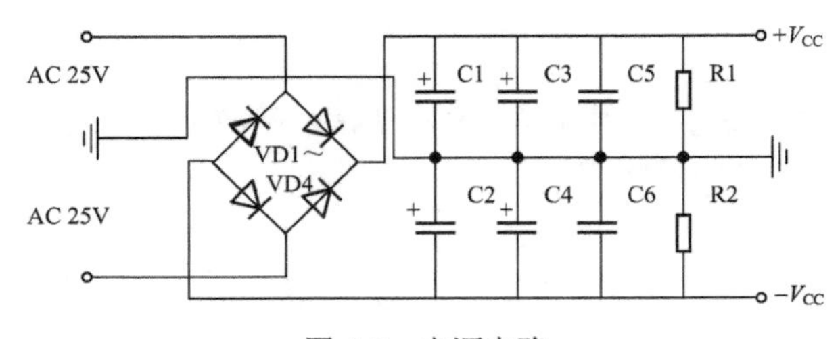

图 4-5　电源电路

步骤二　安装与调试电路

1. 安装与调试电路步骤

1）工具准备

35W电烙铁一把，万用电表一块，尖嘴钳一把，十字螺丝刀一把，焊锡丝和酒精松香溶液若干。

2）准备焊接

焊接时遵循先焊接小元器件再焊接大元器件的原则。比如在本电路中可按焊接跳线→电阻→电容→整流管→电位器→LM1875 的顺序进行，在焊接 LM1875 前应先把 LM1875 用螺丝固定在散热片上。LM1875 与散热片接触部分必须涂少量的散热脂，以利于散热。焊接时必须注意焊接质量，对于初学者，可先在废旧的电路板上多练习几次，然后再正式焊接。

3）调试

本功放板调试特别简单，焊好电路板电子元件后，要仔细检查电路板上元器件有无焊接错误的地方，特别要注意有极性的电子元器件，如电解电容、桥式整流堆，一旦焊接反了就有烧毁元器件的可能，须特别注意。实物电路如图 4-6 所示。

图 4-6　实物电路

接上变压器后，放大器的输出端先不接扬声器，而是接万用表，最好是数字式万用表，万用表置于 DC 2V 挡。功放板通电时注意观察万用表的读数，在正常情况下，读数应在 30mV 以内，否则应立即断开电源检查电路板。若万用表的读数在正常的范围内，则表明该功放板功能基本正常，最后再接上音箱。

输入音乐信号，通电试机，旋转音量电位器，音量大小应该有变化，旋转高低音旋钮，音乐的音调应有变化。

值得一试的实验：将 C6 短路，用万用表测 LM1875 输出端的直流电位，看是否是在 30mV 以内，然后接上音箱试两小时，用万用表测 LM1875 输出端的直流电位，看直流电位是否在 30mV 以内。如果是的话，则 C6 这个电容可以省掉，如此放大板就成了一个纯直流功放了。

下面介绍另一种功放集成电路，以供大家制作时作为参考。

2. 用 TDA7294 制作的功放电路

TDA7294 集成功放电路是欧洲著名的 SGS-THOMSON 公司推出的一款 Hi–Fi 大功率 DMOS 集成功放电路。介绍三种使用 TDA7294 集成功放块制作的功放电路。

1）OCL 电路

OCL 电路图如图 4-7 所示，本电路用两片 TDA7294 组成双声道 70W 功放，外围元件少，电路简单，当电源电压为±35V 时，在 8Ω负载上可获得 70W 的连续输出功率，非常适合在 $30m^2$ 以下的环境放音。整流电路如图 4-10 所示。如音箱阻抗小于 8Ω，则电源电压应相应降低。

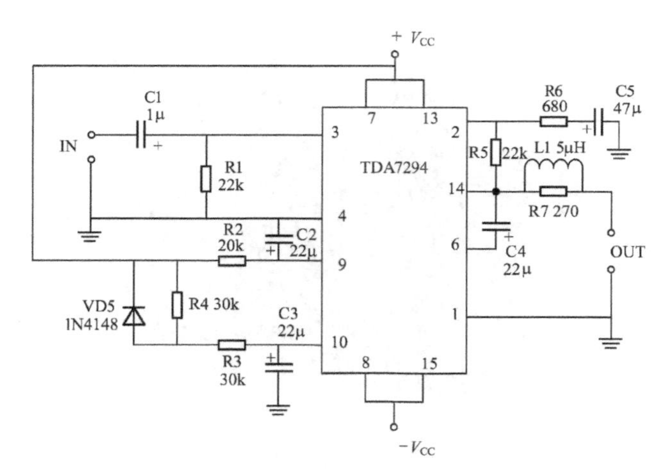

图 4-7　用 TDA7294 制作的 OCL 功放电路图

2）BTL 电路

BTL 电路如图 4-8 所示，整流电路如图 4-10 所示。利用两片 TDA7294 桥接组成 BTL

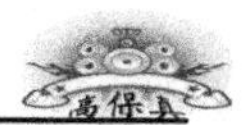

功放电路，输出功率可达 150W 以上，适合歌舞厅等需要大功率的地方，立体声时需要 4 块 TDA7294。当电源电压为±25V 时，在 8Ω负载上可获得 150W 的连续输出功率。当电源电为±35V 时，在 16Ω负载上可获得 180W 的连续输出功率。用 TDA7294 制作 BTL 功放，负载不得低于 8Ω。

3）恒流功放

恒流功放电路如图 4-9 所示，整流电路如图 4-10 所示。本功放电路与前面两种结构有些不同，其反馈电路为电流取样、电压求和负反馈。这种电路结构就是人们常说的恒流功放，在这里对电路不作具体分析，只介绍它与传统恒压功放相比较后突出的优点。

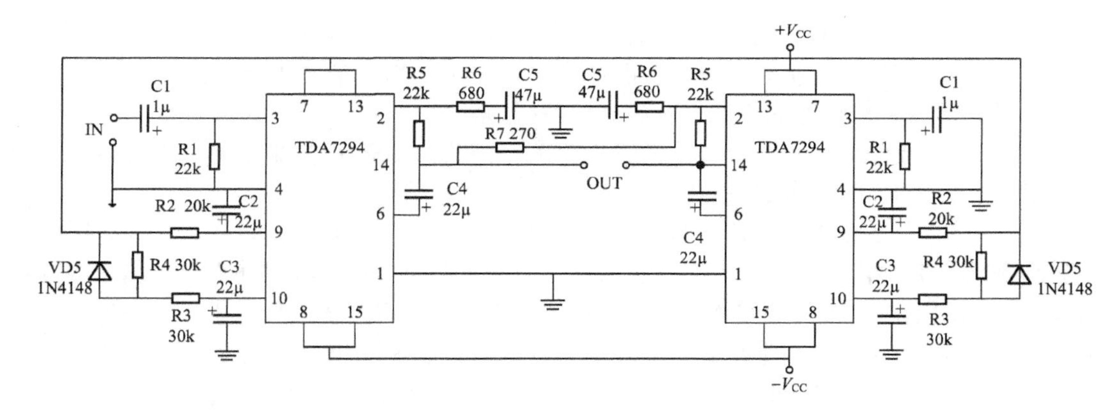

图 4-8　用 TDA7294 制作的 BTL 功放电路图

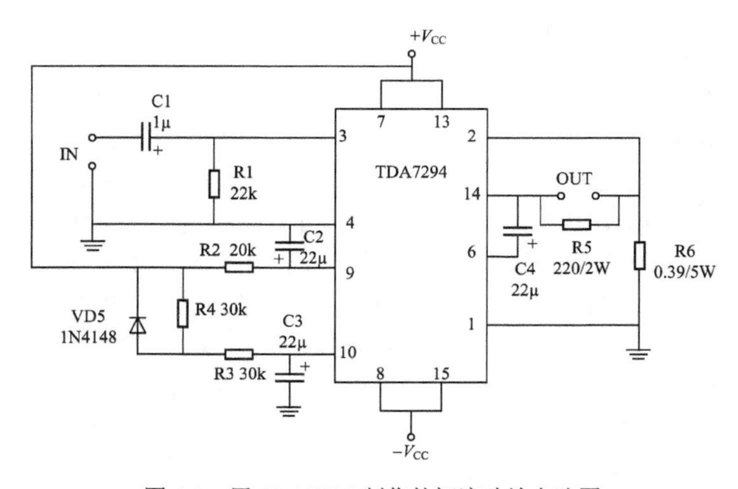

图 4-9　用 TDA7294 制作的恒流功放电路图

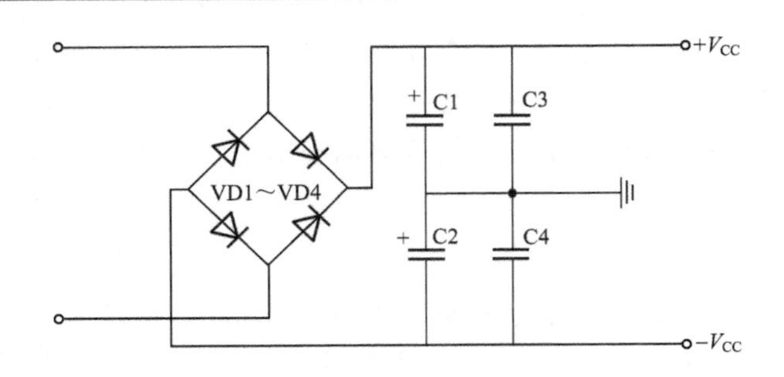

图 4-10　整流电路

（1）功放输出电流与负载阻抗无关，即使负载短路，也不会造成功放块过热现象。

（2）输出功率随着负载阻抗的增大而增大，在一定功率储备之内推动扬声器负载，可以很好地保证原来音乐信号的低音力度和高频解析力。

（3）作用在扬声器音圈上的力只依赖于电流。用流控振荡方式推动扬声器必然要快于压控振荡方式，使扬声器振动系统更接近音频信号的变化节奏。

（4）输入、输出阻抗容易做到匹配。恒流功放电路实际上是一个受输入信号电压控制的受控电流源。它的内部反馈电路为电流取样、电压求和负反馈，具有输入、输出阻抗均高的特点。输入阻抗高，正好是前级恒压放大电路所需要的，有利于信号电压无损失地送到功放输入端。而输出阻抗高，能减少内阻对信号的分流，有利于把输出信号电流都加在负载上。图 4-9 中，电源电压选择为±35V，其放大倍数由扬声器阻值与 R_6 的比值决定。

其中，VD1～VD4 采用 1N5408，C1、C2 采用 10 000μF/50V 的电容，C3、C4 采用 0.1μF/50V 的电容。

3. 音响常用集成电路型号

1）音频功率放大集成电路

音响系统中使用的音频功率放大集成电路除上述介绍的厚膜功率放大集成电路外，还有半导体运算功率放大集成电路（具有高放大倍数并有深度负反馈的直接耦合放大器）。

常用的音频功率放大集成电路有 TA7227、TA7270、TA7273、TA7240P、TDA1512、TDA1520、TDA1521、TDA1910、TDA2003、TDA2004、TDA2005、TDA2008、TDA1009、TDA7250、TDA7260、μPC1270H、μPC1185、μPC1242、HA1397、HA1377、AN7168、AN7170、LA4120、LA4180、LA4190、LA4420、LA4445、LA4460、LA4500、LM12、LM1875、LM2879、LM3886 等型号。

2）数码延时集成电路

数码延时集成电路主要用于卡拉 OK 系统中，其内部通常由滤波器、A/D 转换器、D/A

转换器、存储器、主逻辑控制电路、自动复位电路等组成。

常用的数码延时集成电路有 YX8955、TC9415、IN706、ES56033、CXA1644、CU9561、BU9252、BA5096、PT2398、PT2395、GY9403、GY9308、YSS216、M65850P、M65840、M65835、M65831、M50199、M50195、M50194 等型号。

3）二声道三维环绕声处理集成电路

音响系统中使用的二声道三维（3D）环绕声系统有 SRS、Spatializer、Q Surround、YMERSION TM 和虚拟杜比环绕声系统。

常用的 SRS 处理集成电路有 SRSS5250S、NJM2178 等型号。Spatializer 处理集成电路有 EMR4.0、PSZ740 等型号。Q Surround 处理集成电路有 QS7777 等型号。YMERSION TM 处理集成电路有 YSS247 等型号。

4）杜比定向逻辑环绕声解码集成电路

杜比定向逻辑环绕声解码系统将经过杜比编码处理后的左、右两个声道信号解调还原成四声道（前置左、右声道和中置声道、后置环绕声道）音频信号。

常用的杜比定向逻辑环绕声解码集成电路有 M69032P、M62460、LA2785、LA2770、NJW1103、YSS215、YSS241B、SSM-2125、SSM-2126 等型号。

5）数码环绕声解码集成电路

音响系统中使用的数码环绕声系统有杜比数码（AC-3）系统和 DTS 系统等，两种系统音频信号的记录与重放均为独立六声道（5.1 声道，包括前置左、右声道和中置、左环绕、右环绕、超重低音声道）。

常用的杜比数码环绕声解码集成电路有 YSS243B、YSS902 等型号。

6）常用的 DTS 数码环绕声解码集成电路和 BBE 音质增强集成电路

常用的 DTS 数码环绕声解码集成电路有 DSP56009、DSP56362、CS4926 等型号。

BBE 音质增强集成电路有 BA3884、XR1071、XR1072、XR1075、M2150A、NJM2152 等型号。

7）电子音量控制集成电路

电子音量控制集成电路是采用直流电压或串行数据控制的可调增益放大器，其内部一般由衰减器、锁存器、移位寄存器、电平转换电路等组成。

常用的电子音量控制集成电路有 TA7630P、TC9154P、TC9212P、LC7533、XR1051、M51133P、AN7382、TCA730A、TDA1524A、LM1035、LM1040、M62446 等型号。

8）电子转换开关集成电路

电子转换开关集成电路是采用直流电压或串行数据控制的多路电子互锁开关集成电

路，内部一般由逻辑控制、电平转换、锁存器、变换寄存器、模拟开关等电路组成。

常用的电子转换开关集成电路有 LC7815（双 4 路）、LC7820（双 10 路）、LC7823（双 7 路）、TC9162N（双 7 路）、TC9163N（双 8 路）、TC9164N（双 8 路）、TC9152P（双 5 路）和 TC4052BP（双 4 路）等型号。

9）扬声器保护集成电路

扬声器保护集成电路可以在功放电路出现故障、过载或过电压时，将扬声器系统与功放电路断开，从而达到保护扬声器和功放电路的目的。扬声器保护集成电路内部一般由检测电路、触发器、静噪电路及继电器驱动电路等组成。

常用的扬声器保护集成电路有 TA7317、HA12002、μPC1237 等型号。

10）前置放大集成电路

前置放大集成电路属于低噪声、低失真、高增益、宽频带运算放大器，有较高的输入阻抗和良好的线性。

常用的前置放大集成电路有 NE5532、NE5534、NE5535、OP248、TL074、TL082、TL084、LM324、LM381、LM382、LM833、LM837 等型号。

4. 集成电路发展简史

1）世界集成电路的发展历史

1947 年，贝尔实验室肖克莱等人发明了晶体管，这是微电子技术发展中第一个里程碑。

1950 年，结型晶体管诞生。

1950 年，ROhl 和肖特莱发明了离子注入工艺。

1951 年，发明场效应晶体管。

1956 年，CSFuller 发明了扩散工艺。

1958 年，仙童公司 Robert Noyce 与得州仪器公司基尔比分别发明了集成电路，开创了世界微电子学的历史。

1960 年，HHLoor 和 ECastellani 发明了光刻工艺。

1962 年，美国 RCA 公司研制出 MOS 场效应晶体管。

1963 年，F.M.Wanlass 和 C.T.Sah 首次提出 CMOS 技术，现在所使用的集成电路芯片 95%以上都是基于 CMOS 工艺。

1964 年，Intel 摩尔提出摩尔定律，预测晶体管集成度将会每 18 个月增加 1 倍。

1966 年，美国 RCA 公司研制出 CMOS 集成电路，并研制出第一块门阵列（50 门）。

1967 年，应用材料公司（Applied Materials）成立，现已成为全球最大的半导体设备制

造公司。

1971 年，Intel 推出 1Kb 动态随机存储器（DRAM），标志着大规模集成电路的出现。

1971 年，全球第一个微处理器 4004 由 Intel 公司推出，采用的是 MOS 工艺，这是一个里程碑式的发明。

1974 年，RCA 公司推出第一个 CMOS 微处理器 1802。

1976 年，16Kb DRAM 和 4Kb SRAM 问世。

1978 年，64Kb 动态随机存储器诞生，不足 $0.5cm^2$ 的硅片上集成了 14 万个晶体管，标志着超大规模集成电路（VLSI）时代的来临。

1979 年，Intel 推出 5MHz 8088 微处理器，之后，IBM 基于 8088 推出全球第一台 PC。

1981 年，256Kb DRAM 和 64Kb CMOS SRAM 问世。

1984 年，日本宣布推出 1Mb DRAM 和 256Kb SRAM。

1985 年，80386 微处理器问世，20MHz。

1988 年，16Mb DRAM 问世，$1cm^2$ 大小的硅片上集成有 3 500 万个晶体管，标志着进入超大规模集成电路（VLSI）阶段。

1989 年，1Mb DRAM 进入市场。

1989 年，486 微处理器推出，25MHz，1μm 工艺，后来 50MHz 芯片采用 0.8μm 工艺。

1992 年，64Mb 随机存储器问世。

1993 年，66MHz 奔腾处理器推出，采用 0.6μm工艺。

1995 年，Pentium Pro，133MHz，采用 0.6～0.35μm工艺。

1997 年，300MHz 奔腾Ⅱ问世，采用 0.25μm工艺。

1999 年，奔腾Ⅲ问世，450MHz，采用 0.25μm工艺，后采用 0.18μm 工艺。

2000 年，1Gb RAM 投放市场。

2000 年，奔腾 4 问世，1.5GHz，采用 0.18μm工艺。

2001 年，Intel 宣布 2001 年下半年采用 0.13μm工艺。

2）我国集成电路的发展历史

我国集成电路产业诞生于 20 世纪 60 年代，共经历了以下三个发展阶段。

1965—1978 年，以计算机和军工配套为目标，以开发逻辑电路为主要产品，初步建立集成电路工业基础及相关设备、仪器、材料的配套条件。

1978—1990 年，主要引进美国二手设备，改善集成电路装备水平，在“治散治乱”的同时，以消费类整机作为配套重点，较好地解决了彩电集成电路的国产化。

1990—2000 年，以 908 工程、909 工程为重点，以 CAD 为突破口，抓好科技攻关和北方科研开发基地的建设，为信息产业服务，集成电路行业取得了新的发展。

1956 年，中国提出“向科学进军”，把半导体技术列为国家四大紧急措施之一。

1957 年，北京电子管厂通过还原氧化锗，拉出了锗单晶。中国科学院应用物理研究所和二机部十局第十一所开发锗晶体管。当年，中国相继研制出锗点接触二极管和三极管（晶体管）。

1959 年，天津拉制出硅（Si）单晶。

1962 年，天津拉制出砷化镓单晶（GaAs），为研究制备其他化合物半导体打下了基础。

1962 年，我国研究制成硅外延工艺，并开始研究采用照相制版，光刻工艺。

1963 年，河北省半导体研究所制成硅平面型晶体管。

1964 年，河北省半导体研究所研制出硅外延平面型晶体管。

1965 年 12 月，河北半导体研究所召开鉴定会，鉴定了第一批半导体管，并在国内首先鉴定了 DTL 型（二极管–晶体管逻辑）数字逻辑电路。1966 年底，在工厂范围内上海元件五厂鉴定了 TTL 电路产品。这些小规模双极型数字集成电路主要以与非门为主，还有与非驱动器、与门、或非门、或门，以及与或非电路等，标志着中国已经制成了自己的小规模集成电路。

1966 年底，上海元件五厂召开产品鉴定会，鉴定了 TTL 型（晶体管–晶体管逻辑）电路，标志着中国已经自主研制成功小规模集成电路。

1968 年，组建国营东光电工厂（878 厂）、上海无线电十九厂，至 1970 年建成投产，形成中国 IC 产业中的“两霸”。

1968 年，上海无线电十四厂首家制成 PMOS（P 型金属–氧化物半导体）电路（MOSIC），拉开了我国发展 MOS 电路的序幕，并在 20 世纪 70 年代初，永川半导体研究所（现电子第 24 所）、上无十四厂和北京 878 厂相继研制成功 NMOS 电路。之后，又研制成功 CMOS 电路。20 世纪 70 年代初，全国掀起了建设 IC 生产企业的热潮，共有 40 多家集成电路工厂建成。

1972 年，中国第一块 PMOS 型 LSI 电路在四川永川半导体研究所研制成功。

1973 年，我国 7 个单位分别从国外引进单台设备，期望建成七条 3 英寸工艺线，最后只有北京 878 厂、航天部陕西骊山 771 所和贵州都匀 4433 厂。

1976 年 11 月，中国科学院计算所研制成功 1 000 万次大型电子计算机，所使用的电路为中国科学院 109 厂（现中科院微电子中心）研制的 ECL 型（发射极耦合逻辑）电路。

1982 年，江苏无锡的江南无线电器材厂（742 厂）IC 生产线建成验收投产，这是中国第一次从国外引进集成电路技术。

1982 年 10 月，国务院为了加强全国计算机和大规模集成电路的领导，成立了以万里副总理为组长的“电子计算机和大规模集成电路领导小组”，制定了中国 IC 发展规划，提出“六五”期间要对半导体工业进行技术改造。

1983 年，针对当时多头引进、重复布点的情况，国务院大规模集成电路领导小组提出“治散治乱”，集成电路要“建立南北两个基地和一个点”的发展战略，南方基地主要指上海、江苏和浙江，北方基地主要指北京、天津和沈阳，一个点指西安，主要为航天配套。

1985 年，第一块 64Kb DRAM 在无锡国营 742 厂试制成功。

1986 年，电子部厦门集成电路发展战略研讨会提出“七五”期间我国集成电路技术“531”发展战略，即普及推广 5μm 技术，开发 3μm 技术，进行 1μm 技术科技攻关，并提出建设南北两个 IC 基地，南方基地在江苏、上海、浙江长江三角洲地带，北方基地在北京。

1987 年，我国第一条双极集成电路生产线在无锡微电子联合公司首次突破设计能力，年产达 3 003 万块双极 IC。

1988 年，871 厂绍兴分厂改名为华越微电子有限公司。

1988 年 9 月，上无十四厂在技术引进项目及建设新厂房的基础上建成了我国第一条 4 英寸线，成立了中外合资公司——上海贝岭微电子制造有限公司。

1989 年，在上海元件五厂、上无七厂和上无十九厂联合搞技术引进项目的基础上，组建成中外合资公司——上海飞利浦半导体公司（现在的上海先进半导体制造有限公司）。

1989 年 2 月，机电部在无锡召开“八五”集成电路发展战略研讨会，提出了“加快基地建设，形成规模生产，注重发展专用电路，加强科研和支持条件，振兴集成电路产业”的发展战略。

1989 年 8 月 8 日，742 厂和永川半导体研究所无锡分所合并成立了中国华晶电子集团公司。

1990 年 10 月，国家计委和机电部在北京联合召开了有关领导和专家参加的座谈会，并向党中央进行了汇报，决定实施 908 工程。

1991 年，首都钢铁公司和日本 NEC 公司成立中外合资公司——首钢 NEC 电子有限公司。

1992 年上海飞利浦公司建成了我国第一条 5 英寸线。

1993 年第一块 256Kb DRAM 在中国华晶电子集团公司试制成功。

1994 年首钢日电公司建成了我国第一条 6 英寸线。

1995 年，电子部提出“九五”集成电路发展战略：以市场为导向，以 CAD 为突破口，产学研用相结合，以我为主，开展国际合作，强化投资，加强重点工程和技术创新能力的建设，促进集成电路产业进入良性循环。

1995 年 10 月，电子部和国家外专局在北京联合召开国内外专家座谈会，献计献策，加速我国集成电路产业发展。11 月，电子部向国务院做了专题汇报，确定实施 909 工程。

1996 年，英特尔公司投资在上海建设封测厂。

1997年7月17日，由上海华虹集团与日本NEC公司合资组建的上海华虹NEC电子有限公司组建，总投资为12亿美元，注册资金7亿美元，华虹NEC主要承担909工程超大规模集成电路芯片生产线项目建设。

1998年1月18日，908主体工程华晶项目通过对外合同验收，这条从朗讯科技公司引进的0.9μm的生产线已经具备了月投6 000片6英寸圆片的生产能力。同时华晶与上华合作生产MOS圆片的合约签订，有效期四年，华晶芯片生产线开始承接上华公司来料加工业务，开始执行100%代工的Foundry模式，从此真正开始了中国大陆的Foundry时代。

1998年1月，中国华大集成电路设计中心向国内外用户推出了熊猫2000系统，这是我国自主开发的一套EDA系统，可以满足亚微米和深亚微米工艺需要，处理规模达百万门级，支持高层次设计。

1998年2月28日，我国第一条8英寸硅单晶抛光片生产线建成投产，这个项目是在北京有色金属研究总院半导体材料国家工程研究中心进行的。

1998年3月，由西安交通大学开元集团微电子科技有限公司自行设计开发的我国第一个CMOS微型彩色摄像芯片开发成功，这是我国视觉芯片设计开发工作取得的一项可喜的成绩。

1998年4月，集成电路908工程九个产品设计开发中心项目验收授牌，这九个设计中心为信息产业部电子第十五研究所、信息产业部电子第五〇四研究所、上海集成电路设计公司、深圳先科设计中心、杭州东方设计中心、广东专用电路设计中心、兵器第二一四研究所、北京机械工业自动化研究所和航天工业771研究所。这些设计中心是与华晶六英寸生产线项目配套建设的。

1998年6月12日，深圳超大规模集成电路项目一期工程——后工序生产线及设计中心在深圳赛意法微电子有限公司正式投产，其集成电路封装测试的年生产能力由原设计的3.18亿块提高到目前的7.3亿块，并将扩展到10亿块的水平。

1998年6月，上海华虹NEC 909二期工程启动。

1999年2月23日，上海华虹NEC电子有限公司建成试投片，工艺技术档次从计划中的0.5μm提升到了0.35μm，主导产品64Mb同步动态存储器（S-DRAM）。这条生产线的建成投产标志着我国从此有了自己的深亚微米超大规模集成电路芯片生产线。

2000年4月中芯国际集成电路制造（上海）有限公司成立。

2000年7月11日，国务院颁布了《鼓励软件产业和集成电路产业发展的若干政策》。随后科技部依次批准了上海、西安、无锡、北京、成都、杭州、深圳共七个国家级IC设计产业化基地。

2000年11月上海宏力半导体制造有限公司在上海浦东开工奠基。

2001年2月27日，直径8英寸硅单晶抛光片国家高技术产业化示范工程项目在北京有

色金属研究总院建成投产；3 月 28 日，国务院第 36 次常务会议通过了《集成电路布图设计保护条例》。

2002 年 9 月 28 日，龙芯 1 号在中科院计算所诞生。同年 11 月，中国电子科技集团公司第四十六研究所率先研制成功直径 6 英寸半绝缘砷化镓单晶，实现了我国直径 6 英寸半绝缘砷化镓单晶研制零的突破。

2003 年 3 月 11 日，杭州士兰微电子股份有限公司上市，成为国内 IC 设计第一股。

2003 年 6 月，台积电（上海）有限公司落户上海，并于 2005 年 4 月正式投产。

2003 年 7 月，和舰科技（苏州）有限公司正式投产。

2003 年 8 月，英特尔公司宣布成立英特尔（成都）有限公司，并于 2005 年 12 月正式投产。

2004 年 9 月底，中芯国际的中国大陆第一条 12 英寸线在北京投入生产。它的建成是我国 IC 制造新的里程碑，与国外技术差距缩短至 5 年。

2006 年 10 月，无锡海力士意法半导体在无锡正式投产。

2006 年，中星微电子在美国纳斯达克上市。随即珠海炬力也成功上市。

2007 年，展讯通信在美国纳斯达克上市。

2007 年 3 月，英特尔公司宣布在中国大连建厂。

2007 年 6 月，成都成芯 8mm 项目投产

2007 年，武汉新芯成立，并开工建设全国第三条 12mm 生产线。

2007 年 12 月，中芯国际集成电路制造（上海）有限公司的 12mm 生产线（Fab8）建成投产。

2008 年，重庆茂德 8mm 项目投产。

2008 年 9 月，中芯国际深圳南方总部 8mm 项目和 12mm 项目开工。

2008 年，《集成电路产业“十一五”专项规划》重点建设北京、天津、上海、苏州、宁波等国家集成电路产业园。

2008 年 9 月，武汉新芯第一期工程完工并投产。

2006 年，中国半导体行业协会（CSIA）理事长俞忠钰对中国半导体产业过去 5 年来取得的成绩进行了回顾，对近期的市场进行了展望，并且指出中国集成电路设计业的新思路：“中国 IC 设计公司不要太强调高技术水平的产品，而是要强调拥有自主知识产权、掌握核心技术、有品牌、有市场竞争力的产品。”这一发展思路的意义在于中国政府对 IC 产业的指导思想已从追求高技术含量变成直接面对市场的需求，正在走上一条更务实的道路。他强调：“有市场竞争力才是最主要的，这是 IC 产业迫切需要面对的问题。”

5. 集成电路的封装种类

1）BGA（ball grid array）

球形触点阵列，表面贴装型封装之一。在印制基板的背面按阵列方式制作出球形凸点用以代替引脚，在印制基板的正面装配LSI芯片，然后用模压树脂或灌封方法进行密封。这也称为凸点阵列载体（PAC）。引脚可超过200个，是多引脚LSI用的一种封装。封装本体也可做得比QFP（四侧引脚扁平封装）小。例如，引脚中心距为1.5mm的360引脚BGA仅为31mm见方；而引脚中心距为0.5mm的304引脚QFP为40mm见方。而且BGA不用担心QFP那样的引脚变形问题。该封装是美国Motorola公司开发的，首先在便携式电话等设备中被采用，今后在美国有可能在个人计算机中普及。最初，BGA的引脚（凸点）中心距为1.5mm，引脚数为225。现在也有一些LSI厂家正在开发500引脚的BGA。BGA的问题是回流焊后的外观检查。现在尚不清楚是否是有效的外观检查方法。有人认为，由于焊接的中心距较大，连接可以看做是稳定的，只能通过功能检查来处理。美国Motorola公司把用模压树脂密封的封装称为OMPAC，而把灌封方法密封的封装称为GPAC（见OMPAC和GPAC）。

2）BQFP（quad flat package with bumper）

带缓冲垫的四侧引脚扁平封装，为QFP封装之一，在封装本体的四个角设置突起（缓冲垫）以防止在运送过程中引脚发生弯曲变形。美国半导体厂家主要在微处理器和ASIC等电路中采用此封装。引脚中心距0.635mm，引脚数为84～196（见QFP）。

3）C（ceramic）

表示陶瓷封装的记号。例如，CDIP表示陶瓷DIP。它是在实际中经常使用的记号。

4）Cerdip

用玻璃密封的陶瓷双列直插式封装，用于ECL RAM、DSP（数字信号处理器）等电路。带有玻璃窗口的Cerdip用于紫外线擦除型EPROM以及内部带有EPROM的微机电路等。引脚中心距2.54mm，引脚数为8～42。在日本，此封装表示为DIP-G（G即玻璃密封的意思）。

5）Cerquad

表面贴装型封装之一，用陶瓷QFP封装DSP等逻辑LSI电路。带有窗口的Cerquad用于封装EPROM电路。散热性比塑料QFP好，在自然空冷条件下可容许1.5～2W的功率，但封装成本比塑料QFP高3～5倍。引脚中心距有1.27mm、0.8mm、0.65mm、0.5mm、0.4mm等多种规格。引脚数为32～368。

6）COB（chip on board）

板上芯片封装，是裸芯片贴装技术之一，半导体芯片交接贴装在印制线路板上，芯片与基板的电气连接用引线缝合方法实现，并用树脂覆盖以确保可靠性。虽然 COB 是最简单的裸芯片贴装技术，但它的封装密度远不如 TAB 和倒片焊技术。

7）DFP（dual flat package）

双侧引脚扁平封装，是 SOP 的别称（见 SOP）。以前曾有此称法，现在已基本不用。

8）DIC（dual in-line ceramic package）

陶瓷 DIP（含玻璃密封）的别称（见 DIP）。

9）DIL（dual in-line）

DIP 的别称（见 DIP）。欧洲半导体厂家多用此名称。

10）DIP（dual in-line package）

双列直插式封装，插装型封装之一，引脚从封装两侧引出，封装材料有塑料和陶瓷两种。DIP 是最普及的插装型封装，应用范围包括标准逻辑 IC、存储器 LSI、微机电路等。引脚中心距 2.54mm，引脚数为 6～64。封装宽度通常为 15.2mm。有的把宽度为 7.52mm 和 10.16mm 的封装分别称为 skinny DIP 和 slim DIP（窄体型 DIP）。但多数情况下并不加以区分，只简单地统称为 DIP。另外，用低熔点玻璃密封的陶瓷 DIP 也称为 Cerdip（见 Cerdip）。

11）DSO（dual small out-lint）

双侧引脚小外形封装，SOP 的别称（见 SOP）。部分半导体厂家采用此名称。

12）DICP（dual tape carrier package）

双侧引脚带载封装，TCP（带载封装）之一。引脚制作在绝缘带上并从封装两侧引出。由于利用的是 TAB（自动带载焊接）技术，封装外形非常薄，常用于液晶显示驱动 LSI，但多数为定制品。另外，0.5mm 厚的存储器 LSI 薄型封装正处于开发阶段。在日本，按照 EIAJ（日本电子机械工业会）标准规定，将 DICP 命名为 DTP。

13）DIP（dual tape carrier package）

同上，为日本电子机械工业会标准对 DTCP 的命名（见 DTCP）。

14）FP（flat package）

扁平封装，表面贴装型封装之一，为 QFP 或 SOP（见 QFP 和 SOP）的别称。部分半导体厂家采用此名称。

15）flip-chip

倒焊芯片，裸芯片封装技术之一，在 LSI 芯片的电极区制作好金属凸点，然后把金属凸点与印制基板上的电极区进行压焊连接。封装的占有面积基本上与芯片尺寸相同，是所有封装技术中体积最小、最薄的一种。但如果基板的热膨胀系数与 LSI 芯片不同，就会在接合处产生反应，从而影响连接的可靠性。因此必须用树脂来加固 LSI 芯片，并使用热膨胀系数基本相同的基板材料。

16）FQFP（fine pitch quad flat package）

小引脚中心距 QFP，通常指引脚中心距小于 0.65mm 的 QFP（见 QFP）。部分半导体厂家采用此名称。

17）CPAC（globe top pad array carrier）

美国 Motorola 公司对 BGA 的别称（见 BGA）。

18）CQFP（quad fiat package with guard ring）

带保护环的四侧引脚扁平封装，塑料 QFP 之一，引脚用树脂保护环掩蔽，以防止弯曲变形。在把 LSI 组装在印制基板上之前，从保护环处切断引脚并使其成为海鸥翼状（L 形状）。这种封装在美国 Motorola 公司已批量生产。引脚中心距 0.5mm，引脚数最多为 208 左右。

19）H（with heat sink）

表示带散热器的标记。例如，HSOP 表示带散热器的 SOP。

20）pin grid array（surface mount type）

表面贴装型 PGA。通常 PGA 为插装型封装，引脚长约 3.4mm。表面贴装型 PGA 在封装的底面有阵列状的引脚，其长度为 1.5～2.0mm。贴装采用与印制基板碰焊的方法，因而也称为碰焊 PGA。因为引脚中心距只有 1.27mm，比插装型 PGA 小一半，所以封装本体可制作得不怎么大，而引脚数比插装型多（250～528），是大规模逻辑 LSI 用的封装。封装的基材有多层陶瓷基板和玻璃环氧树脂印制基板。以多层陶瓷基材制作封装已经实用化。

21）JLCC（J-leaded chip carrier）

J 形引脚芯片载体，带窗口 CLCC 和带窗口的陶瓷 QFJ 的别称（见 CLCC 和 QFJ）。部分半导体厂家采用此名称。

22）LCC（leadless chip carrier）

无引脚芯片载体，指陶瓷基板的四个侧面只有电极接触而无引脚的表面贴装型封装，是高速和高频 IC 用封装，也称为陶瓷 QFN 或 QFN-C（见 QFN）。

23）LGA（land grid array）

触点阵列封装，即在底面制作有阵列状态坦电极触点的封装。装配时插入插座即可。现已实用的有 227 触点（1.27mm 中心距）和 447 触点（2.54mm 中心距）的陶瓷 LGA，应用于高速逻辑 LSI 电路。LGA 与 QFP 相比，能够以比较小的封装容纳更多的输入、输出引脚。另外，由于引线的阻抗小，对于高速 LSI 是很适用的。但由于插座制作复杂，成本高，现在基本上不怎么使用。预计今后对其需求会有所增加。

24）LOC（lead on chip）

芯片上引线封装，LSI 封装技术之一，引线框架的前端处于芯片上方的一种结构，芯片的中心附近制作有凸焊点，用引线缝合进行电气连接。与原来把引线框架布置在芯片侧面附近的结构相比，在相同大小的封装中容纳的芯片宽度达 1mm 左右。

25）LQFP（low profile quad flat package）

薄型 QFP，指封装本体厚度为 1.4mm 的 QFP，是日本电子机械工业会根据制定的新 QFP 外形规格所用的名称。

26）L-QUAD

陶瓷 QFP 之一。封装基板用氮化铝，基导热率比氧化铝高 7～8 倍，具有较好的散热性。封装的框架用氧化铝，芯片用灌封法密封，从而降低了成本。它是为逻辑 LSI 开发的一种封装，在自然空冷条件下可容许 3W 的功率。现已开发出了 208 引脚（0.5mm 中心距）和 160 引脚（0.65mm 中心距）的 LSI 逻辑用封装，并于 1993 年 10 月开始投入批量生产。

27）MCM（multi-chip module）

多芯片组件，是将多块半导体裸芯片组装在一块布线基板上的一种封装，根据基板材料可分为 MCM-L、MCM-C 和 MCM-D 三大类。MCM-L 是使用通常的玻璃环氧树脂多层印制基板的组件，布线密度不怎么高，成本较低。MCM-C 是用厚膜技术形成多层布线，以陶瓷（氧化铝或玻璃陶瓷）作为基板的组件，与使用多层陶瓷基板的厚膜混合 IC 类似。两者无明显差别。MCM-C 布线密度高于 MCM-L。

MCM-D 是用薄膜技术形成多层布线，以陶瓷（氧化铝或氮化铝）或 Si、Al 作为基板的组件。它的布线密度在三种组件中是最高的，但成本也高。

28）MFP（mini flat package）

小形扁平封装，塑料 SOP 或 SSOP 的别称（见 SOP 和 SSOP）。部分半导体厂家采用此名称。

29）MQFP（metric quad flat package）

按照 JEDEC（美国联合电子设备委员会）标准对 QFP 进行的一种分类，指引脚中心距为 0.65mm，本体厚度为 3.8～2.0mm 的标准 QFP（见 QFP）。

30）MQUAD（metal quad）

美国 Olin 公司开发的一种 QFP 封装。基板与封盖均采用铝材，用黏合剂密封。在自然空冷条件下可容许 2.5～2.8W 的功率。日本新光电气工业公司于 1993 年获得特许开始生产。

31）MSP（mini square package）

QFI 的别称（见 QFI），在开发初期多称为 MSP。QFI 是日本电子机械工业会规定的名称。

32）OPMAC（over molded pad array carrier）

模压树脂密封凸点阵列载体。美国 Motorola 公司对模压树脂密封 BGA 采用此名称（见 BGA）。

33）P（plastic）

表示塑料封装的记号，如 PDIP 表示塑料 DIP。

34）PAC（pad array carrier）

凸点阵列载体，BGA 的别称（见 BGA）。

35）PCLP（printed circuit board leadless package）

印制电路板无引线封装。日本富士通公司对塑料 QFN（塑料 LCC）采用此名称（见 QFN）。引脚中心距有 0.55mm 和 0.4mm 两种规格，目前正处于开发阶段。

36）PFPF（plastic flat package）

塑料扁平封装，塑料 QFP 的别称（见 QFP）。部分 LSI 厂家采用此名称。

37）PGA（pin grid array）

阵列引脚封装，插装型封装之一，其底面的垂直引脚呈阵列状排列。封装基材基本上都采用多层陶瓷基板。在未专门表示出材料名称的情况下，多数为陶瓷 PGA，用于高速大规模逻辑 LSI 电路，成本较高。引脚中心距通常为 2.54mm，引脚数为 64～447。为了降低成本，封装基材可用玻璃环氧树脂印制基板代替。也有 64～256 引脚的塑料 PGA。另外，还有一种引脚中心距为 1.27mm 的短引脚表面贴装型 PGA（碰焊 PGA）（见表面贴装型 PGA）。

38）piggy back

驮载封装，指配有插座的陶瓷封装，形状与 DIP、QFP、QFN 相似。在开发带有微机的设备时用于评价程序确认操作。例如，将 EPROM 插入插座进行调试。这种封装基本上都是定制品，市场上不怎么流通。

39）PLCC（plastic leaded chip carrier）

带引线的塑料芯片载体，表面贴装型封装之一。引脚从封装的四个侧面引出，呈丁字形，是塑料制品。美国得州仪器公司首先在64Kb DRAM和256Kb DRAM中采用，现在已经普及用于逻辑LSI、DLD（或程逻辑器件）等电路。引脚中心间距1.27mm，引脚数为18～84。J形引脚不易变形，比QFP容易操作，但焊接后的外观检查较为困难。PLCC与LCC（也称QFN）相似。以前，两者的区别仅在于前者用塑料，后者用陶瓷。但现在已经出现用陶瓷制作的J形引脚封装和用塑料制作的无引脚封装（标记为塑料LCC、PC LP、P-LCC等），已经无法分辨。为此，日本电子机械工业会于1988年决定，把从四侧引出J形引脚的封装称为QFJ，把在四侧带有电极凸点的封装称为QFN（见QFJ和QFN）。

40）P-LCC（plastic teadless chip carrier，plastic leaded chip currier）

有时候是塑料QFJ的别称，有时候是QFN（塑料LCC）的别称（见QFJ和QFN）。部分LSI厂家用PLCC表示带引线封装，用P-LCC表示无引线封装，以示区别。

41）QFH（quad flat high package）

四侧引脚厚体扁平封装，塑料QFP的一种，为了防止封装本体断裂，QFP本体制作得较厚（见QFP）。部分半导体厂家采用此名称。

42）QFI（quad flat I-leaded package）

四侧I形引脚扁平封装，表面贴装型封装之一。引脚从封装四个侧面引出，向下呈I字，也称为MSP（见MSP）。贴装与印制基板进行碰焊连接。由于引脚无突出部分，贴装占有面积小于QFP。日立制作所为视频模拟IC开发并使用了这种封装。此外，日本的Motorola公司的PLL IC也采用了此种封装。引脚中心距为1.27mm，引脚数为18～68。

43）QFJ（quad flat J-leaded package）

四侧J形引脚扁平封装，表面贴装封装之一。引脚从封装四个侧面引出，向下呈J字形，是日本电子机械工业会规定的名称。引脚中心距为1.27mm。

材料有塑料和陶瓷两种。塑料QFJ多数情况称为PLCC（见PLCC），用于微机、门阵列、DRAM、ASSP、OTP等电路。引脚数为18～84。

陶瓷QFJ也称为CLCC、JLCC（见CLCC）。带窗口的封装用于紫外线擦除型EPROM以及带有EPROM的微机芯片电路。引脚数为32～84。

44）QFN（quad flat non-leaded package）

四侧无引脚扁平封装，表面贴装型封装之一。现在多称为LCC。QFN是日本电子机械工业会规定的名称。封装四侧配置有电极触点，由于无引脚，贴装占有面积比QFP小，高度比QFP低。但是，当印制基板与封装之间产生应力时，在电极接触处就不能得到缓解。

因此电极触点难于做到如 QFP 的引脚那样多，一般为 14～100。材料有陶瓷和塑料两种。当有 LCC 标记时基本上都是陶瓷 QFN。电极触点中心距为 1.27mm。

塑料 QFN 是以玻璃环氧树脂印制基板为基材的一种低成本封装。电极触点中心距除 1.27mm 外，还有 0.65mm 和 0.5mm 两种。这种封装也称为塑料 LCC、PCLC、P-LCC 等。

45）QFP（quad flat package）

四侧引脚扁平封装，表面贴装型封装之一，引脚从四个侧面引出呈海鸥翼（L）形。基材有陶瓷、金属和塑料三种。从数量上看，塑料封装占绝大部分。当没有特别表示出材料时，多数情况为塑料 QFP。塑料 QFP 是最普及的多引脚 LSI 封装，不仅用于微处理器、门阵列等数字逻辑 LSI 电路，而且也用于 VTR 信号处理、音响信号处理等模拟 LSI 电路。引脚中心距有 1.0mm、0.8mm、0.65mm、0.5mm、0.4mm、0.3mm 等多种规格。0.65mm 中心距规格中最多引脚数为 304。

日本将引脚中心距小于 0.65mm 的 QFP 称为 QFP（FP）。但现在日本电子机械工业会对 QFP 的外形规格进行了重新评价，在引脚中心距上不加区别，而是根据封装本体厚度分为 QFP（2.0～3.6mm 厚）、LQFP（1.4mm 厚）和 TQFP（1.0mm 厚）三种。

另外，有的 LSI 厂家把引脚中心距为 0.5mm 的 QFP 专门称为收缩型 QFP 或 SQFP、VQFP。但有的厂家把引脚中心距为 0.65mm 及 0.4mm 的 QFP 也称为 SQFP，致使名称稍有一些混乱。QFP 的缺点是，当引脚中心距小于 0.65mm 时，引脚容易弯曲。为了防止引脚变形，现已出现了几种改进的 QFP 品种，如封装的四个角带有树指缓冲垫的 BQFP（见 BQFP）；带树脂保护环覆盖引脚前端的 GQFP（见 GQFP）；在封装本体里设置测试凸点，放在防止引脚变形的专用夹具里就可进行测试的 TPQFP（见 TPQFP）。在逻辑 LSI 方面，不少开发品和高可靠品都封装在多层陶瓷 QFP 里。引脚中心距最小为 0.4mm，引脚数最多为 348 的产品也已问世。此外，也有用玻璃密封的陶瓷 QFP（见 Gerqad）。

46）QFP（FP）（QFP fine pitch）

小中心距 QFP，日本电子机械工业会标准所规定的名称，指引脚中心距为 0.55mm、0.4mm、0.3mm 等小于 0.65mm 的 QFP（见 QFP）。

47）QIC（quad in-line ceramic package）

陶瓷 QFP 的别称。部分半导体厂家采用此名称（见 QFP、Cerquad）。

48）QIP（quad in-line plastic package）

塑料 QFP 的别称。部分半导体厂家采用此名称（见 QFP）。

49）QTCP（quad tape carrier package）

四侧引脚带载封装，TCP 封装之一，在绝缘带上形成引脚并从封装四个侧面引出，是

利用 TAB 技术的薄形封装（见 TAB、TCP）。

50）QTP（quad tape carrier package）

四侧引脚带载封装，是日本电子机械工业会于 1993 年 4 月对 QTCP 所制定的外形规格所用的名称（见 TCP）。

51）QUIL（quad in-line）

QUIP 的别称（见 QUIP）。

52）QUIP（quad in-line package）

四列引脚直插式封装。引脚从封装两个侧面引出，每隔一根交错向下弯曲成四列。引脚中心距 1.27mm，当插入印制基板时，插入中心距就变成 2.5mm，因此可用于标准印制线路板，是比标准 DIP 更小的一种封装。日本电气公司在台式计算机和家电产品等的微机芯片中采用了这种封装。材料有陶瓷和塑料两种。引脚数 64。

53）SDIP（shrink dual in-line package）

收缩型 DIP，插装型封装之一，形状与 DIP 相同，但引脚中心距（1.778mm）小于 DIP（2.54mm），因而得此称呼。引脚数为 14～90。也有称为 SH-DIP 的。材料有陶瓷和塑料两种。

54）SH-DIP（shrink dual in-line package）

同 SDIP。部分半导体厂家采用此名称。

55）SIL（single in-line）

SIP 的别称（见 SIP）。欧洲半导体厂家多采用 SIL 这个名称。

56）SIMM（single in-line memory module）

单列存储器组件，只在印制基板的一个侧面附近配有电极的存储器组件，通常指插入插座的组件。标准 SIMM 有中心距为 2.54mm 的 30 电极和中心距为 1.27mm 的 72 电极两种规格。在印制基板的单面或双面装有用 SOJ 封装的 1Mb 及 4Mb DRAM 的 SIMM 已经在个人计算机、工作站等设备中获得广泛应用。至少有 30%～40%的 DRAM 都装配在 SIMM 里。

57）SIP（single in-line package）

单列直插式封装。引脚从封装一个侧面引出，排列成一条直线。当装配到印制基板上时封装呈侧立状。引脚中心距通常为 2.54mm，引脚数为 2～23，多数为定制产品。封装的形状各异。也有的把形状与 ZIP 相同的封装称为 SIP。

58）SK-DIP（skinny dual in-line package）

DIP 的一种，指宽度为 7.62mm，引脚中心距为 2.54mm 的窄体 DIP，通常统称为 DIP（见 DIP）。

59）SL-DIP（slim dual in-line package）

DIP 的一种，指宽度为 10.16mm，引脚中心距为 2.54mm 的窄体 DIP，通常统称为 DIP。

60）SMD（surface mount devices）

表面贴装器件。偶尔有的半导体厂家把 SOP 归为 SMD（见 SOP）。

SOP 的别称。世界上很多半导体厂家都采用此别称（见 SOP）。

61）SOI（small out-line I-leaded package）

I 形引脚小外形封装，表面贴装型封装之一。引脚从封装双侧引出向下呈 I 字形，中心距 1.27mm。贴装占有面积小于 SOP。日立公司在模拟 IC（电动机驱动用 IC）中采用了此封装。引脚数 26。

62）SOIC（small out-line integrated circuit）

SOP 的别称（见 SOP）。国外有许多半导体厂家采用此名称。

63）SOJ（small out-line j-leaded package）

J 形引脚小外形封装，表面贴装型封装之一。引脚从封装两侧引出向下呈 J 字形，故此得名。通常为塑料制品，多数用于 DRAM 和 SRAM 等存储器 LSI 电路，但绝大部分是 DRAM。用 SOJ 封装的 DRAM 器件很多都装配在 SIMM 上。引脚中心距 1.27mm，引脚数为 20～40（见 SIMM）。

64）SQL（small out-line l-leaded package）

按照 JEDEC（美国联合电子设备工程委员会）标准对 SOP 所采用的名称（见 SOP）。

65）SONF（small out-line non-fin）

无散热片的 SOP，与通常的 SOP 相同。为了在功率 IC 封装中表示无散热片的区别，有意增添了 NF（non-fin）标记。部分半导体厂家采用此名称（见 SOP）。

66）SOP（small out-Line package）

小外形封装，表面贴装型封装之一。引脚从封装两侧引出呈海鸥翼状（L 字形），材料有塑料和陶瓷两种。另外也叫 SOL 和 DFP。

SOP 除了用于存储器 LSI 外，也广泛用于规模不太大的 ASSP 等电路。在输入、输出端子不超过 10～40 的领域，SOP 是普及最广的表面贴装封装。引脚中心距 1.27mm，引脚数为 8～44。

另外，引脚中心距小于 1.27mm 的 SOP 也称为 SSOP；装配高度不到 1.27mm 的 SOP 也称为 TSOP（见 SSOP、TSOP）。还有一种带有散热片的 SOP。

67）SOW（small outline package（Wide-Type））

宽体 SOP。部分半导体厂家采用此名称。

6. 常用集成电路的封装形式

下面是常用集成电路的封装形式，如表 4-1 所示。

表 4-1　常用集成电路的封装形式

	BGA
	BGA 160L
	BGFP132
	CLCC
	C-Bend Lead
	CERQUAD Ceramic Quad Flat Pack

续表

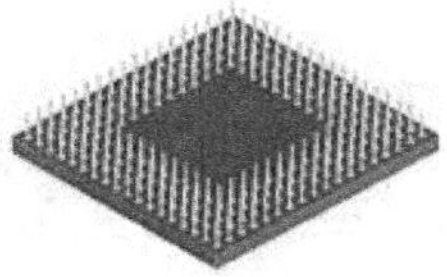	CPGA
	DIP Dual Inline Package
	DIP-tab Dual Inline Package with Metal Heatsink
	EBGA 680L
	FBGA
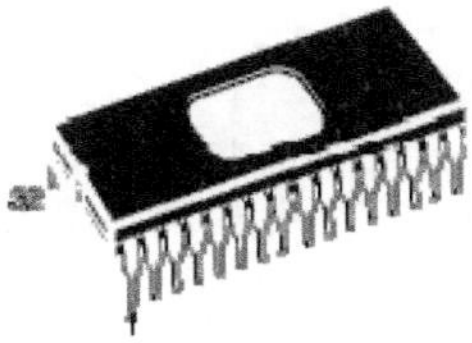	FDIP
	FQFP 100L

续表

	Gull Wing Leads
	J-STD Joint IPC / JEDEC Standards
	LDCC
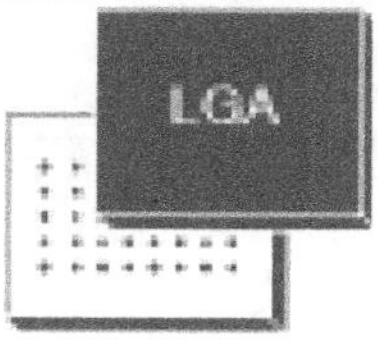	LGA
	LLP 8La
	LQFP
	LQFP 100L

续表

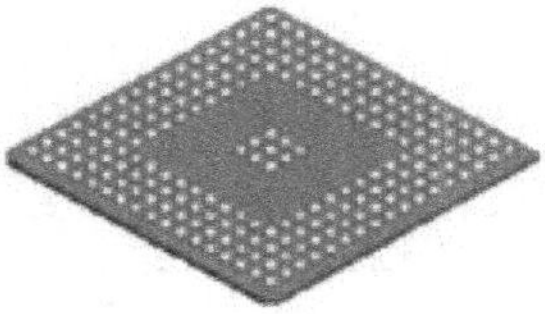	PBGA 217L
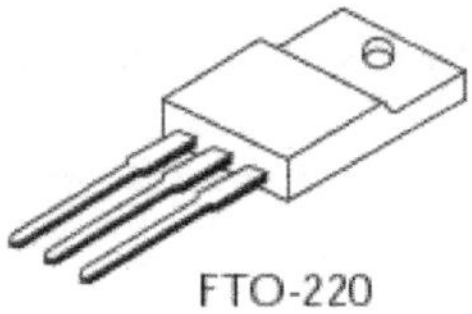 FTO-220	FTO-220
	Flat Pack
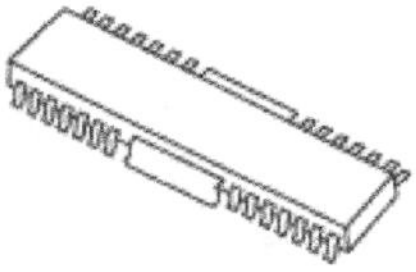 HSOP-28	HSOP-28
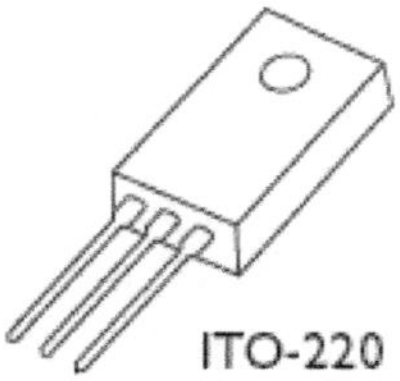 ITO-220	ITO-220
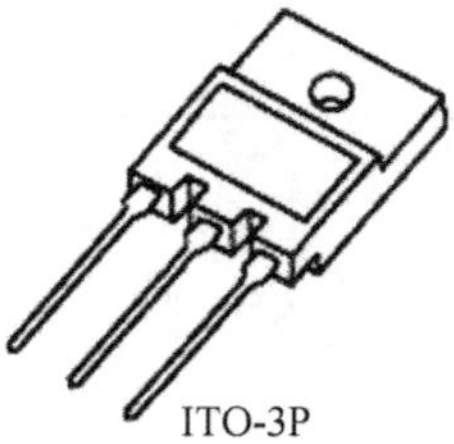 ITO-3P	ITO-3P

续表

	JLCC
	LCC
	LDCC
	LGA
	LQFP
	PCDIP
	PLCC

续表

	PPGA
	PQFP
	PSDIP
	LQFP 100L
	METAL QUAD 100L
	QFP Quad Flat Package
	SOT143

续表

	SOT220
	SOT223
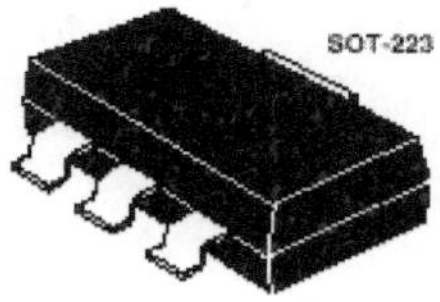	SOT-223
	SOT-23
	SOT23/SOT323
	SOT25/SOT353
	SOT26/SOT363

续表

	SOT343
	SOT523
	SOT-89
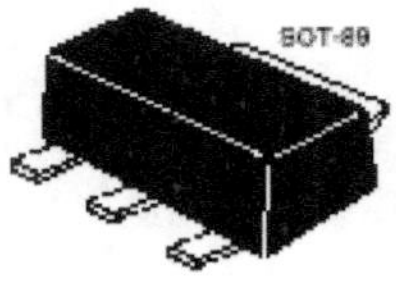	SOT-89
	LAMINATE TCSP 20L Chip Scale Package
	TO252
	TO263/TO268

续表

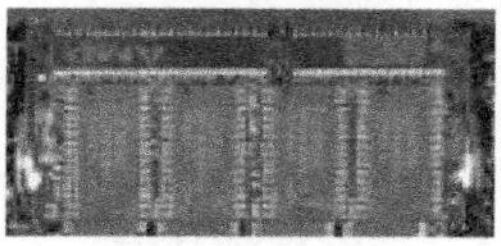	SO DIMM Small Outline Dual In-line Memory Module
	QFP Quad Flat Package
	TQFP 100L
	SBA 192L
	SBGA
	SC-70 5L
	SDIP

续表

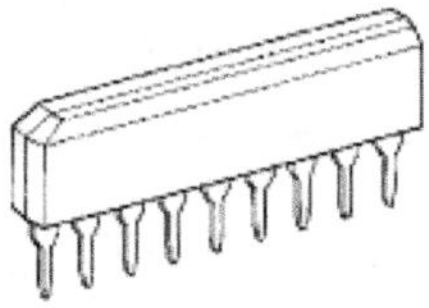	SIP Single Inline Package
	SO Small Outline Package
	SOJ 32L
	SOJ
	SOP EIAJ TYPE II 14L
 STO-220	STO-220
	SSOP 16L

续表

	SSOP
	TO-18
	TO-220
	TO-247
	TO-264
	TO3

续表

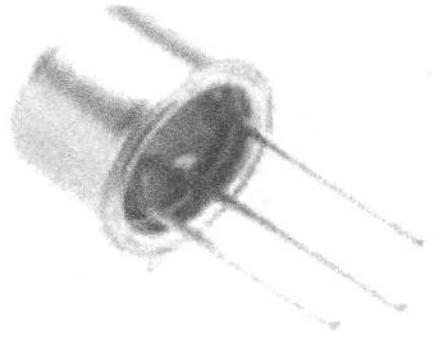	TO5
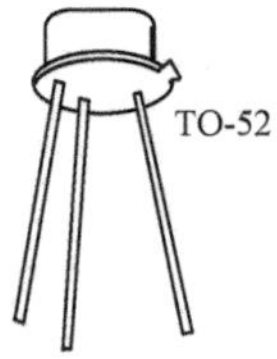 TO-52	TO-52
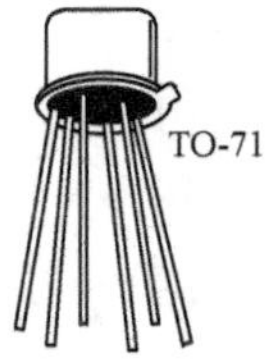 TO-71	TO-71
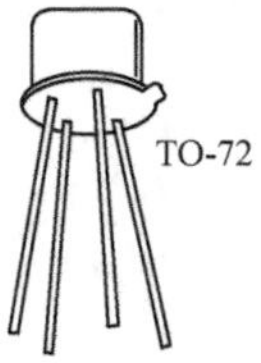 TO-72	TO-72
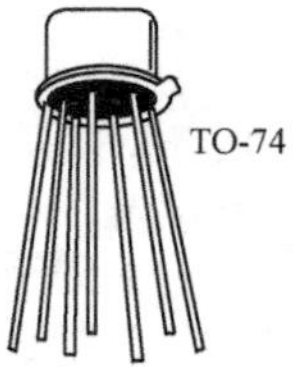 TO-74	TO-78
	TO8

续表

TO-92	TO-92
TO-93	TO-93
TO-99	TO-99
	TSOP Thin Small Outline Package
	TSSOP or TSOP II Thin Shrink Outline Package
	TSBGA 217L
µBGA	µBGA Micro Ball Grid Array

续表

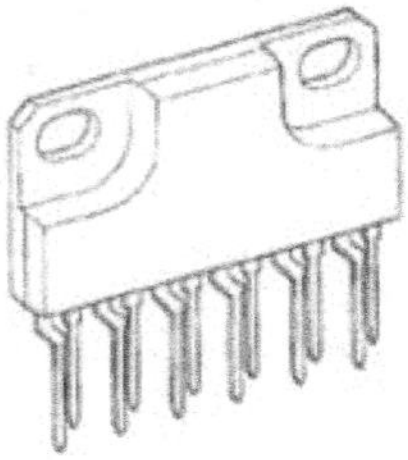	ZIP Zigzag Inline Package
	PCMCIA
	PDIP
	PLCC
	SNAPTK
	SNAPTK

续表

	SNAPZP
	SOH

7．集成电路产业的发展

近几年，中国集成电路产业取得了飞速发展。中国集成电路产业已经成为全球半导体产业关注的焦点，即使在全球半导体产业陷入有史以来程度最严重的低迷阶段时，中国集成电路市场仍保持了两位数的年增长率，凭借巨大的市场需求、较低的生产成本、丰富的人力资源，以及经济的稳定发展和宽松的政策环境等众多优势条件，以京津唐地区、长江三角洲地区和珠江三角洲地区为代表的产业基地迅速发展壮大，制造业、设计业和封装业等集成电路产业各环节逐步完善。

2006 年中国集成电路市场销售额为 4 862.5 亿元，同比增长 27.8%。其中 IC 设计业年销售额为 186.2 亿元，比 2005 年增长 49.8%。

2007 年中国集成电路产业规模达到 1 251.3 亿元，同比增长 24.3%，集成电路市场销售额为 5 623.7 亿元，同比增长 18.6%。而计算机类、消费类、网络通信类三大领域占中国集成电路市场的 88.1%。

小　　结

1．集成电路是将晶体管、二极管、电阻等元件及电路连线用平面工艺集中制造在一块单晶硅片上，使其在结构上形成紧密联系的微型整体，进行封装后，做成可作为单个器件使用的完整电子电路实体。

2．集成电路具有体积小，重量轻，引出线和焊接点少，寿命长，可靠性高，性能好等优点，同时成本低，便于大规模生产。集成电路在电路中常用字母“IC”表示。

3．集成电路按其功能、结构的不同，可以分为：模拟集成电路、数字集成电路、数/模混合集成电路三大类。按制作工艺可分为：半导体集成电路、膜集成电路。膜集成电路又分为厚膜集成电路和薄膜集成电路。按集成度高低的不同可分为：小规模集成电路、中规模集成电路、大规模集成电路、超大规模集成电路、特大规模集成电路、超大规模集成电路。按导电类型可分为：双极型集成电路、单极型集成电路。按用途可分为：音响前置放大集成电路、音响功率集成电路。按应用领域可分为：标准通用集成电路、专用集成电路。按外形可分为：圆形、扁平型、双列直插型。

4．集成电路运算放大器一般由差分输入级、电压放大级、偏置电路和输出级四部分组成。输入级可以提高整个电路的共模抑制比和其他方面的性能，它的两个输入端构成整个电路的反相输入端和同相输入端。电压放大级的主要作用是提高电压增益，它可由一级或多级放大电路组成。输出级一般由电压跟随器或互补电压跟随器所组成，以降低输出电阻，提高带负载能力。偏置电路是为各级提供合适的工作电流。

5．判断功率放大集成电路的质量好坏的方法有：观察法、检测法、代换法。

复习思考题

1．什么叫集成电路？

2．集成电路由哪几部分组成？

3．集成电路有哪些特点？

4．谈一谈你对制作集成电路功放的体会。

项目五　数字功率放大器简介

★ 本项目内容提要：

本项目首先从数字功率放大器的含义、数字功率放大器的基本组成和数字功率放大器的基本工作原理三个方面详细介绍了数字功放电路基本知识，然后介绍了数字功率放大器的发展。

★ 本项目学习目标：

- 了解数字功率放大电路的基本知识
- 掌握数字功率放大器的工作原理
- 了解数字功率放大器的发展

步骤一　理解数字功率放大器的含义

1. 数字功率放大器的含义

数字功率放大器简称“数字功放”，英文是 digital power amplifier。数字功放定义的解释有多种：

（1）数字功放是指功放部分的功率管采用 D 类偏置的开关型工作状态。优点主要是功放的效率高，因而对电源和散热等要求就比同等功率的传统模拟功放要低，体积也就可大大减小。

（2）所谓的数字功放实质上是指音频处理部分采用了数字处理，而其功率放大器部分仍然采用模拟放大，这与真正意义的数字功放相差甚远。

（3）这些电路的共同特点就是功率放大管都处在开关，即数字工作状态，都可以称为数字功放。更重要的是随着数字音频技术和 IT 产业的迅速发展，市场对高效率和小功率的功放有着极大的需求。

2. 数字功放的特点

数字功放采用宽度固定的脉冲来量化、编码模拟音频信号，使音频信号的还原更为真实。主要从以下几个方面体现。

数字功放电路的过载能力远远高于模拟功放；

数字功放在功率放大时一直处于饱和区和截止区，只要功放管不损坏，失真度就不会迅速增加；

数字功放采用开关放大电路，效率极高，可达 75%～90%（模拟功放效率仅为 30%～50%），在工作时基本不发热，因此它没有模拟功放的静态电流消耗，所有能量几乎都是为音频输出而储备；

无模拟放大、无负反馈的牵制，故具有更好的瞬态响应特性；

数字功放只工作在开关状态，不会产生交越失真；

数字功放内阻不超过 0.2Ω（开关管的内阻加滤波器内阻），相对于负载（扬声器）的阻值（4～8Ω）完全可以忽略不计，因此不存在与扬声器的匹配问题；

数字功放在功率转换上没有采用任何模拟放大反馈电路，从而避免了瞬态互调失真；

数字功放采用数字信号放大，使输出信号与输入信号相位完全一致，相移为零，因此声像定位准确；

数字功放通过简单地更换开关放大模块即可获得大功率；

大功率开关放大模块成本较低，在专业领域发展前景广阔；

数字功放大部分为数字电路，一般不需调试即可正常工作，特别适合于大规模生产。

此外，数字功放具有失真小，噪声低，动态范围大等特点，在音质的透明度、解析力、背景的宁静、低频的震撼力度方面是传统功放不可比拟的。

综上所述，数字功放的特点有：

（1）数字功放的效率高，为 75%～90%。

（2）功率大，效能高，失真低。

（3）数字功放具有失真小，噪声低，动态范围大等特点。

（4）抗干扰能力强，数字功放的信号放大部分采用数字放大方式，因为数字信号不容易受到外界杂散电波的干扰。

（5）适合于大批量生产，由于产品的一致性好，所以生产中无须调试，只保证元器件正确安装即可。

步骤二　了解数字功率放大器的基本组成

1. 数字功率放大器的基本组成

数字功率放大器主要分为数字信号处理、桥式功率放大器和低阶模拟低通滤波器三个

部分，如图 5-1 所示。数字信号处理器的作用是对数字音频信号（脉冲编码调制（Pulse Code Modulation，PCM）编码）进行过采样、噪声整形、重新量化编码成 PWM 形式的输出，其中数字信号处理器又包括信号输入、信号处理两个部分。桥式功率放大器的主要作用是把 PWM 信号电压、输出电流放大推动低通滤波器。低通滤波器去除放大后的 PWM 信号的高频成分，还原为模拟的音频信号。图 5-1 所示是数字功率放大器的基本组成原理方框图。

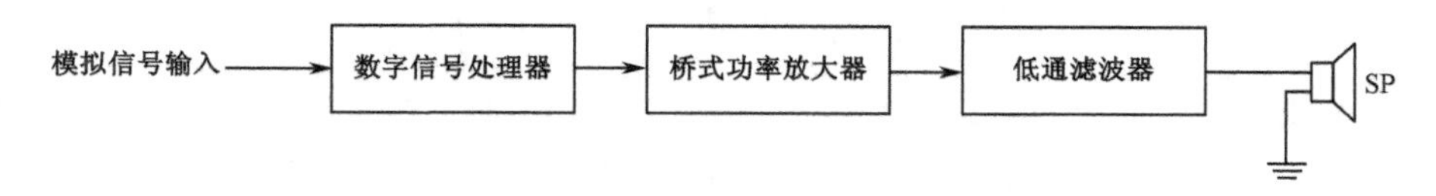

图 5-1　数字功率放大器的基本组成原理方框图

2．数字音频处理器的结构

数字音频处理部分是数字功率放大器的核心，如图 5-2 所示。音频信号处理就是把音频输入的多比特 PCM 码信号无失真地转化成 PWM 信号，用以驱动后面的桥式功率放大器。一般采用两种技术使输出的 PWM 信号与原始的 PCM 编码信号保持相同的信噪比：（1）过采样技术，就是在相同信噪比的前提下，增加采样频率可减少编码字的位数；（2）噪声整形技术，这种方法可将量化噪声赶到高频段，使可听频带内噪声功率减小，从而改善量化信噪比。

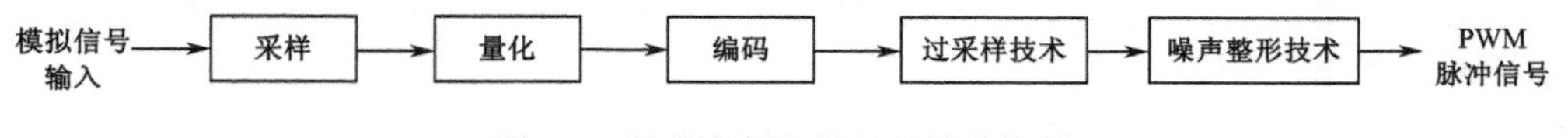

图 5-2　数字音频信号处理器结构图

1）过采样数字滤波器

过采样技术是指以远高于奈奎斯特采样频率的频率对信号进行采样的方法，由信号采样量化理论可知，若输入信号的最小幅度大于量化器的量化阶梯，并且输入信号的幅度随机分布，则量化噪声的总功率是一个常数，与采样频率无关，在 $0 \sim f_s/2$ 的频带范围内均匀分布。因此量化噪声电平和采样频率成反比，如果提高采样频率，则可降低量化噪声电平，而由于基带是固定不变的，因而减小了基带范围内的噪声功率，提高了信噪比。增加过采样倍数，可降低表示一个采样字所需的字长。对于要进行的音频信号处理来说，需要处理的是 16～24b 的音频信号，而要将其转换为 lb 的 PWM 信号，在此处要对其进行 128 倍的过采样。具体实现框图如图 5-3 所示。

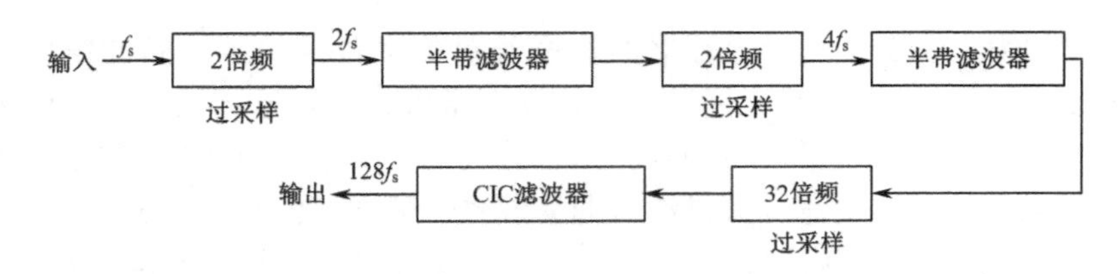

图 5-3　过采样滤波器系统实现框图

（1）半带滤波器。在过采样滤波器的设计中，首先将 PCM 信号经过一个半带滤波器。半带滤波器是实现内插因子为 2 的一种比较有效的滤波器设计方法。特点是传输函数中有一半的项系数为 0，所以与同等长度的 FIR 滤波器相比运算要少一半，这样可大大减少滤波过程的运算量与存储器的使用，有利于滤波器的实现，也有利于节省面积。它的频率响应表现为通带纹波与阻带纹波相等，通带截止频率和阻带截止频率关于角频率 $\pi/2$ 对称。这样，只会将基带以外的噪声功率混叠入过渡带内，而不会对基带造成影响。为了节省面积，把几个相同的线性相位滤波器作为子滤波器，通过作乘法和加法把这些子滤波器连接起来，构成一个半带滤波器。设计采用了两个相同的半带滤波器，这样每个半带滤波器的阶数就不需要太高。

（2）CIC 滤波器。经过两个半带滤波器之后，使音频信号经过一个 CIC 滤波器来实现 32 倍的过采样。内插滤波器（CIC）由 Hogenauer 提出，在硬件实现时不需要乘法器，也不需要存储滤波器系数，只利用加法和寄存器就可实现。它主要应用于高的采样频率下，可大大减小资源利用率。

CIC 滤波器由工作于高采样频率下的积分部分和工作于低采样频率下的梳状部分组成。CIC 滤波器的积分部分由 N 级数字积分单元构成。

2）噪声整形技术

单纯采用过采样技术，为保持相同的信噪比，如果过采样系数过高，则硬件上难以实现，所以采用过采样和噪声整形二者结合，噪声整形技术降低了有效频带内的噪声，以降低表示每个样值所需要的字长。

这里采用 Σ－Δ 调制技术。Σ－Δ 调制技术是在增量调制的基础上发展起来的。增量调制就是将前后采样点的差值进行量化编码，这样也可代表连续信号包含的信息。它与 PCM 编码的本质区别是：它只有一位编码，但这一位码不是表示信号抽样值的大小，而是表示抽样时刻波形的变化趋向。Σ－Δ 调制是在增量调制的基础上，对输入信号先进行积分，使信号高频分量幅度下降，然后再进行增量调制，它可更适应高频端丰富的信号源要求。传统的 PCM 编码将信号分成多个幅度级，而 Σ－Δ 变换将信号按时间分割，保持幅度恒定。

步骤三　了解数字功率放大器的基本工作原理

1. 概述

一般认为，功率放大器根据其工作状态可分为五类，即 A 类、AB 类、B 类、C 类和 D 类。在音频功放领域中，C 类功放用于发射电路中，不能直接采用模拟信号输入，其余四种均可直接采用模拟音频信号输入，放大后的模拟音频信号用以推动扬声器发声。其中 D 类功放比较特殊，它只有两种状态，即通、断。因此，它不能直接放大模拟音频信号，而需要把模拟信号经“脉宽调制”变换后再放大。所以人们又把具有这种“开关”方式的放大器称为“数字放大器”，事实上，D 类放大器还不是真正意义的数字放大器，它仅仅使用 PWM 调制，即把信号的幅度信号用不同的脉冲宽度来表示。D 类放大器没有量化和 PCM 编码，信号是不可恢复的，是传统 D 类的 PWM 调制，信号精度完全依赖于脉宽精度，大功率下的脉宽精度远远不能满足要求。

D 类功放中的功率晶体管工作在开关状态，又称做数字功放。A 类功放的保真度好，但效率甚低，不到 10%，用于高档的专业音响；AB 类功放的保真度略为逊色，但效率可以达到 20%～40%，主要用于汽车、家庭音响以及计算机上；D 类功放的效率高达 80%～90%以上，使用时不需要散热器，或者只需要一只很小的散热器，但是它的保真度和 A 类及 AB 类功放相比则大为逊色。理想的功放保真度高，同时效率也高。Tripath Technology 公司提供一种保真度好、效率高的音频功率放大器，其中的功率晶体管也工作在开关状态，即 D 类，为了区别于用脉宽调制原理设计的 D 类功率放大器，Tripath 把这种音频功率放大器称做 T 类功率放大器。

用脉宽调制技术的 D 类功率放大器之所以音质差，原因在于：输出功率晶体管并不是纯粹的开关，匹配也不是很好，会带来畸变；晶体管在导通和断开的过程中，接地点的电位会出现波动，从而增大噪声；功率输出电路是用两只（或者四只）功率晶体管接成的桥路，一只功率晶体管导通，另外一只断开，这之间存在死区；功率输出电路和扬声器之间用一只输出低通滤波器把音频信号以外的频率成分信号滤除，让音频信号进入扬声器，但不可能彻底滤除脉宽调制的载波，这也是造成失真的一个因素。

T 类功率放大器的功率输出电路和脉宽调制 D 类功放相同，功率晶体管也是工作在开关状态，效率和 D 类功放相当。它和 D 类功放不同之处在于，它不使用脉冲调宽的方法。Tripath 公司发明了一种称做“Digital Power Processing（tm），DPP（tm）”的数字功率处理技术，它是 T 类功放的核心。它把通信技术中处理小信号的适应算法及预测算法用到这里。输入的音频信号和进入扬声器的电流经过 DPP（tm）数字处理后用于控制功率晶体管的导通、关闭，因而不存在脉宽调制 D 类功放的那些缺陷。音频功率放大器的失真用两个指标衡量：一个是 THD+N（总谐波失真加噪声）指标，另一个是 IMD（互调制失真）指标。如果在 20Hz～20kHz 频带上的 THD+N 指标低于 0.2%，IMD 指标低于 0.4%，就是低畸变。此外，T 类功放的动态范围更宽，频率响应平坦，群延迟小。DPP（tm）的出现，把数字时代的功率放大器推到一个新的高度。

在 T 类功率放大器中，功率晶体管的切换频率不是固定的（D 类功率放大器中调宽脉冲的频率是固定的，D 类功率放大器无用分量的功率谱集中在载频两侧狭窄的频带内），无用分量的功率谱散布在很宽的频带上，例如从 1.5～2.5MHz 的频带上，它的波形和扩谱技术的波形相似，因此，功率密度并不高，从而降低了对输出低通滤波器的要求。同时它产生的 EMI——电磁干扰（Electromagnetic Interference，EMI），是指电磁波与电子元件作用后而产生的干扰现象，有传导干扰和辐射干扰两种，也不像 D 类功率放大器那么严重。虽说 D 类功放和 T 类功放所处理的是音频信号，但会产生 EMI，这是因为这两种功放中的功率晶体管的切换频率比音频信号的最高频率高很多。例如，合理布置输出低通滤波器的组件，设计的产品应该符合电磁兼容性的要求。

因此必须研究真正意义的数字功放，即全（纯）数字功率放大器——从信号输入到整个功率转换均在数字方式下进行，没有模拟音频信号出现，则称为全数字功放（或纯数字功放）。

数字功放是新一代高保真的功放系统，它将数字信号进行功率转换后，通过滤波器直接转换为音频信号，没有任何模拟放大的功率转换过程。CD 唱片机（或 DVD 机）、DAT（数字录音机）、PCM（脉冲编码调制录音机）都可作为数字音源，用光纤和同轴电缆口直接输出到数字功放。此外，数字功放也具备模拟音频输入接口，可适应现有模拟音源。

传统的数字音频重放系统包含两个主要过程：（1）数字音频数据到模拟音频信号的变换（利用高精度数模转换器 DAC）实现；（2）利用模拟功率放大器进行模拟信号放大，如 A 类、B 类和 AB 类放大器。这种放大器直接从数字音频数据实现功率放大而不需要进行模拟转换，这样的放大器通常称做数字功率放大器或 D 类放大器。它具有两大优点：效率很高；模拟信号转换为数字信号输入，能够很好地与数字音源播放机对接。

数字功率放大器的实现包括两个主要部分：

第一，把数字光碟播放机从光碟上读下来或者计算机 CPU 从 ROM 里读出来的脉冲编码调制（PCM）数字语音数据（通过数字接口），或者模拟信号经 A/D 转换后的数字音频信号等转化成对应的脉宽编码调制（PWM）数字语音数据。

第二，把 PWM 信号作为开关控制信号来控制 PWM-H 桥转换器中开关管的导通与不导通的时间比，经过低通滤波后使得音频信号在负载上放大输出。

国外对数字音频功率放大器领域进行了二三十年的研究。在 20 世纪 60 年代中期，日本研制出 8b 的数字音频功率放大器；1983 年，国外提出了 D 类（数字）PWM 功率放大器

的基本结构。但是这些功放仅能实现低位 D/A 功率转换，需要实现 16b、44.1kHz 采样的功率放大器。随着数字信号处理（DSP）和音频数字压缩技术的结合，新型离散功率器件及其应用的发展，使开发实用化的 16b 数字音频功率放大器成为可能。

国内外一些从事数字信号处理的技术人员，专门研究音频数字编码技术，在不损伤音频信号质量的情况下，尽量压缩数据库。经过多次实验，终于将末级功放开关频率由没有压缩数据时的约 2.8GHz 减至小于 1MHz，从而降低了对开关功放管的要求。同时在开关功率放大部分，采用了驱动缓冲器和平衡电桥技术，实现了在不提高工作电压的情况下能够输出较大的功率，并且设计了完善的防止开关管击穿的保护电路。

2. 技术特点

国内外一些公司研制出的数字功放，直接从 CD 唱片机的接口（光纤和数字同轴电缆）接收数字 PCM 音频信号（模拟音频信号必须经过内置的 A/D 转换变成数字信号后才能进行处理），在整个信号处理和功率放大过程中，全部采用数字方式，只有在功率放大后为了推动音箱才转化为模拟信号。

数字功放的主要技术特点为：

（1）采用两电平（0、1）多脉宽脉冲差值编码。

（2）采用平衡电桥脉冲速推技术。

（3）采用高倍率数字滤波技术。

（4）利用数字算法处理噪声问题。

（5）采用非线性抵消技术。

3. 模拟信号的数字化过程

（1）取样。

（2）量化。

（3）编码。

4. 工作原理

如图 5-4 所示，数字功放从光纤或数字同轴电缆接口接收数字 PCM 音频编码信号，或通过模拟音频输入接口接收模拟音频信号，并通过内部 A/D 转换器得到数字音频信号，再通过专用音频 DSP 芯片进行码型变换，得到所需要的音频数字编码格式，经过小信号数字驱动电路送入开关功率放大电路进行功率放大，最后将功率脉冲信号通过滤波器，还原成原来的模拟音频信号。

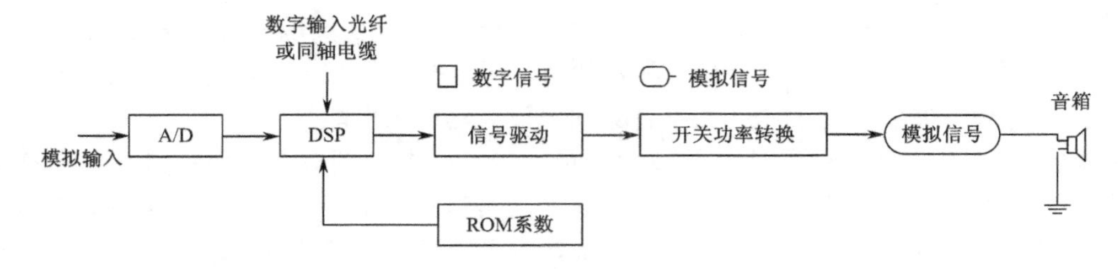

图 5-4　全数字音频功放电路的组成框图

由图 5-4 可知，音频数字信号经过 DSP 编码后，直接控制场效应管开关网络的工作状态。场效应管驱动器用来缓冲 DSP 并增强信号，使之能驱动大功率 MOSFET 开关管。由于高电平脉冲信号只有微分分量，故需通过积分电路才能得到大功率原始模拟音频信号。下面用一个简单的数字和物理模型来阐述数字功放的编码过程，如图 5-5 所示。

图 5-5 中表示两个相邻采样点 N 和 $N+1$ 的采样值为 A_N 和 A_{N+1}，中间点 a_1、a_2、a_3 等为超采样点。超采样点是由数字滤波器计算产生的。通过数字滤波器后，所有采样点包括超采样点所构成的音频信号是比较平滑的。

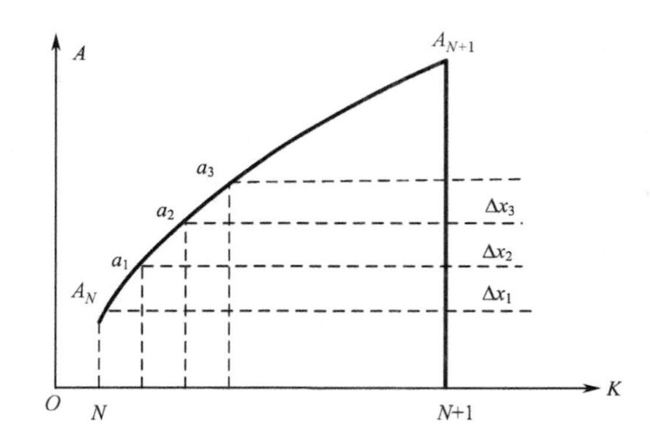

图 5-5　数字功放编码过程示意图

在数字功放中，首先建立一组不同脉宽的脉冲单元，它的脉宽虽然各不相同，但其宽度始终是固定的，都是系统时钟周期的倍数。

第一个超采样点 a_1 与数值 A_N 的差为 Δx_1，即 $a_1-A_N=\Delta x_1$，得到 Δx_1 后，即用上述脉冲单元去量度它，仅用一个脉冲单元表示，余数保留至下次量度，假设余数为 Δx_1。接着传送的第二个差值编码为 $a_2-a_1=\Delta x_2$，由于上次还保留余数 Δx_1，所以还应加上，即当前应用一个脉冲单元去量度 $\Delta x_2+\Delta x_1$，同样余数保留至下一次累计。

由此看出，用脉冲单元表示后的余数，即低于最小量度单位的部分并没有丢失，而是

累加至相邻超采样点上。而从音频信号的角度来说，曲线 A_N，a_1，a_2，a_3，…，A_{N+1} 下方的面积和原值相等，因此音频信号并没有产生失真，但曲线增加了以 Δx_1，Δx_2，…，Δx_N 幅度上下波动的噪声，这种噪声分量不大，频率很高，用一个较简单的滤波器就可滤除，不会影响到音频信号还原。

在能量放大部分，采用平衡电桥开关技术，每通道使用四只 MOSFET 开关功放管构成平衡电桥开关网络。当功放管处于开关放大状态时，输出波形和输入的脉冲信号波形相同，但幅度近似于工作电压，即 $V_{OUT}=V_{BUS}$，经滤波器滤波后，输出到负载上的波形峰值为 V_{BUS}。电源电压为 V_{BUS}。

数字功放中的低通滤波器，在设计时，常采用六阶巴特沃斯低通滤波器，用于将大功率数字脉冲信号转换为模拟音频信号。巴特沃斯滤波器的特点是带内平坦度高，从而使得输出音频信号幅频特性较好。

采用开关放大技术的数字功放工作原理与模拟功放完全不同，其开关功率级输出的高频 PWM 信号中包含有音频信号 PWM。频率为几百 kHz，比音频信号带宽 20～20kHz 大得多。为了从 PWM 开关信号中恢复出音频信号，通常采用低通滤波器 LPF，低通滤波器频率特性如图 5-6 所示。

数字功放中低通滤波器可能出现的位置及作用如图 5-7 所示。

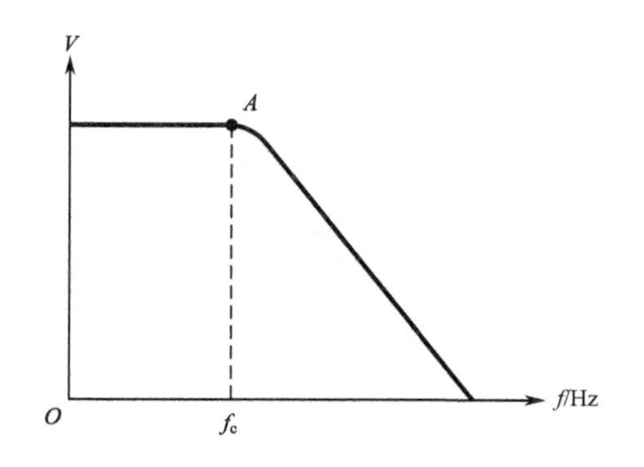

图 5-6　低通滤波器频率特性

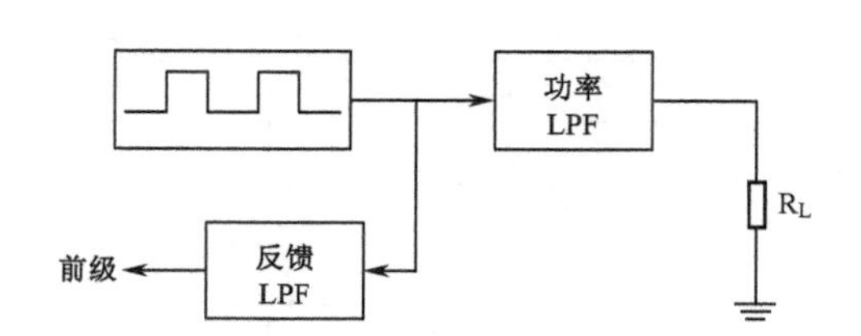

图 5-7　数字功放中低通滤波器可能出现的位置及作用

5．低通滤波器

低通滤波器按照组成元件通常可分为 LC、RC 型，RC 型又可分为无源型与有源型，低通滤波器的比较如表 5-1 所示。

表 5-1　低通滤波器的比较

类　型	等效内阻	输出功率	使用场合
LC	小	大	功率输出
无源 RC	大	微小	反馈测试
有源 RC	输入大，输出小	小	反馈测试

1）LC 低通滤波器

LC 低通滤波器用于功率输出，组成元件为电感 L 与电容 C，数字功放功率输出常采用的 LC 低通滤波器可分为二阶（一级）、四阶（二级）低通滤波器，结构如图 5-8、图 5-9 所示。

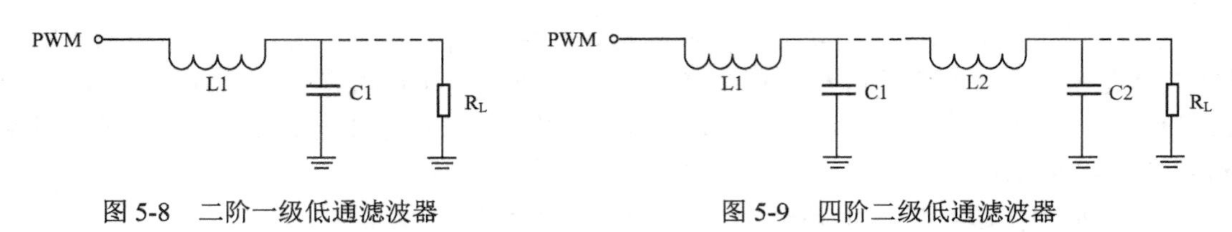

图 5-8　二阶一级低通滤波器　　　图 5-9　四阶二级低通滤波器

四阶低通滤波器由两个二阶低通滤波器串联组成。二阶与四阶 LC 低通滤波器性能比较如表 5-2 所示。

表 5-2　二阶与四阶低通滤波器性能比较

性　能	二阶 LC 低通滤波器	四阶 LC 低通滤波器
功率损耗	低	高
频响和阻抗变化	+/−3dB	+/−6dB
成本	低	高
THD+N	差别很小	
EMI	大	小

2）RC 低通滤波器

（1）无源 RC 低通滤波器。无源 RC 低通滤波器的组成元件为电阻 R 与电容 C，结构如图 5-10 所示，为一阶系统。由于电阻 *R* 与频率变化无关，RC 低通滤波器比 LC 低通滤波器在设计与器件选材方面要简单，但不适合于大功率输出，仅可作为弱信号处理与微小功率应用。与 LC 低通滤波器一样，RC 低通滤波器也可以进行级联，组成多阶系统。

对于无源 RC 滤波器，其滤波效果受前、后级阻抗的影响很大，与 RC 低通滤波器自身

阻抗相比，前级的输出阻抗要足够小，后级的输入阻抗要足够大才能满足滤波要求。为了得到良好的滤波效果，可以采用有源 RC 低通滤波器。

（2）有源 RC 低通滤波器。有源 RC 低通滤波器组成元件为电阻 R、电容 C 与放大器，二阶有源 RC 低通滤波器典型结构如图 5-11 所示。由于采用放大器，具有高输入阻抗与低阻抗输出特性。有源 RC 低通滤波器也可以进行级联，组成多阶系统。

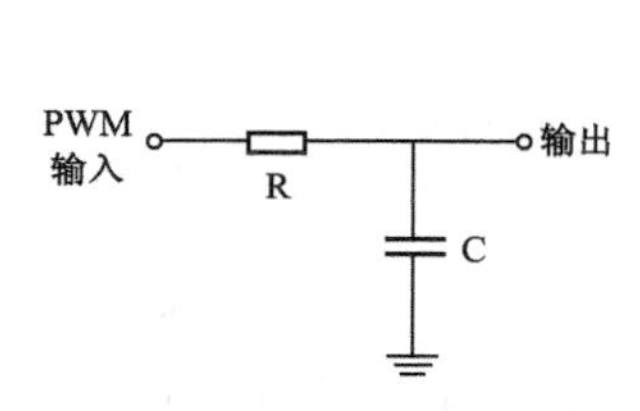

图 5-10　无源 RC 低通滤波器

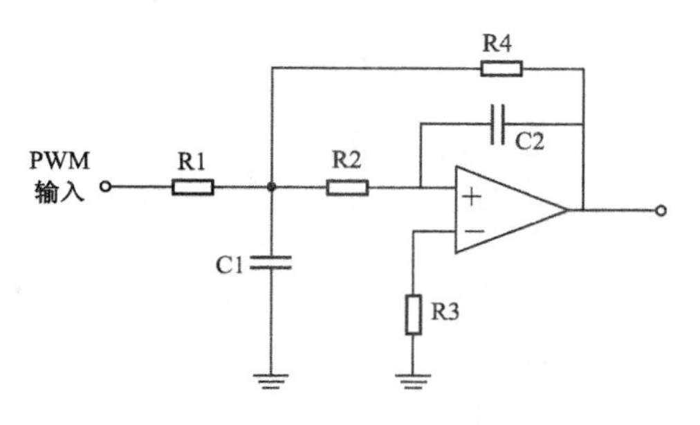

图 5-11　有源 RC 低通滤波器

6．数字功放 IC——TDA8902J 介绍

TDA8902J 是飞利浦公司最近推出的一款 2×50W 立体声数字功放集成电路。

其主要技术指标有：

电源±10～±40V，典型工作电压为±25V；

静态电流约 35mA；

当电源电压为±25V，负载为 8Ω时，输出功率为 2×30W，当电源电压为±30V 时，可输出 2×50W；

信号频率 f=1kHz，输出 1W 时，失真为 0.1%；

总谐波失真为 0.2%；

电压增益为 30dB；

开关频率为 500kHz。

它很适合在高级音响设备中用做功放。

如果将 TDA8902J 接成 BTL 状态，则电源电压为±25V，最大输出功率约 130W。

图 5-12 所示为 TDA8902J 的内部结构及 2×50W 的典型应用电路。大家可以动手做一做，技能来源于实践。

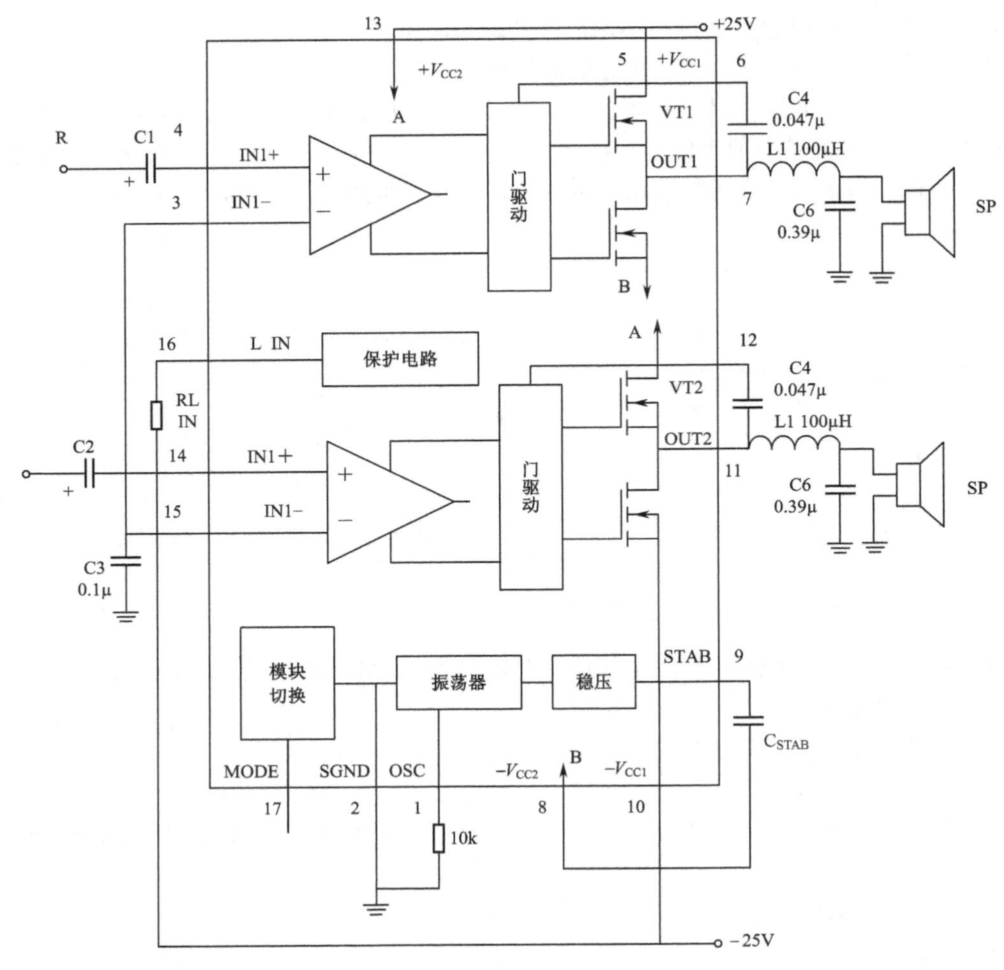

图 5-12　TDA8902J 的内部结构及典型应用电路

步骤四　了解数字功率放大器的发展

目前，无论广播界还是电视界都在为全面数字化而努力。而音频功率放大器在广播电台、电视台、电影制片厂、录音公司、音乐厅、重要社会活动场所、体育运动场馆、文艺演出场所、会堂、会议厅等场合作为监听和扩声之用，这些都是需要大量专业级音频设备的地方。而现在的功率放大器，如果是甲乙类，其转换效率一般都只在 50%以下，如果是纯甲类放大器，则效率就更低。为了散热，需要安装巨大的散热片、热管和风扇。为了保证气流

畅通，机器里面要留出充分的空间。这些无疑又增加了设备的体积、重量和能耗。

我们知道电信号的放大器至今仍是模拟放大器占统治地位，它包括正弦波信号的线性放大器和脉冲信号的脉冲放大器。后者尽管不是线性放大器，但仍然属于模拟领域，这是电子学的基本常识。

数字功率放大器正确的定义应该是：对模拟信号进行 A/D（模/数）变换（取样、量化、编码）处理而形成由一连串两态脉冲信号所组成的数码流，即 PCM 信号，再通过数字放大器对 PCM 信号进行功率放大获得足够的输出功率后，经 D/A（数/模）变换、低通滤波后驱动扬声器发声的功率放大器。

当然，有人把“D”类放大器的“D”，也称为“Digital 数字”。在我国，通常把“A”称为“甲”类，把“B”称为“乙”类，而把“D”称为“丁”类放大器。

在人们进入数字化、信息化的开发过程中自然想到了功放的数字化这一问题。模拟功放始终无法解决效率、成本、音质这三者之间的关系。

音响产品的数字化是必然趋势。数字功放有很多优点，如电路体积小，输出功率大，输出效率高，与数字音源匹配好，能有效降低信号间传递干扰，实现高保真度等。在数字音源已经大量普及的时代，数字功放将会取代现有的模拟功放。

小　　结

1．数字功率放大器简称“数字功放”，英文是 digital power amplifier。

数字功率放大器正确的定义应该是：对模拟信号进行 A/D（模/数）变换（取样、量化、编码）处理而形成由一连串两态脉冲信号所组成的数码流，即 PCM 信号，再通过数字放大器对 PCM 信号进行功率放大获得足够的输出功率后，经 D/A（数/模）变换、低通滤波后驱动扬声器发声的功率放大器。

2．数字功放具有效率高，功率大，效能高，失真低，抗干扰能力强，产品一致性好的优点。

3．数字功率放大器主要由数字信号处理、桥式功率放大和低阶模拟低通滤波器三个部分组成。

4．模拟信号的数字化过程是取样、量化和编码。

5．数字功放的工作原理是数字功放从光纤或数字同轴电缆接口接收数字 PCM 音频编码信号，或通过模拟音频输入接口接收模拟音频信号，并通过内部 A/D 转换器得到数字音频信号，再通过专用音频 DSP 芯片进行码型变换，得到所需要的音频数字编码格式，经过小信号数字驱动电路送入开关功率放大电路进行功率放大，最后将功率脉冲信号通过滤波器，提取模拟音频信号。

6. 数字功放中的低通滤波器，在设计时，常采用六阶巴特沃斯低通滤波器。

复习思考题

1. 什么是数字功率放大器？
2. 数字功率放大器有哪些主要优点？
3. 数字功率放大器主要由哪几部分组成？各起什么作用？
4. 取样（采样）时，取样（采样）频率应遵循什么规律，声音才不会失真？
5. 试一试，你能画出巴特沃斯低通滤波器吗？

附录 A　常用音响互补对管主要参数

常用音响互补对管主要参数如表 A-1 所示。

表 A-1　常用音响互补对管主要参数

型　号	结　型	V_{CBO}(V)	I_{CM}(A)	P_{CM}(W)
2SA733 2SC1815	PNP NPN	60	0.1 0.15	0.25 0.4
2SA769 2SC1984	PNP NPN	80	4	30
2SA872 2SC1775	PNP NPN	120	0.05	0.3
2SA968 2SC2238	PNP NPN	160	1.5	25
2SA970 2SC2240	PNP NPN	120	0.1	0.3
2SA985 2SC2275	PNP NPN	(160	1.5	25
2SA988 2SC1841	PNP NPN	120	0.05	0.2
2SA1006 2SC2336	PNP NPN	250	1.5	25
2SA1008 2SC2331	PNP NPN	100	2	15
2SA1009 2SC2333	PNP NPN	350	2	15
2SA1011 2SC2344	PNP NPN	180	1.5	25
2SA1013 2SC2383	PNP NPN	160	1	0.9
2SA1072 2SC2522	PNP NPN	120	12	125
2SA1075 2SC2525	PNP NPN	120	12	120

续表

型　号	结　型	V_{CBO}(V)	I_{CM}(A)	P_{CM}(W)
2SA1094 2SC2564	PNP NPN	140	12	120
2SA1095 2SC2565	PNP NPN	160	12	120
2SA1106 2SC2581	PNP NPN	140	10	100
2SA1133 2SC2660	PNP NPN	200	2	30
2SA1145 2SC2705	PNP NPN	150	0.05	0.8
2SA1147 2SC2707	PNP NPN	180	15	150
2SA1175 2SC2785	PNP NPN	60	0.1	0.3
2SA1186 2SC2837	PNP NPN	150	10	100
2SA1191 2SC2856	PNP NPN	120	0.1	0.4
2SA1209 2SC2911	PNP NPN	180	0.14	10
2SA1215 2SC2921	PNP NPN	160	15	150
2SA1216 2SC2922	PNP NPN	180	17	200
2SA1220 2SC2690	PNP NPN	120	1.2	20
2SA1227 2SC2987	PNP NPN	140	12	120
2SA1248 2SC3116	PNP NPN	180	0.7	10
2SA1264 2SC3181	PNP NPN	120	8	80
2SA1265 2SC3182	PNP NPN	140V	10	100
2SA1294 2SC3263	PNP NPN	230	15	130

续表

型　号	结　型	V_{CBO}(V)	I_{CM}(A)	P_{CM}(W)
2SA1295 2SC3264	PNP NPN	230	17	200
2SA1301 2SC3280	PNP NPN	160	12	120
2SA1303 2SC3284	PNP NPN	150	14	125
2SA1306 2SC3298	PNP NPN	160	1.5	20
2SA1307 2SC3299	PNP NPN	60	5	20
2SA1356 2SC3419	PNP NPN	40	0.8	5
2SA1358 2SC3421	PNP NPN	120	1	10
2SA1263 2SC3180	PNP NPN	80	6	60
2SA1264 2SC3181	PNP NPN	120	8	80
2SA1265 2SC3182	PNP NPN	140	10	100
2SA1295 2SC3264	PNP NPN	230	17	200
2SA1301 2SC3280	PNP NPN	160	12	120
2SA1302 2SC3281	PNP NPN	200	15	150
2SA1349 2SC3381	PNP NPN	80	0.1	0.4
2SA1380 2SC3502	PNP NPN	200	0.1	1.2
2SA1360 2SC3423	PNP NPN	150	0.015	5
2SA1386 2SC3519	PNP NPN	160	15	130
2SA1396 2SC3568	PNP NPN	100	10	30

续表

型　号	结　型	V_{CBO}(V)	I_{CM}(A)	P_{CM}(W)
2SA1441 2SC3691	PNP NPN	100	5	25
2SA1442 2SC3692	PNP NPN	100	7	30
2SA1443 2SC3693	PNP NPN	100	10	30
2SA1444 2SC3694	PNP NPN	100	15	30
2SA1491 2SC3855	PNP NPN	140	10	100
2SA1492 2SC3856	PNP NPN	180	15	130
2SA1493 2SC3857	PNP NPN	200	15	150
2SA1494 2SC3858	PNP NPN	200	17	200
2SA1507 2SC3902	PNP NPN	180	1.5	10
2SA1516 2SC3907	PNP NPN	180	12	130
2SA1553 2SC4029	PNP NPN	230	15	150
2SA1633 2SC4278	PNP NPN	150	10	100
2SA1694 2SC4467	PNP NPN	160	8	80
2SA1695 2SC4468	PNP NPN	140	10	100
2SA1837 2SC4793	PNP NPN	230	1	20
2SA1859 2SC4883	PNP NPN	150	2	20
2SA1930 2SC5171	PNP NPN	180	2	20
2SA1939 2SC5196	PNP NPN	80	6	60

续表

型　　号	结　　型	V_{CBO}(V)	I_{CM}(A)	P_{CM}(W)
2SA1940 2SC5197	PNP NPN	120	8	80
2SA1941 2SC5198	PNP NPN	140	10	100
2SA1943 2SC5200	PNP NPN	230	15	150
2SB548 2SD414	PNP NPN	100	0.8	5
2SB600 2SD555	PNP NPN	200	10	200
2SB601 2SD560	PNP 达 NPN 达	100	5	30
2SB618 2SD588	PNP NPN	150	7	80
2SB647 2SD667	PNP NPN	120	1	0.9
2SB649 2SD669	PNP NPN	180	1.5	1
2SB673 2SD633	PNP 达 NPN 达	100	7	40
2SB688 2SD718	PNP NPN	120	8	80
2SB712 2SD1031	PNP 达 NPN 达	100	6	50
2SB727 2SD768	PNP 达 NPN 达	120	6	50
2SB755 2SD845	PNP 达 NPN 达	150	12	120
2SB791 2SD970	PNP 达 NPN 达	120	8	50
2SB817 2SD1047	PNP NPN	160	12	100
2SB863 2SD1148	PNP NPN	140	10	100
2SB880 2SD1190	PNP 达 NPN 达	70	4	30

续表

型　　号	结　　型	V_{CBO}(V)	I_{CM}(A)	P_{CM}(W)
2SB882 2SD1191	PNP达 NPN达	70	10	40
2SB883 2SD1193	PNP达 NPN达	70	15	70
2SB884 2SD1194	PNP达 NPN达	110	3	30
2SB885 2SD1195	PNP达 NPN达	110	5	35
2SB886 2SD1196	PNP达 NPN达	110	8	40
2SB887 2SD1197	PNP达 NPN达	110	10	70
2SB928 2SD1250	PNP NPN	200	2	30
2SB949 2SD1275	PNP达 NPN达	60	2	30
2SB950 2SD1276	PNP达 NPN达	60	4	40
2SB951 2SD1277	PNP达 NPN达	60	8	45
2SB955 2SD1126	PNP达 NPN达	120	10	50
2SB956 2SD1288	PNP NPN	20	1	1
2SB966 2SD1289	PNP NPN	120	8	80
2SB974 2SD1308	PNP达 NPN达	100	5	30
2SB975 2SD1309	PNP达 NPN达	100	8	40
2SB1012 2SD1376	PNP达 NPN达	120	1.5	8
2SB1020 2SD1415	PNP达 NPN达	100	7	40
2SB1022 2SD1416	PNP达 NPN达	60	7	40

续表

型　　号	结　　型	V_{CBO}(V)	I_{CM}(A)	P_{CM}(W)
2SB1031 2SD1435	PNP 达 NPN 达	100	15	100
2SB1032 2SD1436	PNP 达 NPN 达	120	10	80
2SB1079 2SD1559	PNP 达 NPN 达	100	20	100
2SB1100 2SD1591	PNP 达 NPN 达	100	10	30
2SB1142 2SD1682	PNP NPN	60	2.5	10
2SB1143 2SD1683	PNP NPN	60	4	10
2SB1144 2SD1684	PNP NPN	120	1.5	10
2SB1151 2SD1691	PNP NPN	60	5	20
2SB1185 2SD1762	PNP NPN	60	3	25
2SB1224 2SD1826	PNP 达 NPN 达	70	7	25
2SB1225 2SD1827	PNP 达 NPN 达	70	10	30
MJ15025 MJ15024	PNP NPN	400	16	250
MJ15004 MJ15003	PNP NPN	140	20	200
MJE2955T MJE3055T	PNP NPN	60	10	75
MJL21193 MJL21194	PNP NPN	400	16	200
MJL1302A MJL3281A	PNP NPN	260	15	200
MJ11015 MJ11016	PNP NPN	120	30	200

2N5415 2N3440	PNP NPN	200V 300V	1	1
MJ4502 MJ802	PNP NPN	100	30	200
MJ2955 MJ3055	PNP NPN	100	15	150

注：“达”即达林顿管。

V_{CBO}(V)——集电极–基极击穿电压。

I_{CM}(A)——集电极最大允许直流电流。

P_{CM}(W)——集电极最大直流耗散功率。

附录 B　功率放大器常用场效应管参数

功率放大器常用场效应管参数如表 B-1～表 B-2 所示。

表 B-1　常用场效应对管参数

型　号	沟　道	用　途	漏源电压（V）	漏源电流（A）	漏极功率（W）
2SK1530 2SJ201	N P	功率管	200	12	200
2SK1529 2SJ200	N P	功率管	180	10	150
2SK1058 2SJ162	N P	功率管	160	7	100
2SK428 2SJ122	N P	功率管	60	10	30
2SK442 2SJ123	N P	功率管	70	10	50
2SK416 2SJ 120	N P	功率管	40	2	10
2SK 413 2SJ 118	N P	功率管	140	8	100
2SK414 2SJ 119	N P	功率管	160	8	100
2SK310 2SJ 117	N P	功率管	400	2	40
2SK298 2SJ 116	N P	功率管	400	8	125
2SK405 2SJ 115	N P	功率管	160	8	100
2SK345 2SJ 101	N P	功率管	40	5	30
2SK346 2SJ 102	N P	功率管	60	5	30
2SK343 2SJ 99	N P	功率管	140	8	100

续表

型　　号	沟　　道	用　　途	漏源电压（V）	漏源电流（A）	漏极功率（W）
2SK344 2SJ 100	N P	功率管	160	8	100
2SK398 2SJ112	N P	功率管	100～200	10	100
2SK399 2SJ113	N P	功率管	100～200	10	100
2SK400 2SJ114	N P	功率管	100～200	10	100
2SK286 2SJ96	N P	功率管	60	8	100
2SK225 2SJ81	N P	功率管	120～160	7	100
2SK226 2SJ82	N P	功率管	120～160	7	100
2SK227 2SJ83	N P	功率管	120～160	7	100
2SK213 2SJ 76	N P	前级	140	0.5	30
2SK176 2SJ 56	N P	功率管	200	8	125
2SK175 2SJ 55	N/P	功率管	180	8	125
2SK133 2SJ48	N P	功率管	120～160	7	100
134 2SJ49	N P	功率管	120～160	7	100
135 2SJ50	N P	功率管	120～160	7	100
2SK132 2SJ 47	N P	功率管	100	7	100
2SK381 2SJ 40	N P	前级	50	0.01	0.3
2SK70 2SJ 20	N P	功率管	100	10	100
2SK69 2SJ 19	N P	前级	140	0.1	0.8

表 B-2　常用音频场效应管参数

型号	厂家	构造	沟道	方式	耐压（V）	引脚	电流（A）	管耗（W）	封装
2SJ44	NEC	J	P	D	40	GDO	–10m	400m	4-53A
2SJ51	日立	J	P	D	40	GDO	–10m	800m	4-97A
2SJ68	日立	J	P	D	–40	DSX	–10m	300m	4-79A
2SJ69	日立	J	P	D	–40	DSX	–10m	300m	4-79A
2SJ70	日立	J	P	D	–40	DSX	–10m	800m	4-97A
2SJ72	东芝	J	P	D	25	GDS	–10m	600m	4-74A
2SJ73	东芝	J	P	D	25	GDS	–10m	0.6/CH	4-98
2SJ74	东芝	J	P	D	25	GDS	–10m	400m	4-90
2SJ75	东芝	J	P	D	25	GDS	–10m	0.4/CH	4-99
2SJ90	东芝	J	P	D	30	GDS	–10m	0.2/CH	4-75
2SJ108	东芝	J	P	D	25	GDS	–10m	200m	4-70B
2SJ109	东芝	J	P	D	30	GDS	–10m	200m	4-148
2SJ111	东芝	J	P	D	25	GDS	–10m	400m	4-82C
2SK30ATM	东芝	J	N	D	–50	GDS	10m	100m	4-82B
2SK34	三菱	J	N	D	–50	GDO	10m	150m	4-153B
2SK40	日立	J	N	D	–50	GDS	10m	100m	4-13
2SK43		J	N	D	–30	GDO	5m	300m	4-16A
2SK44	三洋	J	N	D	–20	GDS	10m	100m	4-58A
2SK48	东芝	J	N	D	–20	GDS	10m	100m	4-2
2SK66	松下	J	N	D	–55	GDO	10m	100m	4-80D
2SK68A	NEC	J	N	D	–50	GDO	10m	250m	4-53A
2SK84	松下	J	N	D	–55	GDO	10m	100m	4-52
2SK87(H)	日立	J	N	D	–50	GDS	10m	100m	4-61
2SK106	日立	J	N	D			10m	300m	4-79A
2SK109	三菱	J	N	D	–50	GDO	10m	15/CH	4-84
2SK110	三菱	J	N	D	–30	GDO	10m	900m	4-154
2SK111	三菱	J	N	D	–30	GDO	10m	0.2/CH	4-84
2SK117	东芝	J	N	D	–50	GDS	10m	300m	4-82C
2SK128	松下	J	N	D	–30	GDO	10m	250m	4-80A
2SK131	NEC	J	N	D	–30	GDO	10m	25/CH	4-109
2SK136	松下	J	N	D	–30	GDO	10m	250m	4-80A
2SK137	松下	J	N	D	–15	GDO	50m	100m	4-83
2SK137A	松下	J	N	D	–15	GDO	50m	100m	4-83
2SK146	东芝	J	N	D	–40	GDS	10m	0.6/CH	4-85
2SK147	东芝	J	N	D	–40	GDS	10m	600m	4-74A

续表

型号	厂家	构造	沟道	方式	耐压（V）	引脚	电流（A）	管耗（W）	封装
2SK150	东芝	J	N	D	−50	GDS	10m	0.2/CH	4-75
2SK151	日立	J	N	D	−40	GDO	10m	800m	4-97A
2SK155	松下	J	N	D	−20	GDO	30m	400m	4-80A
2SK162	NEC	J	N	D	−40	GDO	10m	400m	4-53A
2SK163	NEC	J	N	D	−50	GDO	10m	400m	4-53A
2SK169	松下	J	N	D	−15	GDS	50m	400m	
2SK170	东芝	J	N	D	−40	GDS	10m	400m	4-82C
2SK171	三菱	J	N	D	−20	GDO	10m	0.2/CH	4-84
2SK184	东芝	J	N	D	−50	GDS	10m	200m	4-70B
2SK186	日立	J	N	D	40	DSX	10m	300m	4-79A
2SK187	日立	J	N	D	40	DSX	10m	300m	4-79A
2SK190	日立	J	N	D	−40	DGO	10m	800m	4-97A
2SK191	日立	J	N	D	−15	DGO	10m	1	4-97A
2SK194	NEC	J	N	D	−40	GDO	10m	0.4/CH	4-109
2SK209	东芝	J	N	D	−50	GDS	10m	150m	4-105A
2SK222	三洋	J	N	D	−40	GDS	10m	300m	4-57B
2SK240	东芝	J	N	D	−40	GDS	10m	0.4/CH	4-110
2SK270	东芝	J	N	D	−40	GDS	10m	0.3/CH	4-75
2SK314	NEC	J	N	D	−40	GDO	10m	250m	4-73
2SK369	东芝	J	N	D	−40	GDS	10m	400m	4-82C
2SK370	东芝	J	N	D	−40	GDS	10m	200m	4-70B
2SK371	东芝	J	N	D	−40	GDS	10m	200m	4-70B
2SK431	日立	J	N	D	40	DSX	10m	150m	4-87E
2SK523	NEC	J	N	D	−50	GDO	10m	400m	4-53B
2SK533	NEC	J	N	D	−50	GDO	10m	400m	4-53B
IRF140	IR		N		100		27	125	TO-204AE
IRF141	IR		N		60		27	125	TO-204AE
IRF142	IR		N		100		24	125	TO-204AE
IRF143	IR		N		60		24	125	TO-204AE
IRF240	IR		N		200		18	125	TO-204AE
IRF241	IR		N		150		18	125	TO-204AE
IRF242	IR		N		200		16	125	TO-204AE
IRF243	IR		N		150		16	125	TO-204AE
IRF540	IR		N		100		28	150	TO-220AB
IRF541	IR		N		80		28	150	TO-220AB

续表

型号	厂家	构造	沟道	方式	耐压（V）	引脚	电流（A）	管耗（W）	封装
IRF542	IR		N		100		25	150	TO-220AB
IRF543	IR		N		80		25	150	TO-220AB
IRF640	IR		N		200		18	125	TO-220AB
IRF641	IR		N		150		18	125	TO-220AB
IRF642	IR		N		200		16	125	TO-220AB
IRF643	IR		N		150		16	125	TO-220AB
IRF9140	IR		P		–100		–19	125	TO-3
IRF9141	IR		P		–60		–19	125	TO-3
IRF9142	IR		P		–100		–15	125	TO-3
IRF9143	IR		P		–60		–15	125	TO-3
IRF9240	IR		P		–200		–11	125	TO-3
IRF9241	IR		P		–150		–11	125	TO-3
IRF9540	IR		P		–100		–19	125	TO-220AB
IRF9541	IR		P		–60		–19	125	TO-220AB
IRF9542	IR		P		–100		–15	125	TO-220AB
IRF9543	IR		P		–60		–15	125	TO-220AB
IRF9640	IR		P		–200		–11	125	TO-220AB
IRF9641	IR		P		–150		–11	125	TO-220AB
IRF9642	IR		P		–200		–9	125	TO-220AB
IRF9643	IR		P		–150		–9	125	TO-220AB
IRFP142	IR		N		100		26	150	TO-247AC
IRFP143	IR		N		60		26	150	TO-247AC
IRFP240	IR		N		200		19	150	TO-247AC
IRFP241	IR		N		150		19	150	TO-247AC
IRFP242	IR		N		200		17	150	TO-247AC
IRFP243	IR		N		150		17	150	TO-247AC
IRFP9140	IR		P		–100		–19	150	TO-247AC
IRFP9141	IR		P		–60		–19	150	TO-247AC
IRFP9142	IR		P		–100		–16	150	TO-247AC
IRFP9143	IR		P		–60		–16	150	TO-247AC
IRFP9240	IR		P		–200		–12	150	TO-247AC
IRFP9241	IR		P		–150		–12	150	TO-247AC
IRFP9242	IR		P		–200		–10	150	TO-247AC
IRFP9243	IR		P		–150		–10	150	TO-247AC

附录 C　常用集成电路功放

图 C-1 所示是 2×30W 双声道音频功率放大器，其核心器件 IC 采用高保真音响功放集成电路 STK465，该电路内包含两个性能指标完全相同的功率放大器，分别用做左、右声道的功放，可保证两个声道放大器指标的一致性。电路输入阻抗 30kΩ，输入灵敏度 150mV，电压增益40dB，频率响应 10Hz～100kHz，谐波失真≤0.08%，电源电压范围±（25～35）V。制作时应注意，正、负电源退耦滤波电容 C5、C13 的位置应尽量分别靠近 STK465 的正、负电源输入端。如电路有自激现象，则增大 C5 和 C13 的容量。该功放输出功率适中，制作容易，可用于一般家庭的组合音响、卡拉 OK 设备或 VCD 机的声音播放。由于该功放电压增益高达 40dB，输入灵敏度高，可省去前置放大器，而直接与卡拉 OK 机、VCD 机等信号源连接。该功放也可用做家庭影院系统的环绕声功放。

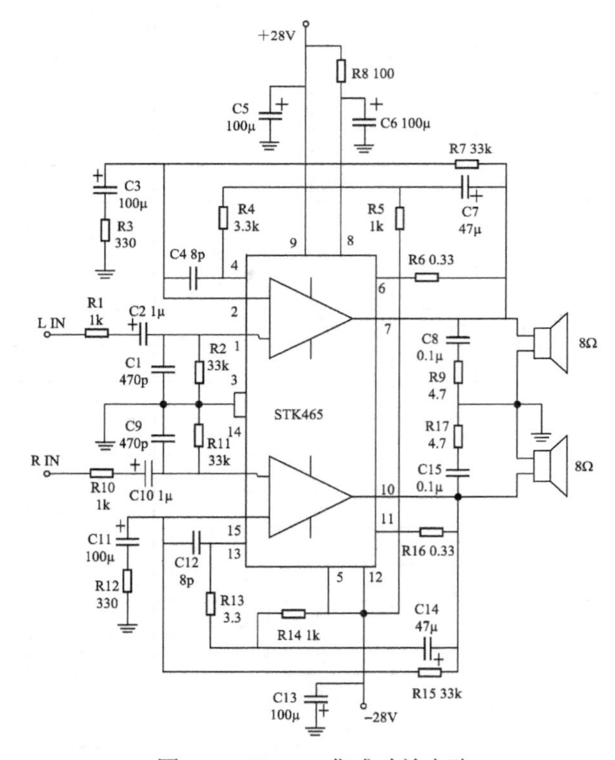

图 C-1　双 30W 集成功放电路

图 C-2 所示为由 LM380 组成的音频功率放大电路。该电路采用了 14 脚封装的 LM380 作为放大器件，输入信号经耦合电容 C1、音量控制电位器 W1（50kΩ）和 2.2μF 的耦合电容加到运放 LM380 的反相输入端（引脚 6），其同相输入端（引脚 2）通过 R1 接地，引脚 1 外接 2.2μF 的滤波电容，以滤除高频纹波干扰，电路采用 15V 单电源供电，并在电源端（引脚 14）到地之间外接 470μF 的去耦电容，其输出端（引脚 8）到地之间有两个并联支路：一支路由 2.7Ω 电阻与 0.1μF 电容串联组成，用于提高电路的稳定性，滤除部分高频，防止产生高频自激振荡；另一支路由 470μF 的耦合电容 C6 和负载 R_L（8Ω 喇叭）组成，C_6 和 R_L 决定了电路的下限截止频率 f_L。由图中的参数可得出其下限截止频率为：

$$f_L=1/(2\pi R_L C_6)=1/(2\pi\times 8\times 470\times 10^{-6})=42\text{Hz}$$

显然，欲降低下限截止频率，可适当增大 C_6 的值。LM380 的电压放大倍数为固定值 50，该值由其内部反馈电路决定，不需外接元件，但输出功率较大时，其电源电压的纹波干扰将增大。该器件的电源电压适用范围较宽：10～22V，输入阻抗也较高，约为 150kΩ。

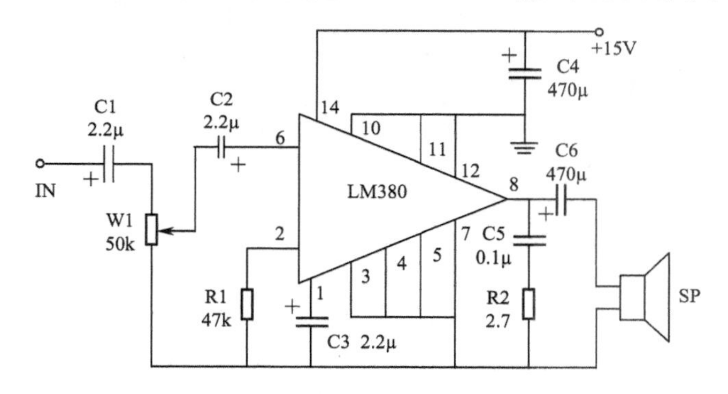

图 C-2　LM380 组成的音频功率放大电路

图 C-3 所示为采用高保真音响专用功放集成电路 TDA1514 构成的 40W 功率放大器，具有快速切断保护和延时静噪功能。电路输入阻抗 20kΩ，输入灵敏度 600mV，电压增益 30dB，信噪比 80dB。制作两套该功放，分别用于左、右声道，即可构成 2×40W 立体声功率放大器。

图 C-4 所示是采用 LM3875T 构成的 60W 高保真功率放大器，具有外围电路简单，易于制作的特点。电路输入阻抗≥20kΩ，输入灵敏度 1 100mV，电压增益 26dB，频响范围 5Hz～100kHz，总失真≤0.05%，信噪比 114dB，电源电压范围±(20～40)V。

图 C-5 所示是用两块高保真音响集成电路 LM1875 构成的 BTL 功率放大器。BTL 功放的最大优点是可在较低的电源电压下，利用输出功率较小的功放集成电路获得较大的输出功率。在功放集成电路、负载阻抗和电源电压相同的情况下，BTL 功放中负载（扬声器）上所获得的输出电压是普通功放的两倍，因此，BTL 功放的输出功率是普通功放的 4 倍（$P=U^2/R$）。BTL 功放的缺点是需多用一块功放集成电路。图 C-5 所示的 BTL 功放电路输出功率为 80W，电压增益为 26dB，输入灵敏度为 570mV。电路调整方法：

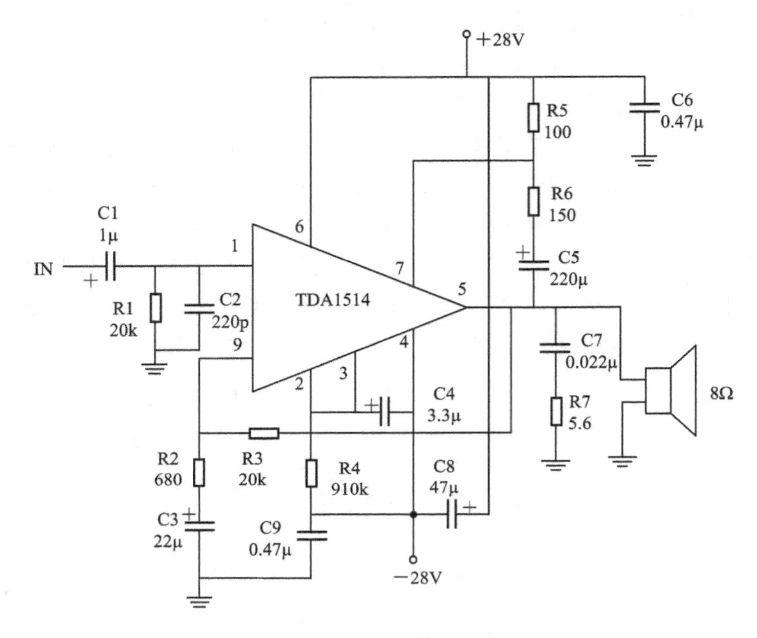

图 C-3　40W 集成功放电路

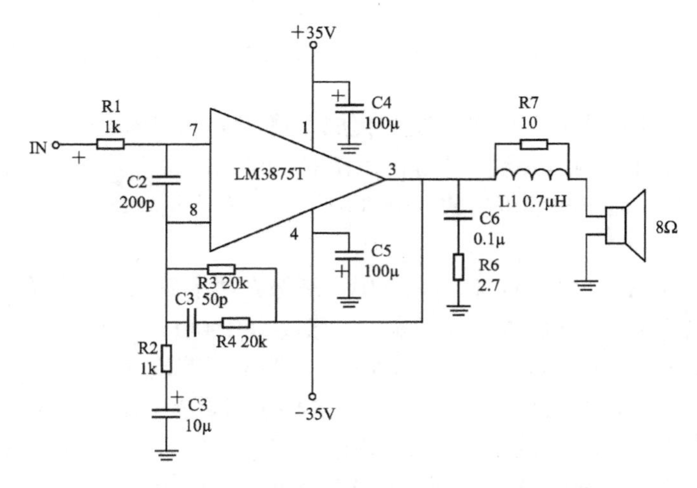

图 C-4　采用 LM3875T 构成的 60W 集成功放电路

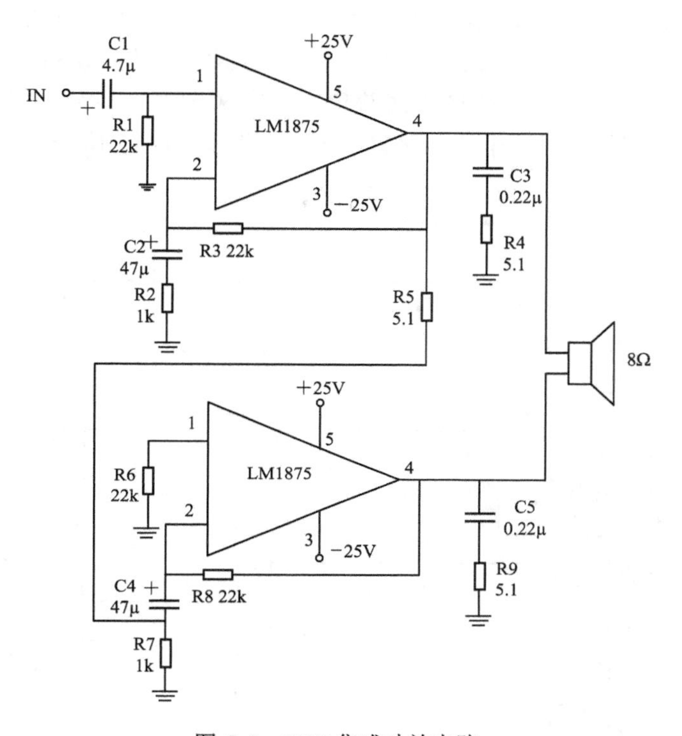

图 C-5　80W 集成功放电路

（1）测电路静态电流，一般为 50～80mA，若过大，则是电路自激，可适当调节移相网络中的电容器（C3、C5）容量的大小。也可在负反馈电阻（R3、R8）上并一小电容（10～50pF），以消除高频自激，该电容越小越好，以免影响电路高频特性。

（2）两块 LMl875 输出端（第 4 脚）对地交流电压应幅度相等，相位相反，如幅度不等，可适当调节 R4 的阻值。

图 C-6 所示是 2×100W 双声道功率放大器，该电路由一块双声道高保真前置放大集成电路 STK3048A 和两块高保真功放集成电路 STK6253 及外围元器件组成。STK3048A 内部包含两组独立的前置激励运放，具有极低的失真和足够的推动功率，每组运放的输入端均有正、反向钳位保护二极管。STK6253 内部电路采用互补全对称结构，具有高速率、高精度、大功率、低噪声的优良特性。用 STK3048A 和 STK6253 组成的 2×100W 功放，具有动态范围大，瞬态响应快，音质纯净有力，失真和噪声极低，输出内阻更小，功率余量更大的特点。电路输入阻抗 50kΩ，输入灵敏度 280mV，总电压增益 40dB，频率响应 10Hz～100kHz，失真≤0.008%，电源电压范围±(30～50)V。VT1、VD3 及 VT2、VD6 分别构成正、负电源有源滤波器，为前置电路 STK3048A 供电。VD1、VD2 和 VD4、VD5 分别是两块 STK6253 的保护二极管。L1（或 L2）可用ϕ1.5mm 漆包线在ϕ10mm 骨架上平绕 15 圈后脱胎而成。STK3048A 和 STK6253 的外露散热片已与内电路电气绝缘。制作中 STK6253 应另加足够的散热片，STK3048A 不必另加散热片。由于该电路输出功率较大，应注意电源部分要有足够的容量。

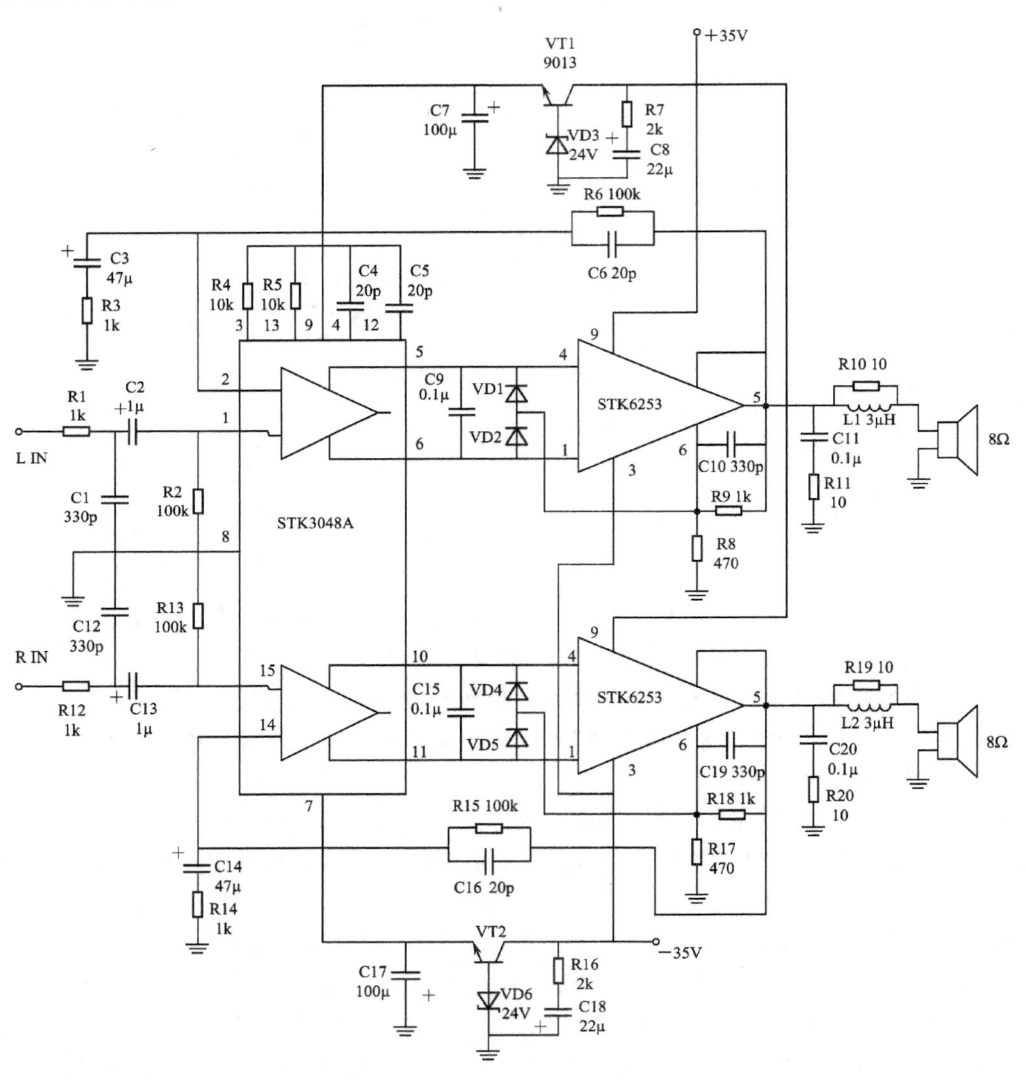

图 C-6　2×100W 双声道功率放大器

附录 D　经典功放电路

图 D-1 所示是一个采用场效应管与晶体管混合制作的功放，既有场效应管高频特性好的优点，又有着电子管般的音色。音色愈显甜美，高音细节清晰，低音力度十足。功放前级、推动级、末级分别独立供电，为输出稳定的电流创造了有利条件。为了增强低音的力度和高音的解析力，使整个系统的重放音色听起来丰满厚实又清晰明快（电子管功放的韵味），只要把反馈端对地的隔直电容取消即可实现（令功放纯直流化），但输出端会输出直流电压，为精确修正输出端直流电位的漂移，而加入了直流伺服电路。

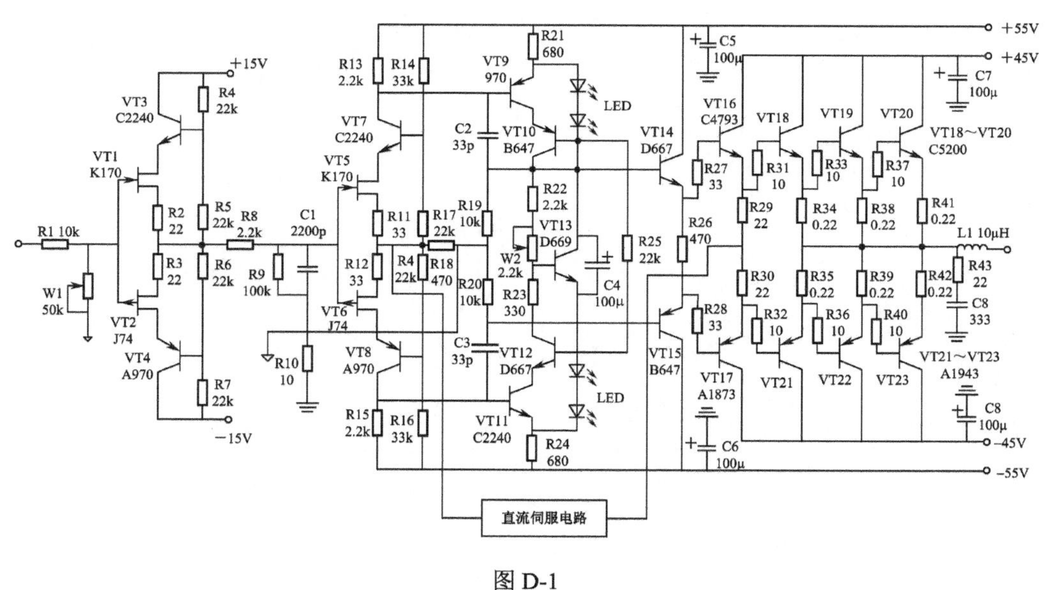

图 D-1

图 D-2 所示电路简洁、元件少，采用结型场效应管、绝缘栅型场效应管和晶体管混合。前级用 J103 作为恒流源，保证了工作点的稳定性。功放输出级采用三肯管，其特点是：音质细腻，低频控制力强，增益带宽高，静态电流小于 100mA，音色略冷。

图 D-3 所示功放电路整机均采用飞利浦发烧级对管 BC550/560 作为信号放大管，声音很醇厚，听女声很令人着迷，胆味浓，低频下潜深。电压放大用 BC550/560，声音变得比较细腻，中频比较瘦，低频控制力比较好，适合搭配声音过厚，线条比较粗的后级，也适合搭

配音色清亮，中低频比较单薄生硬的后级。

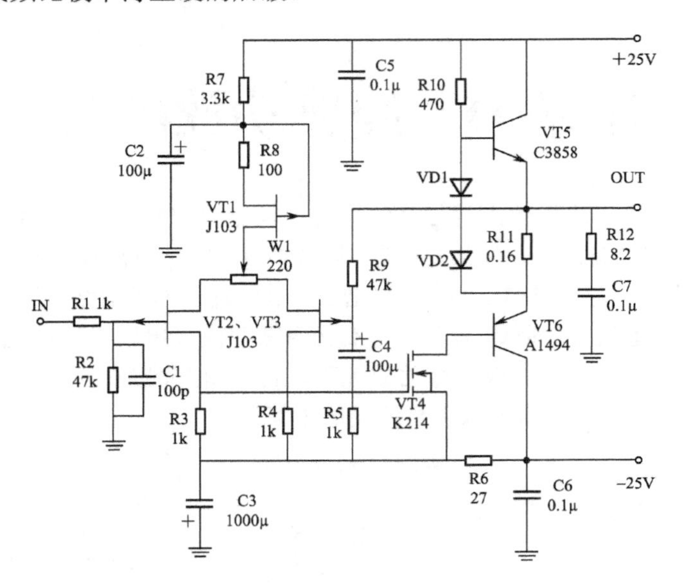

图 D-2

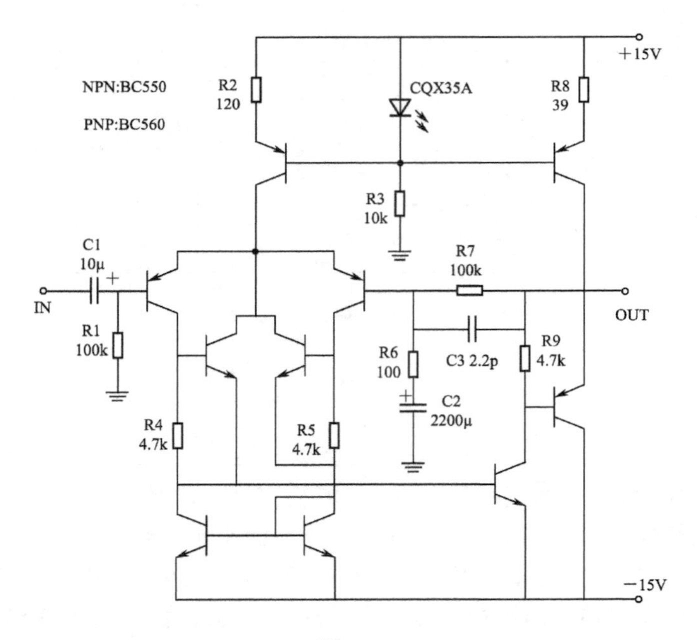

图 D-3

图 D-4 所示功放电路前级采用场效应配对管 2SK170、2SJ74 作前级放大，后级采用 BC550、BC560，令音色纯净通透。场效应管驱动令音响效果温暖甜润，动态凌励，刚劲有力。其次全对称的电路设计为降低整机的失真，稳定静态工作点提供了保障。

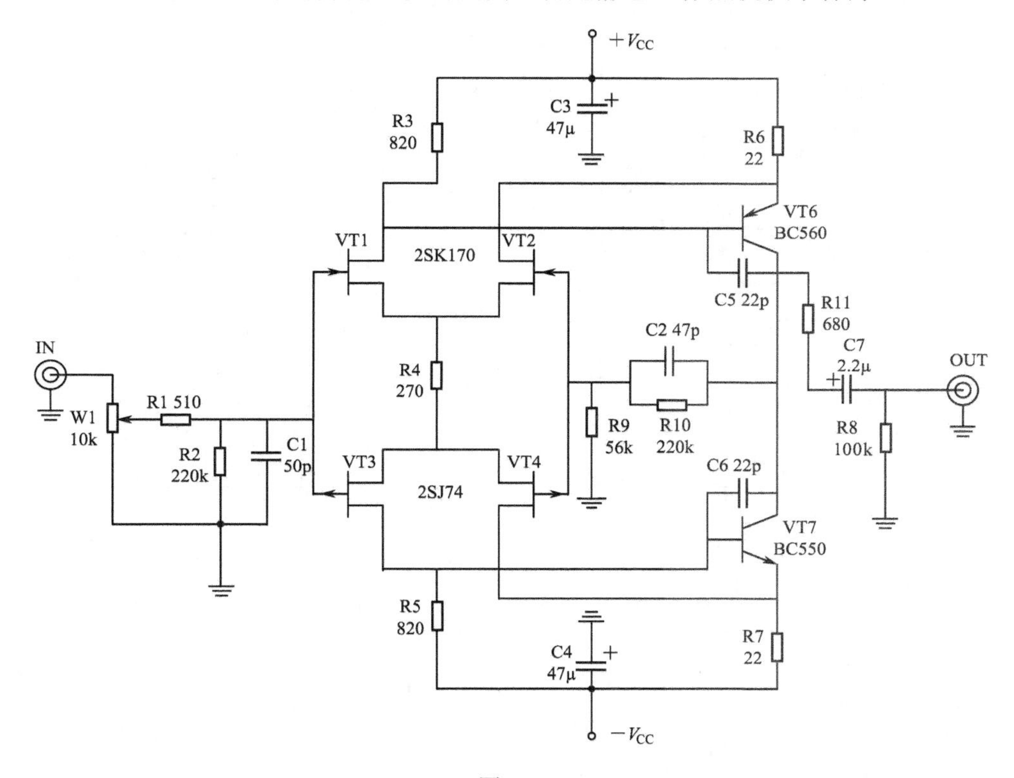

图 D-4

图 D-5 所示功率放大电路使用稍复杂的电路对信号进行认真细致的处理。使用高级 Audio 激励增幅 2SC3423/2SA1360 对管做推动级，一致性很好，音质表现清亮、润滑。功放输出级使用线性好、音质温存的两对晶体管 2SC3298、2SA1306，具有高耐压、高增益、线性好的特点。这些器件的相互配合，使电路具有独特的韵味，低频沉稳，表现出干净有力的特点，中频尤为厚实，很富有磁性。负反馈没有电容，零点伺服电路由前置放大级 AD712 及反馈元件 C1、R2 组成。整机使用传统的大环路深度负反馈，双重的滤波电路使前级电路有更为稳定的工作电压，有利于减小哼声。

图 D-6 所示功率放大电路前级采用了 EF86（6267）低噪声高增益五极管进行放大，其内阻较高。经典的五极管噪声低，声音极为透明。输出级采用五极管 EL34，属于对称结构，适合超线性电路。其音色更细腻甜润，表现力更强。

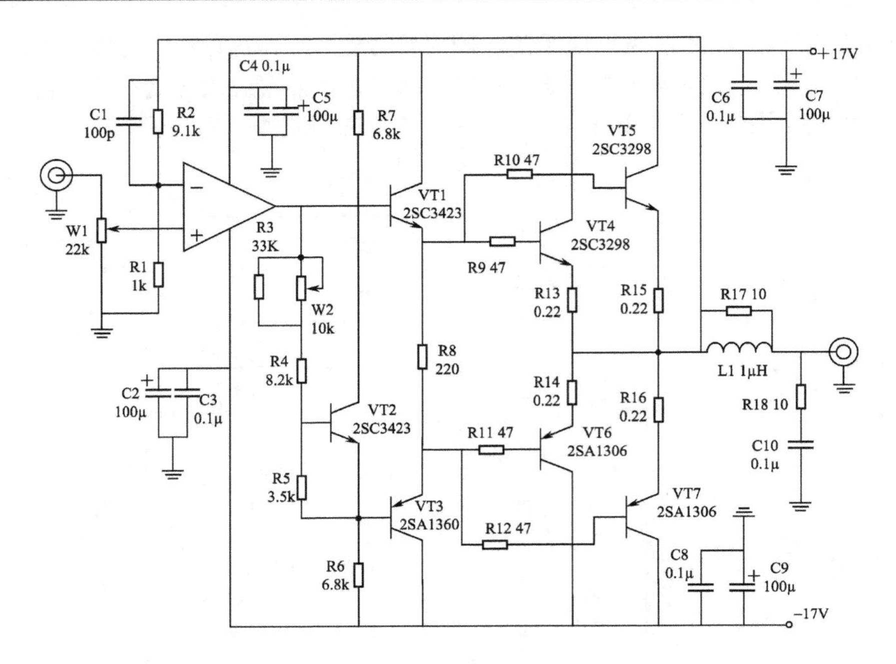
+17V
C4 0.1μ
C5 100μ
R7 6.8k
C1 100p
R2 9.1k
C6 0.1μ
C7 100μ
VT5 2SC3298
R10 47
VT1 2SC3423
VT4 2SC3298
W1 22k
R3 33K
R9 47
R1 1k
W2 10k
R13 0.22
R15 0.22
R17 10
R4 8.2k
R8 220
L1 1μH
C2 100μ
C3 0.1μ
R14 0.22
R16 0.22
R18 10
VT2 2SC3423
R11 47
VT6 2SA1306
C10 0.1μ
R5 3.5k
VT3 2SA1360
R12 47
VT7 2SA1306
C8 0.1μ
C9 100μ
R6 6.8k
−17V

图 D-5

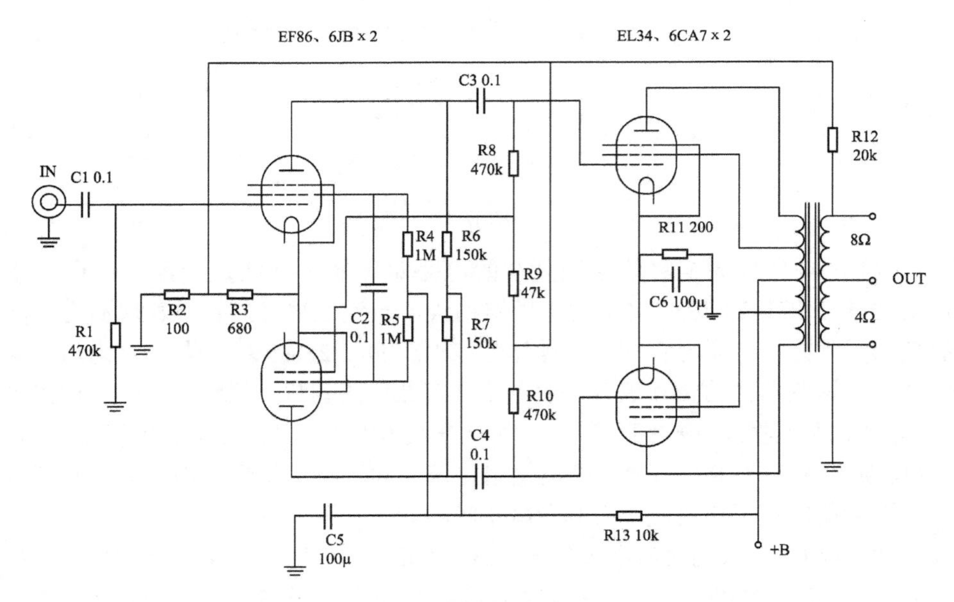
EF86、6JB x 2
EL34、6CA7 x 2
C3 0.1
R12 20k
R8 470k
IN
C1 0.1
R11 200
8Ω
R4 1M
R6 150k
R9 47k
C6 100μ
OUT
R2 100
R3 680
C2 0.1
R5 1M
R7 150k
4Ω
R1 470k
R10 470k
C4 0.1
C5 100μ
R13 10k
+B

图 D-6

图 D-7 所示功率放大电路输入级、推动放大级由 6SL7 双三极管担任，一半担任输入级，另一半担任推动放大级，采用阴极输出器的方式，将放大后的音频信号由电容器耦合到功放管 300B 的栅极。阴极输出电路有利于输入级与功放级之间的匹配。6SL7 声音很贵气，解析力高，此管从高频延伸，低频下潜，它的动态和力度、空间感都是其他管子无法比拟的，所以此管被发烧友们称为梦幻级管子。

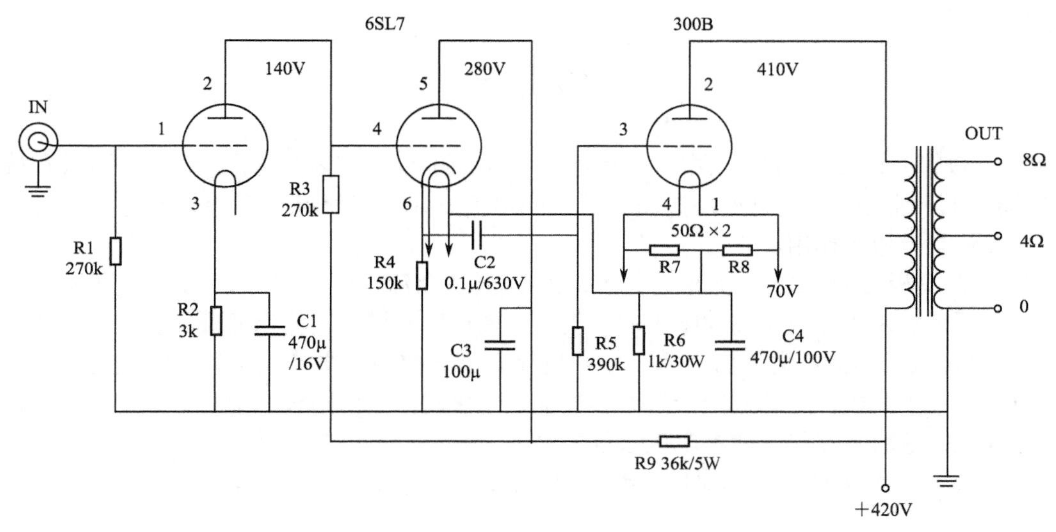

图 D-7

附录 E　复习思考题答案

项目一

1. 三极管有阳极、栅极和阴极三个电极，其中阴极具有发射电子的作用，阳极有接收电子的作用，栅极能控制电流，栅极上很小的电流变化，能引起阳极很大的电流变化，所以，三极管具有放大作用。

2. 当在阴极与阳极之间再加上一个带适当电压的极点时，这个电压就会改变阴极的表面电位，而影响阴极热电子飞向阳极的数量，这就是调制极，又称为栅极。当作为被放大的信号电压加在栅极–阴极之间时，由于它的变化必然会使阳极电流发生相应的变化，又由于阳极电压远高于阴极，因此栅阴极间微小的电压变化同样能使阳极产生相应的几十至上百倍的电压变化，这就是三极管放大电压信号的原理。

3. 基本电压放大电路工作原理分静态工作和动态工作，下面分别说明（见图 E-1）。

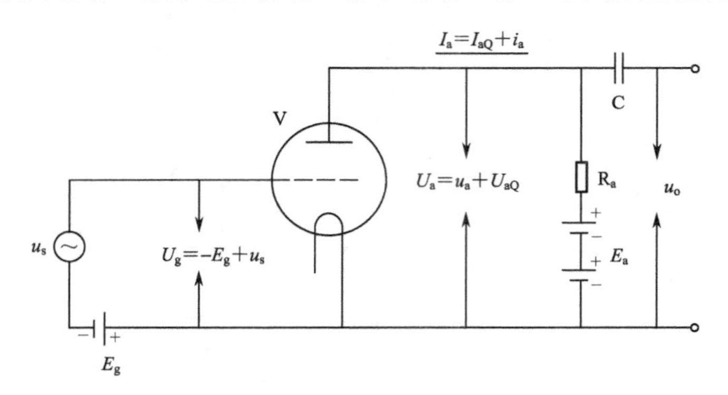

图 E-1

1）静态工作分析

当电子管栅极没有信号电压输入时，电路中的电子管处于截止工作状态，栅极回路和屏极回路中的电压、电流都是直流，即为静态工作点的电压和电流。此时的栅偏压是 E_g，屏极回路的电流是 I_{aQ}，加在屏极与阴极之间的电压就是：$U_{aQ}=E_a-I_{aQ}\times R_a$。

2）动态工作分析

当栅极有音频信号电压输入时，由于电子管栅极与阴极有静态工作点$-E_g$，再加上输入的电信号u_s，在栅压增加的同时屏流也增加，栅压减小的同时屏流也减小，而屏流增加，R_a上的电压降同样增加，以至使输出信号电压减小，$U_o\downarrow=E_a-(I_{aQ}+i_a\uparrow)\times R_a$。

即屏流和栅压的变化方向相反，通过电子管屏极上的耦合电容 C 就能将变化的交流分量取出输出，这就是放大后的输出电压。

4.（1）基本推挽功率放大电路如图 E-2 所示。

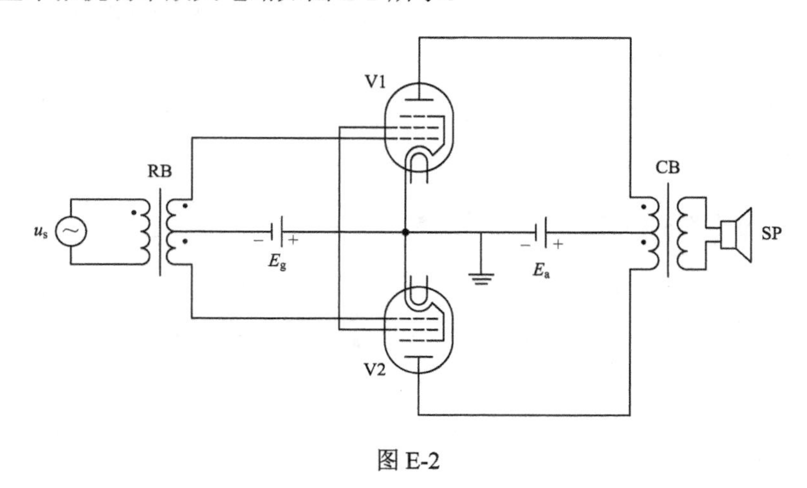

图 E-2

（2）基本推挽功率放大电路各元件的作用如下。

输入变压器 RB——耦合输入信号和信号倒相作用。

输出变压器 CB——形成完整倒相放大后的信号并耦合输出信号。

电子管 V1 和 V2——推挽放大信号。

栅偏压电源E_g和屏极电源E_a——为电子管 V1 和 V2 提供工作电压。

5. 负反馈电路的反馈形式有：单级电压负反馈电路、级间负反馈电路、电流负反馈电路、整机负反馈电路。

6. 负反馈主要有如下作用：提高放大器的稳定性；改善放大器的频率特性；减小放大器的非线性失真；可改变放大器的输入、输出阻抗。

项目二

1. 1）×　2）√　3）×　4）×　×　√　5）×　×　√　√　6）×　√　√

2. 1）C　2）B　3）C　4）C　5）A

3. 在图 2-63（a）所示电路中，在信号的正半周，经共射电路反相，输出级的输入为负半周，因而 VT2 导通，电流从 C4 的正端经 VT2、地、扬声器至 C4 的负端；在信号的负半周，经共射电路反相，输出级的输入为正半周，因而 VT1 导通，电流从 $+V_{CC}$ 经 VT2、C4、扬声器至地。C2、R3 起自举作用。

在图 2-63（b）所示电路中，在信号的正半周，经共射电路反相，输出级的输入为负半周，因而 VT3 导通，电流从 $+V_{CC}$ 经扬声器、C2、VT3 至地；在信号的负半周，经共射电路反相，输出级的输入为正半周，因而 VT2 导通，电流从 C4 的正端经扬声器、VT2 至 C4 的负端。C2、R2 起自举作用。

4. 1）对硅管而言应使 $U_{be}>0V$，$U_{bc}<0V$。此时三极管三个引脚的电压排列是：$U_c>U_b>U_e$。如果是锗管应使 $U_{be}\leqslant0.3V$，$U_{bc}>0V$。此时三极管三个引脚的电压排列是：$U_c<U_b<U_e$。

2）晶体管三种组态的特点如表 E-1 所示。

表 E-1

	电压增益（A_u）	电流放大	输入电阻（r_i）	输出电阻（r_o）	应用情况
共射放大电路	较大，V_i 与 V_o 反相	有电流放大	适中	较大	频带较窄，常作为低频放大单元电路
共集放大电路	A_u=1，V_i 与 V_o 同相，具电压跟随特性	有电流放大	最大	最小	常用于电压放大的输入、输出级
共基放大电路	较大，V_i 与 V_o 同相	不能放大电流	小	较大	在三种组态中其频率特性最好，常用于宽带放大电路

3）前置放大器的作用是选择所需的音源信号送入后级，同时关闭其他音源通道。输入放大器的作用是将音源信号放大到额定电平，通常是 1V 左右。音质控制的作用是使音响系统的频率特性可以控制，以达到高保真的音质；或者根据聆听者的爱好，修饰与美化声音。特点：输入阻抗要高。

推动级就是将送来的各种声音信号进行幅度放大。特点；电压放大倍数高。

功放输出级电路的作用是将推动级信号进行放大后，产生足够大的电流去推动扬声器进行声音的重放。特点：输出阻抗低，带负载能力强，电流放大倍数高。

4）功率放大器的工作状态有三种类型，它们分别是：

一是甲类放大器电路；

二是乙类放大器电路；

三是甲乙类放大器电路。

5）OTL 乙类互补式放大器作为功率放大器会产生交越失真。克服的方法：设置合理的静态工作点。

项目三

1. 对于结型场效应管，要求栅源极间加反向偏置电压。如果是 N 沟道，要求 $U_{gs}\leqslant0$；如果是 P 沟道，要求 $U_{gs}\geqslant0$。

对于绝缘栅型 MOSFET，如果是增强型 N 沟道，要求 $U_{gs}\geqslant0$；如果是耗尽型 N 沟道，要求 $U_{gs}\leqslant0$。P 沟道则相反。

2. 正常来讲，所有的场效应管在检测与拆装过程中都需采取防静电措施，但是现在大部分的场效应管生产工艺中已经加入了防静电保护二极管，所以只要不是在天气特别干燥的情况下，人体静电是不足以将场效应管击穿的。

建议在拆装低耐压结型场效应管时采取适当的防静电措施。

3. 此电路如果不装温度补偿电路，将使机器的调试时间延长，而且对所使用器件的温度对称性有更高的要求，业余条件下不容易做到，不建议省略。

过电流保护电路是为防止偶尔的大电流冲击而设置的，如果省略此部分电路，功放输出管损坏的机会将大大增加。

4. 耳机放大器是在音源与耳机之间的放大环节，可以改善音质，调整系统的音色走向。但前提是拥有较为高档的耳机与音源，才考虑制作或购买耳机放大器。

耳机放大器的设计制作类似于前级放大器（很多耳机放大器可当做前级来使用），对信噪比、失真等指标要求很高，稍有不慎，用耳机很容易听出噪声或失真。还需考虑耳机本身的放音特点，有针对性地选择电路。

业余发烧友制作耳机放大器一般选择优质集成电路或小功率电子管，具体电路依个人爱好而定。

项目四

1. 集成电路是将晶体管、二极管、电阻等元件及电路连线用平面工艺集中制造在一块单晶硅片上，使其在结构上形成紧密联系的微型整体，进行封装后，做成可作为单个器件使用的完整电子电路实体。

2. 集成电路运算放大器是一种高电压增益、高输入电阻和低输出电阻的多级直接耦合放大电路，一般由差分输入级、电压放大级、偏置电路和输出级四部分组成。

3. 与普通的电子电路相比，集成电路具有体积小，重量轻，引出线和焊接点少，寿命长，可靠性高，性能好等优点，同时成本低，便于大规模生产。

4. 略。

项目五

1. 数字功率放大器是：对模拟信号进行 A/D（模/数）变换（取样、量化、编码）处理而形成由一连串两态脉冲信号所组成的数码流，即 PCM 信号，再通过数字放大器对 PCM 信号进行功率放大获得足够的输出功率后，经 D/A（数/模）变换、低通滤波后驱动扬声器发声的功率放大器。

2. 数字功放具有效率高，功率大，效能高，失真低，抗干扰能力强，产品一致性好的优点。

3. 数字功率放大器主要分为数字信号处理、桥式功率放大和低阶模拟低通滤波器三个部分。

音频信号处理的作用是对输入的数字音频信号（脉冲编码调制（Pulse Code Modulation，PCM）编码）进行过采样、噪声整形、重新量化编码成 PWM 形式输出。

桥式功率放大器的主要作用是把 PWM 信号电压、输出电流放大推动低通滤波器。

低通滤波器去除放大后的 PWM 信号的高频成分，还原为模拟的音频信号。

4. 取样（采样）时，取样（采样）频率应遵循奈奎斯特定律，即取样频率 $f_c \geqslant 2f_s$ 时，重放的声音才不会失真。

5. 略。

参 考 文 献

[1] 郑国川，李洪英．晶体管音响功放．福州：福建科学技术出版社，2006．

[2] 阎石．数字电子技术基础（第五版）．北京：高等教育出版社，2010．

[3] 梅更华．实用功放 DIY．福州：福建科学技术出版社，2003．